Veröffentlichungen des Instituts für Energie- und Regulierungsrecht Berlin

Herausgegeben von Franz Jürgen Säcker

Band 63

PETER LANG

Die Kontrolle einseitiger Preisanpassungsrechte in Dauerschuldverhältnissen am Beispiel langfristiger Energielieferverträge

Stavroula Antoniou

Die Kontrolle einseitiger Preisanpassungsrechte in Dauerschuldverhältnissen am Beispiel langfristiger Energielieferverträge

Eine rechtsvergleichende Untersuchung
nach deutschem und griechischem Recht

PETER LANG

Bibliografische Information der Deutschen Nationalbibliothek
Die Deutsche Nationalbibliothek verzeichnet diese Publikation in der Deutschen Nationalbibliografie; detaillierte bibliografische Daten sind im Internet über http://dnb.d-nb.de abrufbar.

Zugl.: Berlin, Freie Univ., Diss., 2016

D 188
ISSN 2363-684X
ISBN 978-3-631-72823-9 (Print)
E-ISBN 978-3-631-72820-8 (E-PDF)
E-ISBN 978-3-631-72821-5 (EPUB)
E-ISBN 978-3-631-72822-2 (MOBI)
DOI 10.3726/b13118

PL Academic Research ist ein Imprint der Peter Lang GmbH.

Peter Lang – Berlin · Bern · Bruxelles · New York · Oxford · Warszawa · Wien

Diese Publikation wurde begutachtet.

www.peterlang.com

Vorwort

Die vorliegende Arbeit wurde im Wintersemester 2015 vom Fachbereich Rechtswissenschaft der Freien Universität Berlin als Dissertation angenommen. In der vorliegenden Arbeit wurde der Stand der Literatur, Gesetzgebung und Rechtsprechung bis zum 1. Juli 2016 berücksichtigt.

Ganz besonders herzlicher Dank gebührt meinem sehr verehrten Doktorvater Herrn em. Univ.-Prof. Dr. Dr. Dres. h.c. Franz Jürgen Säcker. Seit dem Beginn dieses Promotionsvorhabens hat er mir die nötige wissenschaftliche Freiheit gewährt und alle Phasen der Entstehung der Arbeit in jeder Hinsicht gefördert. Für die Erstellung des Zweitgutachtens bin ich Herrn Univ.-Prof. Dr. Ignacio Czeguhn ebenso zu großem Dank verpflichtet.

Herrn Dr. Konstantinos Christodoulou, (Univ.-Professor an der Nationalen und Kapodistrias Universität Athen), bin ich sehr dankbar und zutiefst verbunden, da er mich all diese Jahre mit seinen unschätzbaren Anregungen bereichert hat. Er hat nicht nur meine Liebe für die Rechtswissenschaft geweckt, sondern auch meinen bisherigen wissenschaftlichen Weg geprägt. Ich möchte mich weiterhin herzlichst bei Herrn Prof. Dr. Antonis Manitakis, (em. Univ.- Professor an der Aristoteles-Universität Thessaloniki und Dekan der Juristischen Fakultät der Neapolis-Universität Paphos, Zypern) bedanken. Sein stets engagierter Rat ist ein immer zuverlässiger Begleiter für mich. Er hat mich durch sein uneingeschränktes Vertrauen in meiner akademischen Karrierelaufbahn unterstützt und gilt für mich als Vorbild und Inspiration.

Der Akademie von Athen sowie der gemeinnützigen Stiftung Geschwister P. Bakala bin ich aufgrund der Gewährung von Promotionsstipendien, die unterschiedliche Phasen dieses Vorhabens unterstützt haben, zu Dank verpflichtet.

Während der Promotionszeit konnte ich mich glücklicherweise immer auf die liebenswürdige Anteilnahme eines wertvollen Kreises von guten Freunden und Kollegen verlassen. Mein ganz besonderer Dank gilt an erster Stelle Herrn Dr. Stylianos-Ioannis Koutnatzis (Demokritus Universität Thrazien), der mir durch seine unermüdliche Unterstützung in schwierigen Phasen zum Gelingen dieses Projekts eine unverzichtbare Hilfe war. Sehr dankbar bin ich außerdem Frau Maria Spanou, die durch ihre großartigen inhaltlichen Kommentare und die immer präzisen sprachlichen Anregungen zu meinem Manuskript wesentliche Beiträge geleistet hat. Darüber hinaus danke ich Herrn Ernesto Georgoulis, der mir im Großen und im Detail mit Tat und Rat immer engagiert zur Seite stand.

Nicht zuletzt und sehr herzlich danke ich meinen Schwestern Eleftheria und Lego Antoniou, die diesen langen Weg mit ihrer Liebe begleiteten, mich immer unterstützten und durch ihre Ermutigungen zum Vollenden des Werkes beigetragen haben. Meine Eltern, Niki Floutsi und Georgios Vakirlis Antoniou, haben mich während all der Jahre meines Lebens in jeder möglichen Hinsicht selbstlos und bedingungslos unterstützt. Keine Worte vermögen meine Dankbarkeit auszudrücken.

Athen, April 2017 Stavroula G. Antoniou

Inhaltsübersicht

Inhaltsverzeichnis

Abkürzungsverzeichnis

a. A.	anderer Ansicht
Abl.	Amtsblatt
ADMIE A.G.	Der Unabhängige Betreiber für die Elektrizitätsübertragung, (auf Griechisch: Ανεξάρτητος Διαχειριστής Μεταφοράς Ηλεκτρικής Ενέργειας, ΑΔΜΗΕ Α.Ε.)
a.a.O.	am angegebenen Ort
a.E.	am Ende
AB1.EG	Amtsblatt der Europäischen Gemeinschaften
Abs.	Absatz
Absch.	Abschnitt
AcP	Archiv für die civilistische Praxis
AEUV	Vertrag über die Arbeitsweise der Europäischen Union
AGB	Allgemeine Geschäftsbedingungen
AGBG	Gesetz zur Regelung des Rechts der Allgemeinen Geschäftsbedingungen
ARegV	Anreizregulierungsverordnung
Art.	Artikel
AVB	Allgemeine Versorgungsbedingungen
AVBEltV	Verordnung über Allgemeine Bedingungen für die Elektrizitätsversorgung von Tarifkunden
AVBGASV	Verordnung über Allgemeine Bedingungen für die Gasversorgung von Tarifkunden
BB	Betriebs Berater (Zeitschrift)
Bd.	Band
BerlKommEnR	Berliner Kommentar zum Energierecht (hrsg. V. Säcker)
BGB	Bürgerliches Gesetzbuch
BGB1.	Bundesgesetzblatt
BGH	Bundesgerichtshof
BGHZ	Entscheidungen des Bundesgerichtshofes in Zivilsachen
BKartA	Bundeskartellamt
BNetzA	Bundesnetzagentur für Elektrizität, Gas, Telekommunikation und Eisenbahnen
BR-Drs.	Drucksache des Deutschen Bundesrates

bspw.	Beispielsweise
BT-Drs.	Drucksache des Deutschen Bundestages
BTOElt	Bundestarifordnung Elektrizität
bzw.	Beziehungsweise
CuR	Contracting und Recht (Zeitschrift)
DEDDIE A.G.	Der Betreiber vom Griechischen Stromverteilnetz, DEDDIE A.G. (auf Griechisch: Διαχειριστής του Ελληνικού Δικτύου Διανομής Ηλεκτρικής Ενέργειας, ΔΕΔΔΗΕ Α.Ε.)
D.E.I.	Staatliches Elektrizitätsunternehmen (auf Griechisch: Δημόσια Επιχείρηση Ηλεκτρισμού, ΔΕΗ)
DESFA	Der griechische Fernleitungsnetzbetreiber (auf Griechisch: Διαχειριστής Εθνικού Συστήματος Φυσικού Αερίου, ΔΕΣΦΑ)
DESMIE A.G	Der Unabhängige Betreiber für die Elektrizitätsübertragung /griechische Elektrizitätsübertragungsnetzbetreiber (auf Griechisch: Διαχειριστής Εθνικού Συστήματος Μεταφοράς Ηλεκτρικής Ενέργειας, ΔΕΣΜΗΕ Α.Ε.)
d.h.	das heißt
EDL-G	Gesetz über Energiedienstleistungen und andere Energieeffizienzmaßnahmen
EE	Erneuerbare Energiequellen
EG	Europäische Gemeinschaft
EEG	Erneuerbare-Energien-Gesetz
EltRL	Elektrizitätsbinnenmarktrichtlinie
EMM	Einspeisemanagement
EnLAG	Energieleitungen
EnWG	Energiewirtschaftsgesetz
ESFA	Das Griechische Erdgassystem (auf Griechisch: Εθνικό Σύστημα Φυσικού Αερίου, ΕΣΦΑ)
ESMIE	Das Griechische Übertragungssystem von Elektrizität , ESMIE (auf Griechisch: Ελληνικό Σύστημα Μεταφοράς Ηλεκτρικής Ενέργειας, ΕΣΜΗΕ)
EU	Europäische Union
EuGH	Europäischer Gerichtshof
EWiR	Entscheidungen zum Wirtschaftsrecht (Zeitschrift)
EWS	Europäisches Wirtschafts- und Steuerrecht
EVU	Energieversorgungsunternehmen

ff.	Fortfolgend
FG	Festgabe
Fn.	Fussnote
Fortgef.	Fortgeführt von
G.	Gesetz
GABi Gas	Grundmodell der Ausgleichsleistungen und Bilanzierungsregeln im Gassektor
GasGVV	Verordnung über Allgemeine Bedingungen für die Grundversorgung von Haushaltskunden und die Ersatzversorgung mit Gas aus dem Niederdrucknetz
GasNEV	Gasnetzentgeltverordnung
GasNZV	Gasnetzzugangsverordnung
GasRL	Gasbinnenmarktrichtlinie
GeLi Gas	Geschäftsprozesse Lieferantenwechsel Gas
gem.	Gemäß
GVVen	Grundversorgungsverordnungen
GVU	Gasversorgungsunternehmen
GWB	Gesetz gegen Wettbewerbsbeschränkungen
h.M.	herrschende Meinung
Hg.	Herausgegeben von
IEP	„Tagesenergieplanung", ein obligatorisches System für die Organisation des Elektrizitätsmarktes in Griechenland (auf Griechisch: Ημερήσιος Ενεργειακός Προγραμματισμός, ΗΕΠ.)
i. V. m.	in Verbindung mit
i.S.	im Sinne
IWF	Internationaler Währungsfonds
JZ	Juristenzeitung (Zeitschrift)
KDS & SIE	Systemverwaltungshandbuch und Elektrizitätshandelsbuch (auf Griechisch: Κώδικας Διαχείρισης του Συστήματος και Συναλλαγών Ηλεκτρικής Ενέργειας, ΚΔΣ&ΣΗΕ)
KMU	kleine und mittlere Unternehmen
kWh	Kilowattstunde
KWKG	Kraft-Wärme-Kopplungsgesetz

LAGIE A.G.	Der Betreiber des Elektrizitätsmarktes AG (auf Griechisch: Λειτουργός της Αγοράς Ηλεκτρικής Ενέργειας Α.Ε., ΛΑΓΗΕ Α.Ε.)
LG	Landgericht
m.E.	meines Erachtens
MoU	Memorandum of Understanding über die spezifische wirtschaftspolitische Konditionalität
MüKoBGB	Münchener Kommentar zum Bürgerlichen Gesetzbuch (hrsg. v. Säcker/Rixecker/Oetker/Limperg)
MWh	Megawattstunde
m. w. N.	mit weiteren Nachweisen
MwSt.	Mehrwertsteuer
NABEG	Netzausbaubeschleunigungsgesetz
NEEAP	Nationaler Energieeffizienz Aktionsplan
NEP	Netzentwicklungsplan
NJW	Neue juristische Wochenschrift (Zeitschrift)
Nr.	Nummer
OLG	Oberlandesgericht
OWP	Offshore-Windparks
PEKA	Minister/-in oder Ministerium für Umwelt, Energie und Klimawandel in Griechenland (auf Griechisch: Περιβάλλον, Ενέργεια και Κλιματική Αλλαγή, Π.Ε.Κ.Α.)
RAE	Energieregulierungsbehörde Griechenlands (auf Griechisch: Ρυθμιστική Αρχή Ενέργειας, ΡΑΕ)
RdE	Recht der Energiewirtschaft (Zeitschrift)
RdA	Recht der Arbeit (Zeitschrift)
RG	Reichsgericht
RL	Richtlinie
Rn.	Randnummer
s.	Siehe
S.	Satz/ Seite/ Siehe
sog.	sogennant
SS.	Seiten
st. Rspr.	ständige Rechtsprechung
StromNEV	Stromnetzentgeltverordnung
s.u.	siehe unten

u. a.	unter anderem
u.U.	unter Umständen
ÜNB	Übertragungsnetzbetreiber
usw.	und so weiter
v.	von/ vom
VNB	Verteilnetzbetreiber
VuR	Verbraucher und Recht (Zeitschrift)
WM	Wohnungswirtschaft und Mietrecht (Zeitschrift)
WuW	Wirtschaft und Wettbewerb (Zeitschrift)
z.B.	zum Beispiel
ZIP	Zeitschrift für Wirtschaftsrecht (Zeitschrift)
ZMR	Zeitschrift für Miet- und Raumrecht (Zeitschrift)
ZNER	Zeitschrift für neues Energierecht (Zeitschrift)
ZPO	ZivilProzess
ZR	Zivilrecht
ΔΕΕ	Δίκαιο Επιχειρήσεων & Εταιρειών, griechische Zeitschrift für Unternehmens- und Gesellschaftsrecht.

Abbildungs- und Tabellenverzeichnis

A. Einleitung – Die Preiserhöhungen im Energiesektor – Rechtstatsächlicher Hintergrund

In Theorie und Praxis wurden Preisanpassungsrechte in Dauerschuldverhältnissen nicht selten als selbstverständlich angesehen. Dies hat sich im letzten Jahrzehnt grundlegend geändert, da Preisanpassungen schon wegen ihrer Höhe Kritik auslösen.

Bei Energiedienstleistungsverträgen stellt sich die Preisbildung als relativ komplexer Vorgang dar.[1] Der Preis setzt sich aus den überwiegend kaum veränderlichen Kosten für die Vorhaltung der Energieerzeugungsanlage, und den veränderlichen verbrauchsabhängigen Kosten, insbesondere also den Kosten der Brennstoffbeschaffung und für die Betriebsenergie (z.B. Pumpenstrom), zusammen. Letztere hängen stark vom Nutzerverhalten ab und sind damit nur schwer kalkulierbar. Diese Kostenstruktur hat zu der weit verbreiteten Praxis geführt, den Preis in einen *Grund-* oder *Leistungspreis* für die *Vorhaltung* der Energieversorgungsanlage und einen *Arbeitspreis* für die tatsächlich abgenommene Nutzungsenergie zu unterteilen.

I. Entwicklung der Strompreise

Der Strompreis setzt sich aus mehreren Kostenbestandteilen[2] zusammen[3], wie es der nachstehenden Abbildung zu entnehmen ist:

**Nettonetzentgelt* (19,8%): Das Netznutzungsentgelt,[4]

---

1 Dazu und zum Folgenden vgl. *Hack*, Energie-Contracting, Recht und Praxis, S. 64 f.

2 S. BDEW – Strompreisanalyse Mai 2013. Haushalte und Industrie S. 9 abrufbar unter: http://www.bdew.de/internet.nsf/id/123176ABDD9ECE5DC1257AA20040E368/$file/13%2005%2027%20BDEW_Strompreisanalyse_Mai%202013.pdf zuletzt besucht am 25.4.2014.

3 BNEtzA.http://www.bundesnetzagentur.de/DE/Sachgebiete/ElektrizitaetundGas/Verbraucher/PreiseRechnTarife/preiseundRechnungen-node.html zuletzt besucht am 25.4.2014, Quelle: *Bundesnetzagentur, Monitoringbericht* 2013, S. 152, Stand: 08.01.2014.

4 Entgelte für die Durchleitung des Stromes durch die Verteilnetze. Diese Kosten sind vom Stromlieferanten an den Netzbetreiber zu entrichten gemäß § 21 EnWG.

**Messung, Messstellenbetrieb und Abrechnung* (2,4%): Entgelte für die Kosten der Abrechnung sowie der technisch notwendigen Mess- und Steuereinrichtungen (Zähler, etc.), in der Regel in Euro pro Jahr, sowie das Entgelt für die Ablesung und das Inkasso für z.B. ein Jahr,

**Staatliche Abgaben*: Konzessionsabgabe (5,7%), Umlage nach dem Erneuerbare-Energien-Gesetz (18%), Umlage nach dem Kraft-Wärme-Kopplungsgesetz (0,4%), Umlage nach § 19 der Strom-Netzentgeltverordnung (1,1%) und Umlage für die Offshore-Haftung (0,9%),

**Steuern* (23,0%): Mehrwertsteuer (16%), Stromsteuer (7%),

**Kosten für die Strombeschaffung und für den Vertrieb* (28,8%): Energiebeschaffung (21,3%), Vertrieb (inkl. Marge) (7,5%).

Abbildung 1: Aufteilung des Einzelhandelspreisniveaus (über alle Tarife mengengewichteter Mittelwert) für Haushaltskunden zum 1. April 2013[5]

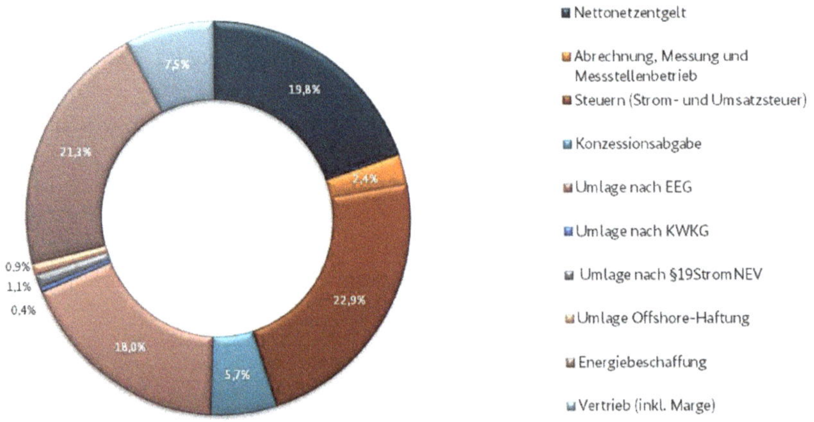

Die Regulierungsbehörden sind für das Netznutzungsentgelt sowie die Kosten für Messung, Messstellenbetrieb und Abrechnung zuständig. Diese machen für Haushaltskunden ca. ein Fünftel des Strompreises aus.

5 Abbildung 77: Aufteilung des Einzelhandelspreisniveaus (über alle Tarife mengengewichteter Mittelwert) für Haushaltskunden zum 1. April 2013, BNetzA/BKartA, Monitoringbericht 2013, S. 153.

Die Haushaltskundenpreise sind insbesondere in den Jahren 2006 bis 2010 stark gestiegen.[6] Bei einer Betrachtung der absoluten Haushaltskundenpreise, welche von 2006 bis 2010 insgesamt um ca. 24% (4,5ct/ kWh) angestiegen sind, zeigt sich hinsichtlich des Preisbestandteils „Energiebeschaffung und Vertrieb" im gleichen Zeitraum eine Erhöhung um über 80% (3,6 ct/kWh).[7] Die Abgaben (Konzessionsabgabe, Umlage nach Kraft-Wärme-Kopplungsgesetz sowie Erneuerbare-Energien-Gesetz) haben sich in diesem Zeitraum um 1,2 ct/kWp bzw. knapp 50% erhöht.[8] Im Monitoringbericht 2013[9] war erneut im Berichtszeitraum ein deutlicher Anstieg der Endkundenpreise festzustellen. Die höchsten Preissteigerungen sind im Haushaltskundensegment zu verzeichnen. Hier ist gegenüber dem Jahr 2012 mit Stichtag 1. April 2013 der Durchschnittspreis für Haushaltskunden in der Grundversorgung um 13,2% auf 30,11 ct/kWh angestiegen, was den höchsten Anstieg innerhalb von sieben Jahren darstellt.[10]

---

6 Vgl. Monopolkommission, Sondergutachten 59, Tz. 664: Eine Kilowattstunde Strom kostete für einen Haushaltskunden am 1. April 2010 im Falle eines Lieferantenwechsels durchschnittlich 22,92 ct, für Haushaltskunden mit einem Sondervertrag beim Grundversorger 23,10 ct und für Haushaltskunden in der Grundversorgung 23,87 ct. (Die Darstellung des Einzelhandelsniveaus basiert nach Angaben der Bundesnetzagentur auf folgenden Annahmen: Als Haushaltskunden gelten Kunden mit einem Jahresverbrauch von 3.500 kWh/Jahr, darunter 1.300 kWh Nachtstrom (Schwachlaststrom), Versorgung in Niederspannung (0,4 kV), Standardwohnung 90 Quadratmeter; vgl. auch BNetzA, Monitoringbericht 2010, S. 105: Es handelt sich jeweils um mengengewichtete Mittelwerte: *Für Haushaltskunden in der Grundversorgung* beläuft sich die Erhöhung seit dem 1. April 2006 auf durchschnittlich rund 5 ct/kWh bzw. 26% und auch die günstigeren Tarife bei Vertrags- und Lieferantenwechsel haben sich um rund 4 ct/kWh bzw. 21% erhöht.

7 Monopolkommission, Sondergutachten 59, Tz. 665.

8 Vgl. Monopolkommission, Sondergutachten 59, Tz. 665: Die Steigerung von Angaben resultiert fast ausschließlich aus der gestiegenen EEG-Umlage, welche von 2009 auf 2010 eine besonders deutliche Erhöhung aufweist. Ein erheblicher Teil dieser Erhöhung beruht auf gesunkenen Großhandelspreisen, welche infolgedessen zu einem Anstieg der Differenz zwischen der EEG-Durchschnittsvergütung und den durchschnittlichen Beschaffungskosten für Elektrizität führten. Einen weiteren Teil stellt die Umbuchung der Kosten für Ausgleichs- und Regelenergie dar. Diese wurden vor 2010 noch als EEG-Veredelungskosten in den Netzentgelten berücksichtigt, nun werden sie jedoch transparent in der EEG-Umlage ausgewiesen.

9 BNetzA/BKartA, Monitoringbericht 2013, s. insb. 135–159.

10 Preisanstiege sind auch in den anderen Abnahmegruppen – Sondervertrag beim Grundversorger, Sondervertrag bei einem dritten Lieferanten (Lieferantenwechsel) – zu beobachten. Der Strompreis bei einem Vertragswechsel beträgt durchschnittlich

Aus dem Monitoringbericht[11] ergeben sich auch Daten über den Preis[12] *in der Grundversorgung*, für einen *Sondervertrag beim Grundversorger* (Vertragswechsel) und für einen *Vertrag mit einem anderen Lieferanten als dem örtlichen Grundversorger* (Lieferantenwechsel).[13] Basierend auf den Datenmeldungen[14] wurde für den 1. April 2013 ein mengengewichteter Durchschnittspreis von 30,11 ct/kWh ermittelt.[15] Damit liegt der Preis für *Kunden in der Grundversorgung* um 13,2% bzw. 3,50 ct/kWh über dem Wert des Vorjahres mit Stichtag 1. April 2012. Innerhalb von sieben Jahren ist der Preis von ursprünglich 18,89 ct/kWh um 11,22 ct/kWh angestiegen, nämlich *59,4 Prozent.*[16] Der detaillierte

---

29,09 ct/kWh und im Falle eines Lieferantenwechsels 27,94 ct/kWh. Als über alle drei Tarife mengengewichteter Mittelwert für 2013 ergibt sich ein Betrag von 29,38 ct/kWh. Vgl. dazu BNetzA/BKartA, Monitoringbericht 2013, S. 21 und 22.

11 BNetzA/BKartA, Monitoringbericht 2013, s. insb. 135 und 136: Im Rahmen des Monitoring wurden Lieferanten, die in der Bundesrepublik Deutschland Letztverbraucher mit Elektrizität beliefern, zum durchschnittlichen Einzelhandelspreisniveau ihres Unternehmens befragt. Dazu sollten sämtliche Preisbestandteile (Arbeitspreis, Leistungspreis, Grundpreis, Verrechnungspreis, etc.), die dem Letztverbraucher in Rechnung gestellt werden, berücksichtigt werden. Die Preise waren für typisierte Abnahmefälle eines Haushalts-, eines Gewerbe- und eines Industriekunden zum Stichtag 1. April 2013 in ct/kWh anzugeben. Dabei sollte eine detaillierte Aufschlüsselung der Preise in Nettonetzentgelte, Entgelte für Abrechnung, Messung und Messstellenbetrieb, Steuern (Strom- und +Umsatzsteuer) und sonstige staatlich determinierte Preisbestandteile, wie die Umlagen nach KWKG, EEG, § 19 StromNEV, und für die Offshore-Haftung sowie den Preisbestandteil für „Energiebeschaffung und Vertrieb", vorgenommen werden. Die Berechnung der durchschnittlichen Preise für die einzelnen Abnahmefälle erfolgt mittels eines mengengewichteten Mittelwertes. Dafür werden die einzelnen Preismeldungen der Unternehmen mit ihrer jeweiligen Elektrizitätsabgabemenge im betreffenden Kundensegment gewichtet, aggregiert und so anschließend die Preise für den Elektrizitätsbezug, die Endkunden in Deutschland durchschnittlich bezahlen müssen, ermittelt.

12 Die Endkundenpreise werden für Haushaltskunden als mengengewichtete Mittelwerte für einen typischen Abnahmefall (Haushalt mit einem Jahresverbrauch von 3.500 kWh/Jahr, Versorgung in Niederspannung (0,4 kV)) für die relevanten Vertragsverhältnisse betrachtet.

13 BNetzA/BKartA, Monitoringbericht 2013, S. 136.

14 Für die Kategorie der Grundversorgung haben 688 Unternehmen Angaben zu Tarifen und Mengen im Monitoring 2013 gemacht.

15 Der arithmetische Mittelwert liegt um ca. 0,6 ct/kWh unter dem mengengewichteten Ergebnis.

16 BNetzA/BKartA, Monitoringbericht 2013, S. 145.

Verlauf der mengengewichteten Durchschnittspreise in der Grundversorgung kann der folgenden Abbildung (2) entnommen werden.[17]

Abbildung 2: Entwicklung der Haushaltskundenpreise in der Grundversorgung von 2006 bis 2013 (mengengewichteter Mittelwert) in ct/kWp[18]

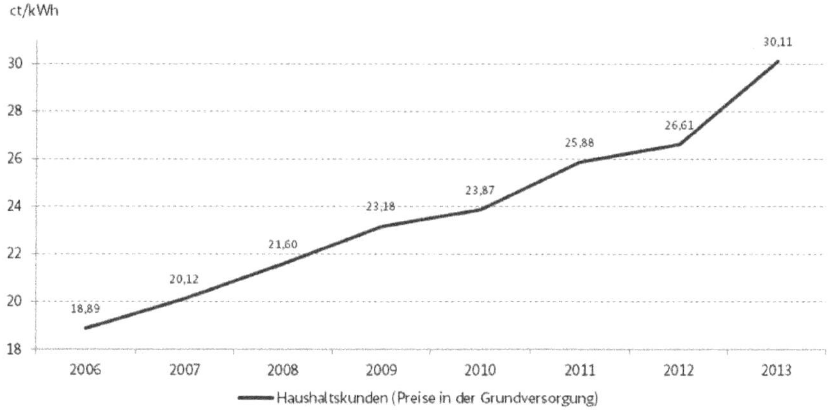

Auch in der Tarifkategorie „Sondervertrag beim Grundversorger" ist der stärkste Preisanstieg[19] seit dem Beginn der Abfrage zu verzeichnen. Innerhalb von sechs Jahren ist der Preis um 9,15 ct/kWh angestiegen.[20] Dies entspricht einem Zuwachs von 45,9 Prozent.[21] Der Verlauf der mengengewichteten Durchschnittspreise beim Vertragswechsel kann anhand der folgenden Abbildung (3) nachvollzogen werden.[22]

17 BNetzA/BKartA, Monitoringbericht 2013, S. 145.

18 Abbildung 72: Entwicklung der Haushaltskundenpreise *in der Grundversorgung* von 2006 bis 2013 (mengengewichteter Mittelwert) in ct/kWp, BNetzA/BKartA, Monitoringbericht 2013, S. 145.

19 Der Preis liegt für Kunden, die ihr Vertragsverhältnis beim Grundversorger auf einen Sondervertrag umgestellt haben, um 12,8% bzw. 3,31 ct/kWh über dem Wert aus dem Jahr 2012.

20 BNetzA/BKartA, Monitoringbericht 2013, S. 146.

21 BNetzA/BKartA, Monitoringbericht 2013, S. 146.

22 BNetzA/BKartA, Monitoringbericht 2013, S. 146.

Abbildung 3: Entwicklung der Haushaltskundenpreise beim Vertragswechsel *von 2007 bis 2013 (mengengewichteter Mittelwert) in ct/kWp*[23]

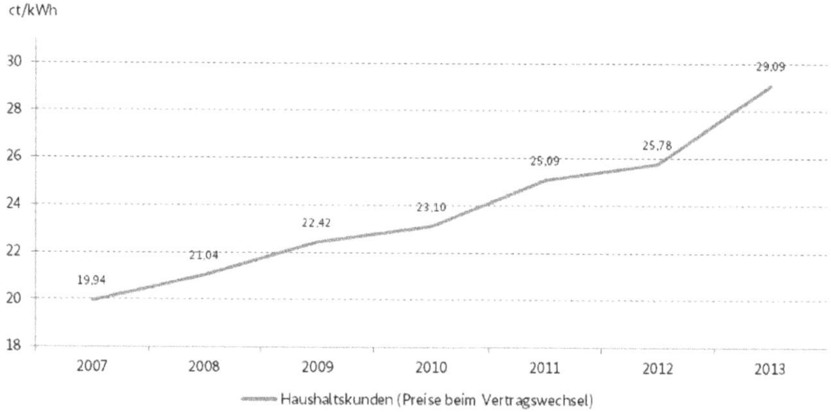

Der Preis für Kunden, die einen Sondervertrag mit einem Lieferanten haben, der nicht der lokale Grundversorger ist[24], liegt um 9,9% bzw. 2,52 ct/kWh über dem Wert des Vorjahres.[25] Das ist prozentual gesehen der zweitstärkste Preisanstieg seit dem Beginn der Abfrage im Jahr 2008.[26] Innerhalb von fünf Jahren ist der Preis also um 7,08 ct/kWh bzw. 33,9% angestiegen.[27] Der detaillierte Verlauf der mengengewichteten Durchschnittspreise beim Lieferantenwechsel kann der nachstehenden Abbildung (4) entnommen werden.[28]

23 Abbildung 73: Entwicklung der Haushaltskundenpreise *beim Vertragswechsel* von 2007 bis 2013 (mengengewichteter Mittelwert) in ct/kWp, BNetzA/BKartA, Monitoringbericht 2013, S. 146.

24 Für die Kategorie des Lieferantenwechsels haben 459 Unternehmen Angaben zu Tarifen und Mengen gemacht. Aufgrund dieser Datenmeldungen wurde für den 1. April 2013 ein mengengewichteter Durchschnittspreis von 27,94 ct/kWh ermittelt.

25 BNetzA/BKartA, Monitoringbericht 2013, S. 146.

26 BNetzA/BKartA, Monitoringbericht 2013, S. 146.

27 BNetzA/BKartA, Monitoringbericht 2013, S. 146.

28 BNetzA/BKartA, Monitoringbericht 2013, S. 146.

Abbildung 4: Entwicklung der Haushaltskundenpreise bei Lieferantenwechsel *von 2008 bis 2013 (mengengewichteter Mittelwert) in ct/kWp*[29]

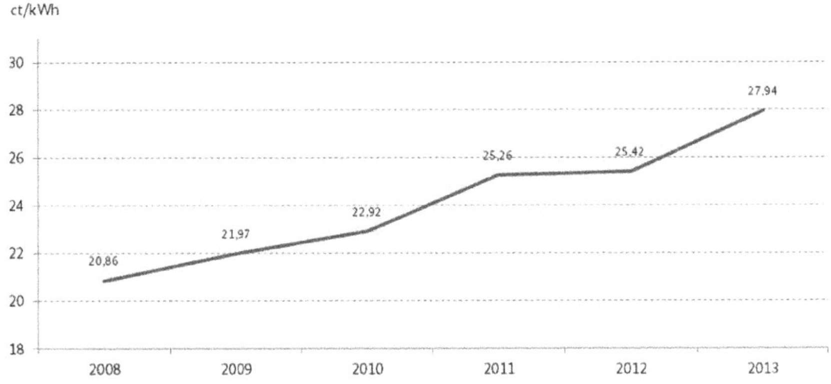

Ein direkter Vergleich der drei Tarifkategorien, Grundversorgung, Sondervertrag mit dem Grundversorger (Vertragswechsel) und Sondervertrag mit einem anderen Anbieter (Lieferantenwechsel) verdeutlicht, dass die Haushaltskundenpreise in alle Tarifkategorien deutlich angestiegen sind.

Im Anschluss wird die Entwicklung der wesentlichen Preisblöcke des mengengewichteten Elektrizitätspreises für Haushaltskunden anhand der nachstehenden Abbildung dargestellt. Zunächst erfolgt eine Betrachtung der Netzentgelte.[30] Nach einer Periode des kontinuierlichen Absinkens bis 2011 sind die Netzentgelte im Jahr 2013 abermals gestiegen.[31] Der Anstieg beträgt 7,9 Prozent (+0,48 ct/kWh) gegenüber dem Vorjahr 2012.[32] Diese Betrachtung umfasst die Netzentgelte ohne Umlage nach § 19 StromNEV in Höhe von 0,33 ct/kWp.[33] Die Netzentgeltbestandteile für Abrechnung, Messung und Messstellenbetrieb sind im Vergleich zum Jahr 2012 um fast 5% gestiegen.[34]

29 Abbildung 74: Entwicklung der Haushaltskundenpreise *bei Lieferantenwechsel* von 2008 bis 2013 (mengengewichteter Mittelwert) in ct/kWp, BNetzA/BKartA, Monitoringbericht 2013, S. 147.
30 BNetzA/BKartA, Monitoringbericht 2013, S. 154.
31 BNetzA/BKartA, Monitoringbericht 2013, S. 154.
32 BNetzA/BKartA, Monitoringbericht 2013, S. 154.
33 BNetzA/BKartA, Monitoringbericht 2013, S. 154; Die Umlage nach § 19 Strom NEV war im Jahr 2011 noch in den Netzentgelten berücksichtigt und wird seit dem Jahr 2012 separat ausgewiesen.
34 BNetzA/BKartA, Monitoringbericht 2013, S. 154.

Abbildung 5: Entwicklung der Netzentgelte für Haushaltskunden 2006[35] bis 2013[36]

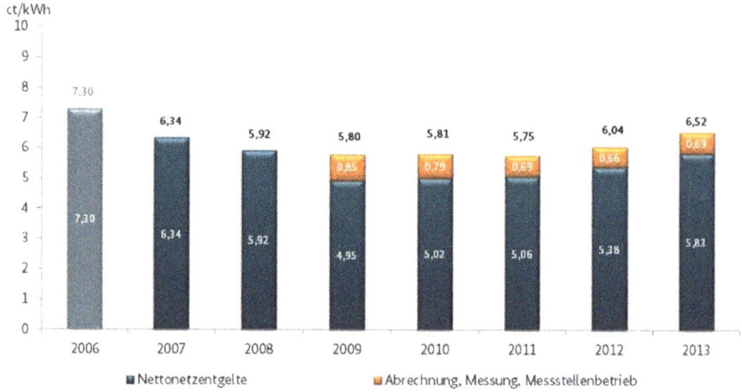

II. Entwicklung der Gaspreise

Auf der anderen Seite setzt sich auch *der Gaspreis* aus mehreren Kostenbestandteilen zusammen:[37]

**Nettonetzentgelt* (19,71%): Das Netznutzungsentgelt

**Messung, Messstellenbetrieb und Abrechnung* (1,84%): Entgelte für die Kosten der Abrechnung sowie der technisch notwendigen Mess- und Steuereinrichtung (Zähler, etc.), in der Regel in Euro pro Jahr, sowie das Entgelt für die Ablesung und das Inkasso für z.B. ein Jahr

**Konzessionsabgabe* (0,66 %)

**Steuern* (24,32 %): Mehrwertsteuer (15,96%), Energiesteuer (Erdgassteuer) (8,22%)

**Kosten für die Gasbeschaffung und für den Vertrieb* (53,60 %)

---

35 Das Jahr 2006 war durch Sondereffekte bei Einführung der Regulierung geprägt, die dazu führten, dass zu Beginn der Regulierung von Unternehmen überhöhte Netzentgelte ausgewiesen wurden. Erst im Zuge der Regulierung, mit Absenkung der Netzentgelte, wurden zunächst fälschlich den Netzentgelten zugeordnete Kosten in den Preisbestandteilen berücksichtigt, denen sie nach dem Verursachungsprinzip tatsächlich zuzurechnen waren. Die nach Aufnahme der Regulierung erfolgten Erhöhungen in anderen Preisbestandteilen als den Netzentgelten, insbesondere im „Vertrieb", sind damit teilweise eine Folge der Netzentgeltsenkungen. Das Jahr 2006 ist daher als Bezugsjahr für einen Zeitreihenvergleich nur sehr eingeschränkt geeignet.

36 Abbildung 78: Entwicklung der Netzentgelte für Haushaltskunden 2006 bis 2013, BNetzA/BKartA, Monitoringbericht 2013, S. 155.

37 BNetzA, Monitoringbericht 2013, S. 249. Stand: 09.01.2014.

Diese Kostenbestandteile für Messung, Messstellenbetrieb und Abrechnung machen weniger als ein Fünftel des Gaspreises aus.

Zum Stichtag 1. April 2013 sind wiederholt gestiegene Gaspreise im Segment der Haushaltskunden zu verzeichnen.[38] In allen drei Abnehmerkategorien[39] (Belieferung der Grundversorgung, Haushaltskunden mit Tarifen bei Vertragswechsel und Haushaltskunden mit Tarifen bei Lieferantenwechsel) hat ein Preisanstieg stattgefunden.[40] Dieses Ergebnis zeigt sich in der nachstehenden Abbildung (6).

Abbildung 6: Entwicklung der mengengewichteten Gaspreise für Haushaltskunden 2006 bis 2013.[41]

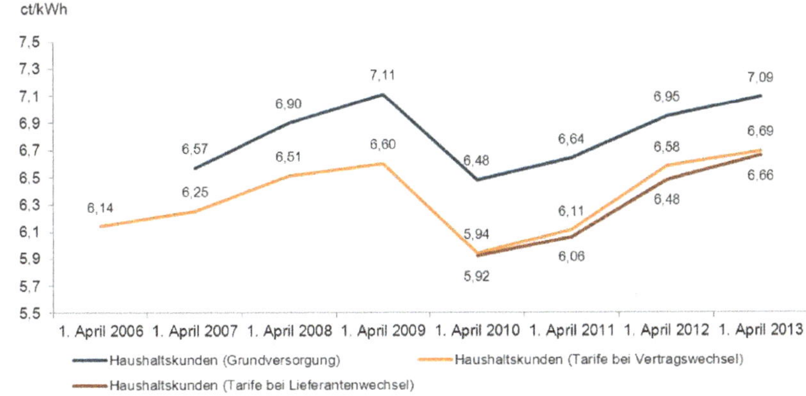

Da in allen betrachteten Abnahmekategorien das Gaspreisniveau gestiegen ist, wurde ein hypothetischer Haushaltskunde mit einem Verbrauch von 20.000 kWh/a in jeder Kategorie mit Mehrkosten im Vergleich zum Vorjahr belastet. Im Fall

38 BNetzA/BKartA, Monitoringbericht 2013, S. 246.

39 Für das *Durchschnittliche Einzelhandelspreisniveau* für die Kategorie Haushaltskunden bei der Belieferung *in der Grundversorgung vgl.* BNetzA/BKartA, Monitoringbericht 2013, S. 247; für *die Zusammensetzung des mengengewichteten Einzelhandelspreisniveaus Gas* für Haushaltskunden *mit Tarifen bei Vertragswechsel.* Preisstand 1. April 2013 gemäß Abfrage Großhändler und Lieferanten Gas vgl. BNetzA/BKartA, Monitoringbericht 2013, S. 250; für *das Durchschnittliche Einzelhandelspreisniveau* für die Kategorie Haushaltskunden *mit Tarifen bei Lieferantenwechsel* vgl. BNetzA/BKartA, Monitoringbericht 2013, S. 251.

40 BNetzA/BKartA, Monitoringbericht 2013, S. 246.

41 Abbildung 146: Entwicklung *der mengengewichteten Gaspreise* für Haushaltskunden 2006 bis 2013, BNetzA/BKartA, Monitoringbericht 2013, S. 253.

der Belieferung zu Tarifen der Grundversorgung beliefen sich die Mehrkosten auf rund 28 Euro, während sie bei Belieferung zu Tarifen bei Vertragswechsel bzw. Lieferantenwechsel rund 22 Euro bzw. 36 Euro betrugen.[42]

Die nachstehende Abbildung (7) zeigt die Entwicklung des Anteils der durchschnittlichen mengengewichteten Nettonetzentgelte Gas inklusive vorgelagerter Netzkosten, Entgelte für Abrechnung, Messung und Messstellenbetrieb jeweils zum Preisstand 1. April in den Jahren 2007 bis 2013 am Gasgesamtpreis.[43]

Abbildung 7: Entwicklung der Anteile der mengengewichteten Netzentgelte am Gaspreis *2007 bis 2013.*[44]

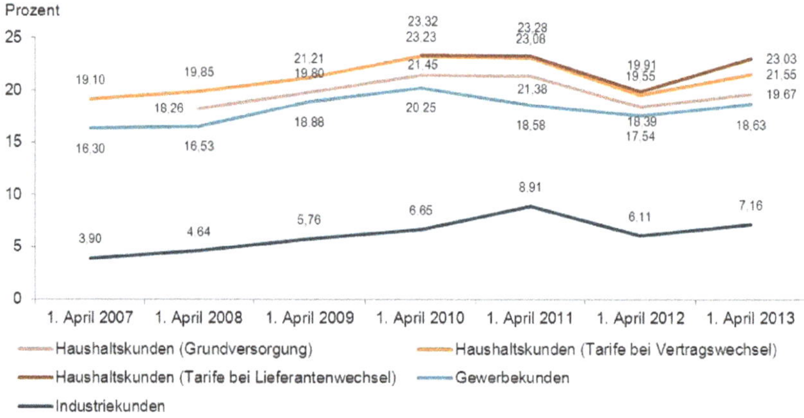

Nachdem in den letzten beiden Jahren ein Absinken der Netzentgelte am Gasgesamtpreis beobachtet werden konnte, steigt der Anteil des Netzentgeltes am Gasgesamtpreis über alle Kundenkategorien hinweg erstmals wieder.

III. Entwicklung der Netzentgelte

Die Abbildung 8 vermittelt eine Übersicht über die Entwicklung der übrigen Preisbestandteile des über alle Tarifkategorien mengengewichteten Haushaltskundenpreises.[45] Wie gezeigt, sind der Anteil von Abgaben und Steuern am Elektrizitätspreis

42 BNetzA/BKartA, Monitoringbericht 2013, S. 254.

43 BNetzA/BKartA, Monitoringbericht 2013, S. 202.

44 Abbildung 111: Entwicklung *der Anteile der mengengewichteten Netzentgelte am Gaspreis* 2007 bis 2013. BNetzA/BKartA, Monitoringbericht 2013, S. 202; Über die Entwicklung der Netzentgelte 2006 bis 2012; vgl. BNetzA/BKartA, Monitoringbericht 2012, S. 62 f.,148 f.

45 BNetzA/BKartA, a. a. O., S. 155.

sowie die Preisbestandteile für Energiebeschaffung und Vertrieb (inkl. Marge) stetig gewachsen.[46]

Abbildung 8: Über alle Tarife mengengewichteter Elektrizitätspreis für Haushaltskunden 2006 bis 2013[47]

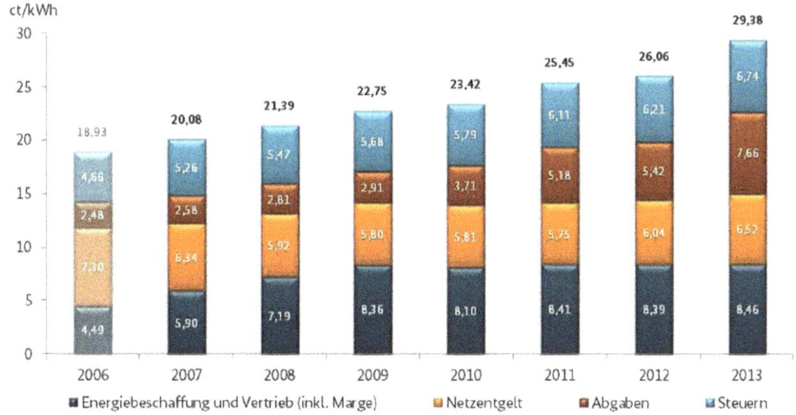

Unter den Steigerungen im Bereich der Abgaben fällt insbesondere die *EEG-Umlage*[48] ins Gewicht.[49] Für das Jahr 2013 ist die EEG-Umlage auf 5,28 ct/kWh angestiegen.[50] Dies liegt darin begründet, dass die Differenz zwischen den

---

46 BNetzA/BKartA, a. a. O., S. 155.

47 Abbildung 79: Über alle Tarife mengengewichteter Elektrizitätspreis für Haushaltskunden 2006 bis 2013BNetzA/BKartA, Monitoringbericht 2013, S. 156.

48 Häufig werden diese Kosten im Wesentlichen mit der Forderung erneuerbarer Energieträger in Verbindung gebracht, die im Strompreis durch die EEG-Umlage abgebildet werden. Da mit der EEG-Umlage eine greifbare Zahl für Herstellungskosten von Strom aus erneuerbaren Energieträgern vorliegt, wird die EEG-Umlage häufig auch mit den Gesamtkosten der Energiewende gleichgesetzt. Tatsächlich darf jedoch nicht außer Acht gelassen werden, dass durch den steigenden Anteil erneuerbarer Energien im Markt weitere Kosten entstehen. Diese hängen im Wesentlichen mit der Charakteristik der EE-Anlagen zusammen, die sich von den konventionellen Kraftwerken in wichtigen Punkten unterscheidet. Vgl. dazu Monopolkommission, Sondergutachten 65, Energie 2013: Wettbewerb in Zeiten der Energiewende, Kapitel 3.2.1. Tz. 204.

49 BNetzA/ BKartA, Monitoringbericht 2013, S. 156; über die Zusammenhänge und Kostenfaktoren der Energiewende vgl. Monopolkommission, Sondergutachten 65, Energie 2013: Wettbewerb in Zeiten der Energiewende, S. 123–125.

50 BNetzA/ BKartA, Monitoringbericht 2013, S. 157.

Vergütungszahlungen für EEG-Anlagen und den Einnahmen aus der Vermarktung des Stromes an der Börse stark gestiegen ist.[51] Zudem ist mit einem weiteren starken Zuwachs an EEG-geförderten Anlagen zu rechnen.[52] Je niedriger das Preisniveau an der Börse ist und je mehr Anlagen vergütet werden, desto stärker vergrößert sich der Anteil der Umlage.[53] Durch den überproportional starken Anstieg der EEG-Umlage, ist auch ihr Anteil am Elektrizitätspreis stetig gewachsen.[54] Mittlerweile liegt dieser bei 18% des über alle Tarifkategorien mengengewichteten Gesamtpreises für Haushaltskunden.[55] Der detaillierte Verlauf der Entwicklung kann der nachfolgenden Abbildung (9) entnommen werden.[56]

Abbildung 9: Entwicklung EEG-Umlage und Anteil am Haushaltskundenpreis 2006 bis 2013 (über alle Tarife mengengewichtete Mittelwerte)[57]

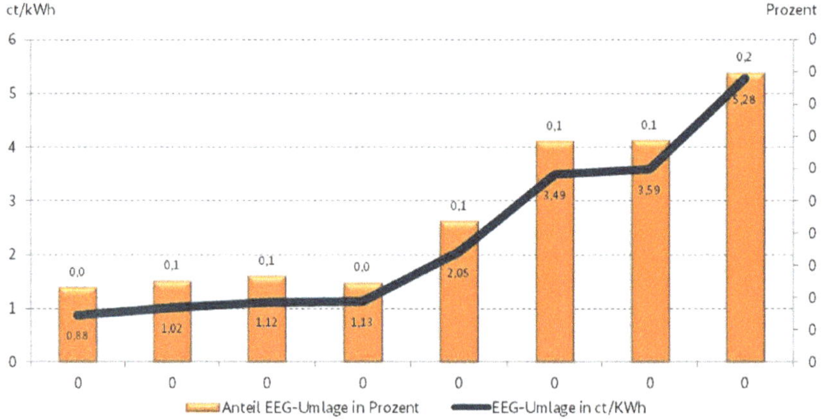

Diese Abbildungen vom Monitoringbericht 2013 zeigen ausdrücklich den mit der Energiewende zusammenhängenden Trend des stetigen Anstiegs des Netzentgeltes sowie der übrigen Preisbestandteile. Neben den bisher in die

51 BNetzA/ BKartA, Monitoringbericht 2013, S. 157.
52 BNetzA/ BKartA, a. a. O., S. 157.
53 BNetzA/ BKartA, a. a. O., S. 157.
54 BNetzA/ BKartA, a. a. O., S. 157.
55 BNetzA/ BKartA, a. a. O., S. 157.
56 BNetzA/ BKartA, a. a. O., S. 157.
57 Abbildung 80: Entwicklung EEG-Umlage und Anteil am Haushaltskundenpreis 2006 bis 2013 (über alle Tarife mengengewichtete Mittelwerte), BNetzA/ BKartA, a. a. O., S. 157.

Netzentgeltkalkulation eingeflossenen Kosten[58] (*aufwandsgleiche* Kosten[59] bzw. Personal-, Material- und Fremdleistungskosten und *kalkulatorische* Kosten[60], insbesondere die Verzinsung bzw. Rückführung des eingesetzten Eigenkapitals sowie die Rückführung des eingesetzten Fremdkapitals) werden folgende Faktoren in die neuen Netzkosten mit einbezogen:

- (1) *Gemäß § 11 Abs. 1 EnWG und § 9 Abs. 1 EEG* sind Verteilnetzbetreiber (im Folgenden VNB) dazu verpflichtet, unverzüglich ihre Netze entsprechend dem Stand der Technik zu optimieren, zu verstärken und auszubauen, um die Abnahme, Übertragung und Verteilung des Stroms sicherzustellen. Neben den konventionellen Ausbaumaßnahmen werden die Netzbetreiber diesen Herausforderungen vor allem dadurch gerecht, dass sie ihre Netze zunehmend intelligent steuern und somit an die geänderten Erfordernisse anpassen. Die jeweilige Vorgehensweise und die angewandten Maßnahmen können dabei je nach Netzbetreiber höchst unterschiedlich sein. Aufgrund der in Deutschland sehr heterogenen Netzsituation muss jeder VNB dabei eine eigene Strategie hin zu einem effizienten Netzbetrieb in der Energiezukunft beschreiten.[61]
- (2) Insbesondere *der Ausbau erneuerbarer Energien* erfordert hohe Investitionen in die Infrastruktur der Übertragungsnetze.[62] Der Gesetzgeber hat

---

58 Im Sinne des § 2, Nr. 11 Stromnetzentgeltverordnung vom 25. Juli 2005 (BGBl. I S. 2225), die zuletzt durch Artikel 1 u. 2 der Verordnung vom 14. August 2013 (BGBl. I S. 3250) geändert worden ist, ist Netzkosten der räumlich eng begrenzte Teil eines Elektrizitätsversorgungsnetzes, der sich auf einem baulich zusammengehörenden Gebiet befindet und aus: a) einem Umspannwerk, einer Umspannanlage, einer Umspannstation, einer Ortsnetzstation oder einer Schaltanlage oder b) einer sonstigen Übergabestelle bei Vorliegen einer den in Buchstabe a genannten Fällen vergleichbaren galvanischen Verbindung besteht, mit der eine oder mehrere Entnahmestellen verbunden sind; die bisherige Analyse hat verdeutlicht, dass es zwei grundverschiedene Typen von Preissteigerungen gibt: zum einen Preissteigerungen wegen höherer Erzeugungskosten, zum anderen wegen Netzkosten.

59 *Jansen*, Die Ermittlung der Kosten für Elektrizitäts- und Gasversorgungsnetze, S. 211 ff.

60 *Jansen*, a. a. O., S. 230 ff.

61 BNetzA/BKartA, Monitoringbericht 2013, Kapitel I.C.1.6.; vgl. auch BNetzA/BKartA, Monitoringbericht 2013, Kapitel I.C.1.4 für die Investitionen Übertragungsnetze (inkl. grenzüberschreitende Verbindungen) und Kapitel I.C.1.5. für die Investitionen Verteilernetze.

62 Vgl. Monopolkommission, Sondergutachten 65, Energie 2013: Wettbewerb in Zeiten der Energiewende, Pressemitteilung vom 5.9.2013, Kurzfassung, *Tz. 26*: „Im Falle von Netzungleichgewichten befinden sich die vorhandenen Kapazitäten im Ungleichgewicht zu den Verbrauchsstandorten. Als Gründe sind hierfür vor allem die grundlegenden

mit der Novellierung des EnWG im Jahr 2011 ein neues Verfahren zum Ausbau des deutschen Höchstspannungsnetzes eingeführt.[63] Die vier deutschen ÜNB sind seit dem Jahr 2012 verpflichtet, jährlich einen sogenannten *Netzentwicklungsplan* nach *§ 12 b* zu erstellen, der alle wirksamen Maßnahmen zur bedarfsgerechten Optimierung, zur Verstärkung und zum Ausbau des landseitigen Netzes enthält, die in den nächsten zehn bzw. zwanzig Jahren für einen sicheren Netzbetrieb erforderlich sind. Für den *Szenariorahmen* legen die Betreiber von Übertragungsnetzen angemessene Annahmen für die jeweiligen Szenarien zu Erzeugung, Versorgung, Verbrauch von Strom sowie dessen Austausch mit anderen Ländern zugrunde und berücksichtigen geplante Investitionsvorhaben der europäischen Netzinfrastruktur. Seit

---

Veränderungen bei der Erzeugerstruktur im Zuge der Energiewende maßgeblich. Auch der anvisierte gemeinsame europäische Strombinnenmarkt (Marktintegration) trägt zu einer Verstärkung der Netzungleichgewichte bei."; *Tz 27*: „Eine Möglichkeit, die Netzungleichgewichte zu reduzieren oder ganz zu beseitigen, ist der Ausbau der Netze. Dieser ist grundsätzlich auf allen Netzebenen notwendig; bislang liegt die Priorität der Netzausbaumaßnahmen allerdings auf der Übertragungsnetzebene. Unter anderem aufgrund von Verzögerungen beim Netzausbau hat die Bundesregierung im Jahr 2011 neue Instrumente zur Netzplanung und Genehmigung beschlossen; Kernelemente waren das novellierte Energiewirtschaftsgesetz (EnWG) und das Netzausbaubeschleunigungsgesetz (NABEG), wodurch der Bundesnetzagentur umfangreiche Aufgaben im Rahmen des Ausbaus der deutschen Höchstspannungsnetze überragen wurden. So genehmigt die Bundesnetzagentur den Szenariorahmen, prüft und bestätigt den Netzentwicklungsplan (NEP), bewertet die Umweltauswirkungen der Vorhaben, erstellt einen Umweltbericht und wird im Rahmen der Bundesfachplanung raumplanerisch tätig. Die Monopolkommission würdigt die Aufgabenbewältigung der Übertragungsnetzbetreiber und der Bundesnetzagentur. Um mehr Zeit für die Erstellung des NEP zu gewinnen, spricht sich die Monopolkommission dafür aus, die NEP-Erstellung von einem Ein- auf einen Zwei-Jahres-Rhythmus zu verlängern."

63 Vgl. BNetzA/BKartA, Monitoringbericht 2013, Kapitel I. C. 1. 1.: Im Jahr 2009 wurde das Gesetz zum Ausbau von Energieleitungen (EnLAG) mit dem Ziel verabschiedet, den Ausbau der Übertragungsnetze auf Höchstspannungsebene zu beschleunigen. In der Gesetzesfassung sind 23 Vorhaben benannt, für die ein vordringlicher energiewirtschaftlicher Bedarf besteht, die für die künftige Energieversorgung in Deutschland – mit einem wachsenden Anteil an erneuerbaren Energien – notwendig sind. Diese Ausbauprojekte umfassen 1.855 km an neu zu errichtenden Trassen, für deren Realisierung die jeweiligen Landesbehörden verantwortlich sind. Die Planungs-, Genehmigungs- und Realisierungsstadien werden vierteljährlich im Rahmen eines Monitoring von der Bundesnetzagentur dokumentiert, das auf den von den ÜNB übermittelten Daten basiert. Auf der Internetseite www.netzausbau.de können die aktuellen Ergebnisse des EnLAG-Monitoring abgerufen werden.

dem Jahr 2013 müssen die ÜNB darüber hinaus analog zum landseitigen Netzentwicklungsplan auch einen seeseitigen Ausbauplan, den sogenannten Offshore-Netzentwicklungsplan, erstellen. Aufgrund der jährlichen Erstellung der Netzentwicklungspläne kann neuen wirtschaftlichen und technologischen Entwicklungen bzw. Veränderungen der Rahmenbedingungen frühzeitig Rechnung getragen werden. Beide Netzentwicklungspläne werden sowohl von den ÜNB als auch von der Bundesnetzagentur konsultiert, von der Bundesnetzagentur geprüft und anschließend bestätigt. Mindestens alle drei Jahre werden die bestätigten Netzentwicklungspläne von der Bundesnetzagentur als Entwurf eines sogenannten Bundesbedarfsplangesetzes an die Bundesregierung übergeben. Die Grundlage für die beiden Netzentwicklungspläne bildet der gemäß § 12a EnWG ebenfalls jährlich von den ÜNB zu erstellende und von der Bundesnetzagentur zu bestätigende Szenariorahmen. Zu diesen Kosten der Erstellung des Netzentwicklungsplans, zählen auch die Kosten für Pilotprojekte für eine verlustarme Übertragung hoher Leistungen über große Entfernungen mit einer Bewertung ihrer technischen Durchführbarkeit und Wirtschaftlichkeit über den Einsatz von Hochtemperaturleiterseilen nach § 12b S. 3 a) und b) EnWG.

- (3) Die Systemverantwortung der Betreiber von Übertragungsnetzen mit Maßnahmen nach § 13 Abs. 1 EnWG[64] führt zu weiteren Netzkosten. Gemäß § 13 Abs. 1 EnWG sind ÜNB berechtigt und verpflichtet, die Gefährdung oder Störung im Elektrizitätsversorgungsnetz durch netz- und marktbezogene Maßnahmen zu beseitigen. Soweit die VNB für die Sicherheit und Zuverlässigkeit der Elektrizitätsversorgung in ihrem Netz verantwortlich sind, sind auch diese gemäß § 14 Abs. 1 EnWG zur Ergreifung derartiger Maßnahmen berechtigt und verpflichtet.
- (4) Zusätzliche Kosten führt auch die Systemverantwortung der Betreiber von Übertragungsnetzen mit Maßnahmen nach § 13 Abs. 2 EnWG[65] herbei. Gemäß § 13 Abs. 2 EnWG sind ÜNB berechtigt und verpflichtet, Stromeinspeisungen, Stromtransite und Stromabnahmen anzupassen oder diese Anpassungen zu verlangen (Anpassungsmaßnahmen), soweit sich eine Gefährdung oder Störung der Sicherheit oder Zuverlässigkeit des Elektrizitätsversorgungssystems nicht oder nicht rechtzeitig durch netz- und marktbezogene Maßnahmen nach § 13 Abs. 1 EnWG beseitigen lässt.

64 Vgl. BNetzA/BKartA, Monitoringbericht 2013, Kapitel I. C. 1.7.
65 BNetzA/BKartA, Monitoringbericht 2013, Kapitel I. C. 1.8.

- Soweit die VNB für die Sicherheit und Zuverlässigkeit der Elektrizitätsversorgung in ihrem Netz verantwortlich sind, sind auch sie gemäß § 14 Abs. 1 EnWG zu Anpassungsmaßnahmen nach § 13 Abs. 2 EnWG berechtigt und verpflichtet. Darüber hinaus sind VNB gemäß § 14 Abs. 1a EnWG verpflichtet, Maßnahmen des ÜNB nach dessen Vorgaben durch eigene Maßnahmen zu unterstützen (Unterstützungsmaßnahmen).[66]
- (5) Kosten bedeuten auch die Verpflichtungen der Netzbetreiber zur vorrangigen Abnahme, Übertragung und Verteilung des gesamten angebotenen Stroms aus Erneuerbaren Energien und aus Grubengas gemäß *§ 8 EEG.* Die Verpflichtungen nach Absatz 1 bestehen auch, wenn die Anlage an das Netz der Anlagenbetreiberin, des Anlagenbetreibers oder einer dritten Person, die nicht Netzbetreiber im Sinne von § 3 Nr. 8 ist, angeschlossen ist und der Strom mittels kaufmännisch-bilanzieller Weitergabe durch dieses Netz in ein Netz nach § 3 Nr. 7 angeboten wird.
- (6) Aufgrund der Einspeisemanagementmaßnahmen nach § 11 und der Härtefallregelung nach § 12 EEG sind auch folgende Kosten einzukalkulieren:[67] Das Einspeisemanagement (EMM) ist eine speziell geregelte Netzsicherheitsmaßnahme gegenüber EE-, Grubengas- und KWK-Anlagen. Der klimafreundlich erzeugte Strom aus diesen Anlagen ist vorrangig in die Netze einzuspeisen und zu transportieren (§ 8 Abs. 1 und Abs. 4 EEG, § 4 Abs. 1 und Abs. 4 S. 2 KWKG). Die verantwortlichen Netzbetreiber können unter besonderen Voraussetzungen jedoch auch diese bevorrechtigte Einspeisung vorübergehend abregeln, wenn die Netzkapazitäten nicht ausreichen, um den insgesamt erzeugten Strom abzutransportieren (§ 13 Abs. 2, 2a S. 3 EnWG i. V. m. §§ 11, 12 EEG, für KWK-Anlagen auch i. V. m. § 4 Abs. 1 S. 2 KWKG).

---

66 Im Berichtsjahr 2012 haben zwei ÜNB an vier Tagen über insgesamt zwölf Stunden Anpassungsmaßnahmen nach § 13 Abs. 2 EnWG durchgeführt. Dabei wurden Stromeinspeisungen um eine maximale Leistung von 4.805 MW und insgesamt eine Arbeit von 15.594 MWh reduziert. Weiterhin haben sieben VNB an 254 Tagen über 1.649 Stunden Anpassungsmaßnahmen nach § 13 Abs. 2 EnWG durchgeführt. Es wurden Stromeinspeisungen um eine maximale Leistung von 87 MW und insgesamt eine Arbeit von ca. 5.935 MWh reduziert. Bei Unterstützungsmaßnahmen von dreizehn VNB nach § 13 Abs. 2 und § 14 Abs. 1a EnWG kam es an vier Tagen über zwölf Stunden zu einer Reduktion von Stromeinspeisungen um eine maximale Leistung von 326 MW und eine Gesamtsumme der Arbeit von ca. 1.670 MWh bei konventionellen Erzeugungsanlagen und ca. 2.865 MWh bei EE-, Grubengas- und KWK-Anlagen, Quelle: BNetzA/BKartA, Monitoringbericht 2013, Kapitel I. C. 1. 8.

67 BNetzA/BKartA, Monitoringbericht 2013, Kapitel I. C. 1. 9.

Insbesondere müssen die vorrangigen Abregelungsmaßnahmen gegenüber konventionellen Erzeugern zuvor ausgeschöpft werden. Die Netzausbaupflichten der für die Netzengpässe verantwortlichen Netzbetreiber bleiben parallel bestehen. Der Betreiber der abgeregelten Anlage hat Anspruch auf eine Entschädigung der entstandenen Ausfallarbeit und –wärme nach Maßgabe von § 12 Abs. 1 EEG. Die Entschädigungskosten trägt der Netzbetreiber, in dessen Netz die Ursache für die Einspeisemanagementmaßnahme liegt.

- (7) Weitere Kosten erwachsen aus der Netzanbindung von Offshore-Windparks:[68] Im Dezember 2012 trat eine neue gesetzliche Regelung in Kraft, die die Probleme der anbindungsverpflichteten ÜNB beim Bau von Netzanbindungen lösen soll. Der sogenannte Systemwechsel enthält auf der einen Seite Regelungen zum Umgang mit Entschädigungszahlungen, wenn beim Bau einer Netzanbindung Verzögerungen auftreten. Auf der anderen Seite überträgt er der Bundesnetzagentur die Kompetenzen für die Zuweisung und die Übertragung von Anbindungskapazitäten. Die Bundesnetzagentur hat daraufhin entsprechende Festlegungsverfahren eingeleitet, mit deren Hilfe die Rahmenbedingungen zur Zuweisung und Übertragung von Anbindungskapazitäten sowie zur Behandlung von Entschädigungszahlungen geregelt werden.[69]

Abbildung 10: Investitionen und Aufwendungen für die Netzinfrastruktur der ÜNB seit 2007 (inkl. grenzüberschreitende Verbindungen)[70]

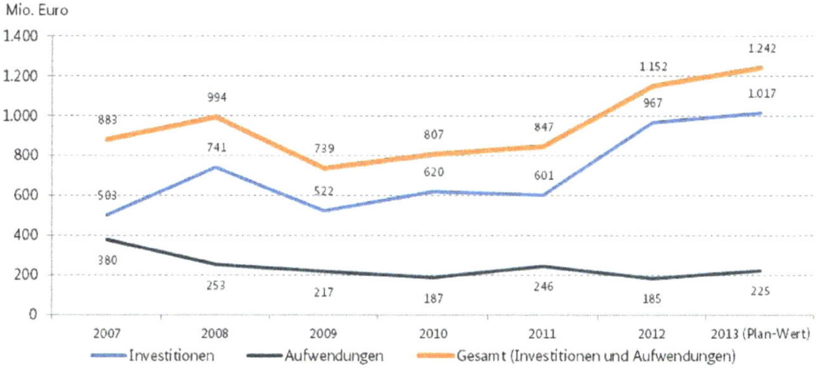

68 BNetzA/BKartA, Monitoringbericht 2013, Kapitel I. C. 1. 3.

69 BNetzA/BKartA, a. a. O., Kapitel I. C. 1. 3.

70 Abbildung 18: Investitionen und Aufwendungen für die Netzinfrastruktur der ÜNB seit 2007 (inkl. grenzüberschreitende Verbindungen), BNetzA/BKartA, Monitoringbericht 2013, S. 53.

- (8) Zu den dauerhaft nicht beeinflussbaren Kosten zählen *bei den Übertragungsnetzbetreibern* insbesondere *die Kosten aus genehmigten Investitionsmaßnahmen*.[71] Der detaillierte Verlauf der Investitionen und Aufwendungen für die Netzinfrastruktur der ÜNB seit 2007 kann der Abbildung (10) entnommen werden.
- (9) *Bei den Verteilernetzbetreibern* gehören die Kosten für das vorgelagerte Netz sowie für die vermiedenen Netzentgelte hierhin, für Verteilernetzbetreiber im Regelverfahren darüber hinaus beispielsweise auch Kosten für die im gesetzlichen Rahmen ausgeübte Betriebs- und Personalratstätigkeit und Betriebssteuern.[72] Der detaillierte Verlauf der Investitionen und Aufwendungen für die Netzinfrastruktur der VNB kann der nachstehenden Abbildung (11) entnommen werden.

---

71 BNetzA/BKartA, Monitoringbericht 2012, S. 60; Überblick bei BNetzA/BKartA, Monitoringbericht 2013, S. 53: Im Jahr 2012 wurden von den vier deutschen ÜNB insgesamt ca. 1.152 Mio. Euro (2011: 847 Mio. Euro) für Investitionen und Aufwendungen in die Netzinfrastruktur aufgebracht. Darin enthalten sind auch Investitionen und Aufwendungen für grenzüberschreitende Verbindungen in Höhe von ca. 22 Mio. Euro (2011: 13 Mio. Euro). Die Differenz der tatsächlichen Ausgaben für die Netzinfrastruktur und den im Jahr 2011 gemeldeten Planwerten (Planwert für 2012: ca. 952 Mio. Euro) beträgt 200 Mio. Euro. Die Ursache für das Delta liegt im Wesentlichen in der Kategorie Investitionen für Neubau/ Ausbau/ Erweiterung, da hier der Ist-Wert für 2012 mit 864 Mio. Euro im Vergleich zu dem Planwert für 2012 von 582 Mio. Euro um 282 Mio. Euro höher ausgefallen ist.

72 BNetzA/BKartA, Monitoringbericht 2012, S. 61; vgl. auch BNetzA/BKartA, Monitoringbericht 2013, S. 53. Die Investitionen und Aufwendungen in die Netzinfrastruktur von 806 VNB betrugen im Jahr 2012 insgesamt ca. 6.005 Mio. Euro (2011: 6.930 Mio. Euro). Darin enthalten sind Investitionen und Aufwendungen für Mess- und Steuereinrichtungen, sowie Kommunikationsinfrastruktur in Höhe von ca. 356 Mio. Euro (2011: 462 Mio. Euro). Insgesamt liegen die Ausgaben der VNB für die Netzinfrastruktur mit einem Delta von 283 Mio. Euro unter den Planwerten für 2012 von 6.288 Mio. Euro.

Abbildung 11: Investitionen und Aufwendungen für die Netzinfrastruktur (inkl. Mess- und Steuereinrichtungen sowie Kommunikationsinfrastruktur) der VNB.[73]

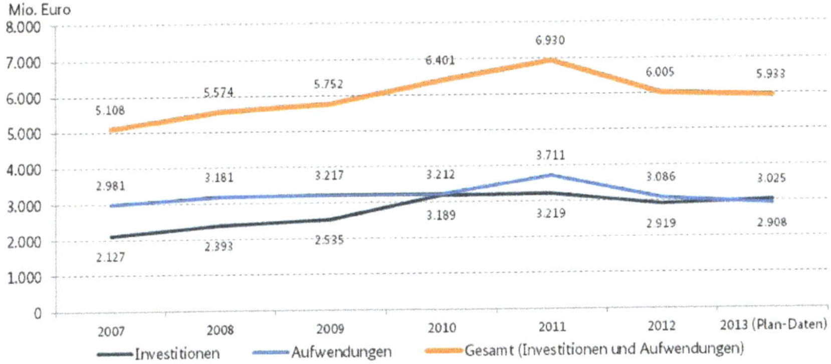

- (10) Zu den neuen Netzkosten zählen auch diejenigen, die für den *§ 17 b EnWG Offshore-Netzentwicklungsplan* anfallen. Die Betreiber von Übertragungsnetzen legen der Regulierungsbehörde jährlich auf der Grundlage des Szenariorahmens nach § 12a einen gemeinsamen Offshore-Netzentwicklungsplan für die ausschließliche Wirtschaftszone der Bundesrepublik Deutschland und das Küstenmeer bis einschließlich der Netzanknüpfungspunkte an Land zusammen mit dem nationalen Netzentwicklungsplan nach § 12b, erstmalig aber zum 3. März 2013, zur Bestätigung vor. Der gemeinsame nationale Offshore-Netzentwicklungsplan muss unter Berücksichtigung der Festlegungen des jeweils aktuellen Offshore-Netzplans im Sinne des § 17a mit einer zeitlichen Staffelung alle wirksamen Maßnahmen zur bedarfsgerechten Optimierung, Verstärkung und zum Ausbau der Offshore-Anbindungsleitungen enthalten, die in den nächsten zehn Jahren für einen schrittweisen, bedarfsgerechten und wirtschaftlichen Ausbau sowie einen sicheren und zuverlässigen Betrieb der Offshore-Anbindungsleitungen erforderlich sind.[74]

---

73 Abbildung 19: Investitionen und Aufwendungen für die Netzinfrastruktur (inkl. Mess- und Steuereinrichtungen, sowie Kommunikationsinfrastruktur) der VNB, BNetzA/BKartA, Monitoringbericht 2013, S. 54.

74 Die Netzanbindungsverpflichtung gemäß § 17 Abs. 2a EnWG wurde aufgehoben; zur Erleichterung der Netzanbindung von Offshore-Windpark-Projekten hat die Bundesnetzagentur auf Initiative von Mitgliedern des Deutschen Bundestages im Rahmen der Beratungen zum Energieleitungsausbaugesetz (EnLAG) und in enger Abstimmung mit den Bundesministerien für Wirtschaft und Technologie sowie für Umwelt Konkretisierungen der Netzanbindungsverpflichtung des § 17 Abs. 2a EnWG formuliert.

- (11) Mit der Entschädigung bei Störungen oder Verzögerung der Anbindung von Offshore-Anlagen nach § 17e EnWG hängen zusätzliche Kosten zusammen. § 17e Abs. 1 EnWG legt Folgendes fest: Ist die Einspeisung aus einer betriebsbereiten Offshore-Anlage länger als 10 aufeinander folgende Tage wegen einer Störung der Netzanbindung nicht möglich, so kann der Betreiber der Offshore-Anlage von dem nach § 17d Abs. 1 anbindungsverpflichteten Betreiber von Übertragungsnetzen ab dem 11. Tag der Störung unabhängig davon, ob der Übertragungsnetzbetreiber die Störung zu vertreten hat, für entstandene Vermögensschäden eine Entschädigung in Höhe von 90% der nach § 16 EEG i.V.m. § 31 EEG im Fall der Einspeisung erfolgten Vergütung verlangen.
- (12) Nach der Stromnetzentgeltverordnung (StromNEV)[75] vom 25. Juli 2005, die zuletzt durch Art. 1 u. 2 der Verordnung vom 14. August 2013[76] geändert wurde, können Letztverbraucher ein individuelles Netzentgelt gemäß § 19 Abs. 2 Satz 1 StromNEV bzw. eine Netzentgeltbefreiung gemäß § 19 Abs. 2 Satz 2 StromNEV beantragen. Die Betreiber von Übertragungsnetzen sind verpflichtet, entgangene Erlöse, die aus individuellen Netzentgelten und Befreiungen von Netzentgelten resultieren, nachgelagerten Betreibern von Elektrizitätsverteilernetzen zu erstatten. Die Übertragungsnetzbetreiber haben diese Zahlungen sowie eigene entgangene Erlöse untereinander auszugleichen. Die entgangenen Erlöse

Durch die nun endgültige Fassung des Positionspapiers zur Netzanbindungsverpflichtung gemäß § 17 Abs. 2a EnWG werden für die Übertragungsnetzbetreiber und die Offshore-Windpark-Entwickler /-Betreiber transparente Bedingungen und Verfahren zur Netzanbindung von Offshore-Anlagen geschaffen, die eine zügige und fristgemäße Netzanbindung unter Begrenzung der Kostenbelastung für die Energieverbraucher bestmöglich gewährleisten. Vgl. BNetzA, Positionspapier zur Netzanbindungspflich gemäß § 17 Abs. 2a EnWG, besucht am 19.6.2013; vgl. auch BNetzA, Annex zum Oktober 2009, abrufbar unter http://www.bundesnetzagentur.de/SharedDocs/Downloads/DE/Sachgebiete/Energie/Unternehmen_Institutionen/NetzzugangUndMesswesen/Netzanschluss/Offshore/Positionspapier.pdf?__blob=publicationFile&v=1 zuletzt Positionspapier Netzanbindungsverpflichtung gemäß § 17 Abs. 2a EnWG, Januar 2011, abrufbar unter: http://www.bundesnetzagentur.de/SharedDocs/Downloads/DE/Sachgebiete/Energie/Unternehmen_Institutionen/NetzzugangUndMesswesen/Netzanschluss/Offshore/Annex%20zum%20Positionspapier%20-%20Netzanbindung%20von%20Offshore.pdf;jsessionid=1731A2BEEA9A89D2F1EF48E123F1009B?__blob=publicationFile&v=1 zuletzt besucht am 19.6.2014.

75 Stromnetzentgeltverordnung vom 25. Juli 2005 (BGBl. I S. 2225), die zuletzt durch Art. 1 u. 2 der Verordnung vom 14. August 2013 (BGBl. I S. 3250) geändert worden ist.

76 BGBl. I S. 3250.

werden gemäß § 19 Abs. 2 Satz 7 StromNEV entsprechend § 9 KWK-G auf alle Letztverbraucher (LV) umgelegt.

- (13) Schließlich gehören zu den Netzkosten die Kosten eines technisch möglich und wirtschaftlich vertretbaren Einbaus von Messsystemen nach Maßgabe des § 21c EnWG[77] und Messstellenbetriebs nach Maßgabe des § 21b EnWG. Gemäß § 21b EnWG ist der Messstellenbetrieb Aufgabe des Betreibers von Energieversorgungsnetzen, soweit nicht eine anderweitige Vereinbarung nach Abs. 2 oder 3 getroffen worden ist.
- (14) Hinzu kommen die Ausnahmen, die bestimmte Unternehmen genießen, indem sie von den Netzentgelten, von der EEG-Umlage oder von der Stromsteuer befreit werden. Im Kern geht es dabei um die Kosten für die Entlastung der stromintensiven Unternehmen von den Netzkosten, mit entsprechender Belastung aller Stromendverbraucher.[78] Gemäß § 40 EEG begrenzt das Bundesamt für Wirtschaft und Ausfuhrkontrolle auf Antrag für eine Abnahmestelle die EEG-Umlage, die von Elektrizitätsversorgungsunternehmen an Letztverbraucher, die stromintensive Unternehmen des produzierenden Gewerbes mit hohem Stromverbrauch oder Schienenbahnen sind, weitergegeben wird, entsprechend der §§ 41 und 42 EEG. Die Begrenzung erfolgt, um die Stromkosten dieser Unternehmen zu senken und so ihre internationale und intermodale Wettbewerbsfähigkeit zu erhalten, soweit hierdurch die Ziele des Gesetzes nicht gefährdet werden und die Begrenzung mit den Interessen der Gesamtheit der Stromverbraucherinnen und Stromverbraucher vereinbar ist.[79]

Für die Zukunft zeichnen sich nicht unerhebliche Steigerungen ab; der Anstieg der Netzentgelte ist auch auf andere EU-Strategien zurückzuführen. Neben der Energiewende lässt noch die Energieffizienzstrategie die Frage offen, wie die aus den EU-Zielen erwachsenden Kosten umgelegt werden. Die Europäische Strategie, intelligente und nachhaltige Netze in einem EU-Verbund zu schaffen, in dem erneuerbare Energien integriert werden, führt zwangsläufig zu noch höhere Preiserhöhungen der Energieversorgung.

---

77 Vgl.zur Pflicht zum Einbau von Messsystemen *Drozella* in: BerlKommEnR, § 21c.

78 Zur Entlastung stromintensiver Unternehmen vgl. *Buchmüller*, Die Entlastung stromintensiver Unternehmen durch das Energiepaket des Bundestages, abrufbar unter: http://www.ewerk.hu-berlin.de/node/3618 zuletzt besucht am 5.3.2013.

79 Ausführlich dazu Monopolkommission, Sondergutachten 65, Energie 2013: Wettbewerb in Zeiten der Energiewende, S. 25–27.

Im November 2008 veröffentliche die Kommission die Mitteilung „Energieeffizienz: Erreichung des 20%-Ziels",[80] die eine Verringerung des Primärenergieverbrauchs bis 2020 um 20% empfahl. In diese Richtung sieht sie in ihrer Mitteilung vom 8. März 2011 „Energieeffizienzplan 2011" Energieffizienz als ein zentrales Element der EU-Strategie Europa 2020 für intelligentes, nachhaltiges und integratives Wachstum und des Übergangs zu einer ressourceneffizienten Wirtschaft an: „Energieeffizienz ist eine der kosteneffektiven Möglichkeiten, die Energieversorgungssicherheit zu verbessern und die Emissionen von Treibhausgasen und anderen Schadstoffen zu senken. In vielerlei Hinsicht kann Energieeffizienz als Europas größte Energieressource betrachtet werden."[81] Ziel der in diesem Plan vorgeschlagenen Maßnahmen ist es, die Lücke in Bezug auf das Erreichen des 20%-Energieeinsparziels der EU zu schließen, dazu beizutragen, das europäische Leitbild einer ressourceneffizienten und CO_2-armen Wirtschaft bis 2050 zu verwirklichen und die Energieunabhängigkeit sowie Versorgungssicherheit zu verbessern. Allerdings wurde deutlich, dass dieses Ziel nur schwer erreicht werden kann, wenn die EU nicht das erhebliche Energieeinsparpotenzial bei Gebäuden[82], im Verkehr[83]

80 Mitteilung der Kommission vom 13.November 2008 – Energieeffizienz: Erreichung des 20 %-Ziels, KOM(2008) 772 endgültig; Die Mitgliedstaaten haben sich verpflichtet, ihren Primärenergieverbrauch bis 2020 um 20 % zu verringern. Zahlreiche Faktoren stehen der Umsetzung wirksamer Maßnahmen weiterhin im Wege. Diese Mitteilung gibt einen Überblick über künftige Projekte, die zur Erfüllung des „20-20-20-Ziels" beitragen sollen.

81 KOM(2011) 109 endgültig, Mitteilung der Kommission an das Europäische Parlament, den Rat, den Europäischen Wirtschafts- und Sozialausschuss und den Ausschuss der Regionen, Energieeffizienzplan 2011, S. 1.

82 Der Plan betont die Notwendigkeit, Maßnahmen zu ergreifen, um den Endenergieverbrauch in Gebäuden zu senken, da dieser Sektor für etwa 40% des Endenergieverbrauchs in Europa verantwortlich ist. Der Plan sieht außerdem vor, dass Energiedienstleistungsunternehmen staatlichen Stellen bei energieeinsparenden Modernisierungen von Gebäuden finanziell helfen können. Auf den Gebäudesektor entfallen 40 % des Gesamtenergieverbrauchs der Europäischen Union (EU). Deshalb gehört die Reduzierung des Energieverbrauchs in diesem Bereich zu den Prioritäten der 20-20-20-Ziele im Hinblick auf die Energieeffizienz. Diese Richtlinie trägt dieser Absicht Rechnung und schlägt den Mitgliedstaaten Leitlinien für die Gesamtenergieeffizienz von Gebäuden vor. Vgl. dazu Richtlinie 2010/31/EU des Europäischen Parlaments und des Rates vom 19. Mai 2010 über die Gesamtenergieeffizienz von Gebäuden.

83 Die Kommission möchte eine Strategie zur Verbesserung der Effizienz dieses Sektors vorlegen, etwa durch Einführung eines Verkehrsmanagementsystems für alle Verkehrsträger.

Die vollständige Umsetzung dieses Plans sollte zu erheblichen Energieeinsparungen führen. Die Mitgliedstaaten haben nationale Pläne eingeführt, um das Ziel, den Primärenergieverbrauch der EU um 20% zu senken, zu erreichen. Die Kommission empfiehlt jedoch, den Anwendungsbereich dieser Pläne auszudehnen, um alle Stufen der Energiekette zu erfassen und auf diese Weise Energieeinsparpotenziale besser nutzbar zu machen. (KOM(2011) 109 endgültig, Mitteilung der Kommission an das Europäische Parlament, den Rat, den Europäischen Wirtschafts- und Sozialausschuss und den Ausschuss der Regionen, Energieeffizienzplan 2011, S. 8. Ein Rahmen für nationale Bemühungen.)
Das Deutsche Bundesministerium für Wirtschaft und Technologie hat sinngemäß einen 2. Nationalen Energieeffizienz-Aktionsplan (NEEAP) der Bundesrepublik Deutschland gemäß der EU-Richtlinie über Endenergieeffizienz und Energiedienstleistungen (2006/32/EG) sowie des Gesetzs über Energiedienstleistungen und andere Energieeffizienzmaßnahmen (EDL-G) beschlossen, der neue Anreize für energieeffizienten Verbrauch setzt. (2. Nationaler Energieeffizienz-Aktionsplan (NEEAP) der Bundesrepublik Deutschland gemäß EU-Richtlinie über Endenergieeffizienz und Energiedienstleistungen (2006/32/EG) sowie Gesetz über Energiedienstleistungen und andere Energieeffizienzmaßnahmen(EDL-G), Bundesministerium für Wirtschaft und Technologie, abrufbar unter: http://www.bmwi.de/Dateien/BMWi/PDF/zweiter-nationaler-energieeffizienz-aktionsplan-der-brd,property=pdf,bereich=bmwi2012,sprache=de,rwb=true.pdf zuletzt abgerufen am 3.4.2014; mit dem 2. Nationalen Energieeffizienz-Aktionsplan (NEEAP) weist die Bundesregierung gegenüber der EU-Kommission das Erreichen der Energieeinsparziele entsprechend der Richtlinie 2006/32/EG über Endenergieeffizienz und Energiedienstleistungen (EDL-RL) nach und informiert darüber hinaus insgesamt über die Rahmenbedingungen, den aktuellen Stand und die Erfolge der Energieeffizienzpolitik in Deutschland)
Zum Zweck der kosteneffizienten Zielerreichung konzentrieren sich die staatlichen Initiativen und Aktivitäten zur Reduktion des Energieverbrauchs unverändert auf diejenigen Bereiche, in denen wirtschaftlich rentable Energieeinsparpotenziale aufgrund vorhandener Markthemmnisse wie z.B. Kapitalmangel, Investitionsrisiken, Informationsdefizite oder zu hoher Transaktionskosten derzeit nach wie vor noch nicht bzw. nicht vollständig ausgeschöpft werden. Die Maßnahmen und Initiativen der Bundesregierung für die Steigerung der Energieeffizienz konzentrieren sich auf der Nachfrageseite weiterhin im Kern auf die folgenden Anwendungsbereiche:

- Beschleunigte Erschließung der umfangreichen Energieeinsparpotenziale im Gebäudebereich, insbesondere im Wohngebäudebestand.
- Verstärkte Ausschöpfung der umfangreichen wirtschaftlichen Energieeffizienzpotenziale im Öffentlichen Sektor, insbesondere durch Maßnahmen an öffentlichen Gebäuden und im öffentlichen Beschaffungswesen.
- Unterstützung von Maßnahmen zur Erhöhung der Energieeffizienz in den Sektoren Gewerbe, Handel, Dienstleistungen, Landwirtschaft und Industrie, insbesondere in kleinen und mittleren Unternehmen (KMU).

und Produkten[84] nutzt.[85] Zu diesem Zweck schlägt die Europäische Kommission bestimmte Maßnahmen im Gebäudesektor, Verkehr und bei Produkten vor,[86] die zwangsläufig zu Preiserhöhungen der Energieversorgung führen.

Der Energieeffizienzplan 2011 in Verbindung mit dem starken Ausbau und der Förderung der erneuerbaren Energien beeinflusst den Endverbraucherpreis.[87] Denn diese Maßnahmen sind natürlich mit erheblichen Kosten verbunden. Insbesondere die Ausdehnung erneuerbarer Energien[88] und der Ausbau der Infrastruktur erfordern hohe Investitionen in die Übertragungsnetze, da die dezentrale Energieerzeugung aus erneuerbaren Energien neue Anforderungen an die Netzkonfiguration mit sich bringt.[89] Diese Netzinvestitionen müssen von

---

- Förderung der technischen Entwicklung von Fahrzeugen mit dem Schwerpunkt der energetischen Optimierung herkömmlicher Antriebe von Pkw und Lkw und Unterstützung einer stärkeren Marktdurchdringung energieeffizienter Fahrzeuge und Komponenten wie Leichtaufreifen und -öle.
- Ausbau und Weiterentwicklung der Information und Motivation von Endkunden zur Steigerung der Energieeffizienz auf der Nachfrageseite und Verbesserung der Aus- und Weiterbildung von Akteuren und Multiplikatoren.

84 Die Kommission beabsichtigt, den Ansatz der Ökodesign-Richtlinie zu stärken und strengere Verbrauchsstandards für Heizkessel, Warmwasserbereiter oder Computer festzulegen. Darüber hinaus muss das Verständnis der Verbraucher für die Bedeutung des Umweltzeichens verbessert werden, damit sie sich eher für energieeffiziente Produkte entscheiden. Das EU-Umweltzeichen ist ein freiwilliges System zur Umweltkennzeichnung von Produkten. Anhand dieses Zeichens kann der Verbraucher die umweltfreundlichsten Qualitätsprodukte erkennen. Vgl. dazu Verordnung (EG) Nr. 66/2010 des Europäischen Parlaments und des Rates vom 25. November 2009 über das EU-Umweltzeichen.

85 Vgl. auch die Eckpunkte Energieeffizienz abrufbar unter: http://www.bmwi.de/BMWi/Redaktion/PDF/E/eckpunkte-energieeffizienz,property=pdf,bereich=bmwi2012,sprache=de,rwb=true.pdf zuletzt besucht am 3.4.2013

86 Zu den Aktionsbereichen vgl. Zusammenfassung des Energieeffizienzplans 2011, abrufbar unter: http://europa.eu/legislation_summaries/energy/energy_efficiency/en0029_de.htm zuletzt besucht am 3.4.2013.

87 Die Ausgaben für Strom aus erneuerbaren Energien summierten sich 2012 auf rund 19,1 Mrd. Euro; eingehend und quellenreich zu den Kosten, die die Förderung der erneuerbaren Energien verursacht *Schumacher*, in: BerlKommEnR, Band 2., 3. Auflage, § 1 EEG Rn. 12–15.

88 Kritisch dazu insbesondere hinsichtlich der fehlenden Zielgenauigkeit Monopolkommission, Sondergutachten 65, Energie 2013: Wettbewerb in Zeiten der Energiewende, S. 13, Tz. 14.

89 BNetzA/BKartA, Monitoringbericht 2013, S. 67; kritisch dazu Monopolkommission, Sondergutachten 65, Energie 2013: Wettbewerb in Zeiten der Energiewende,

den Betreibern von Energieversorgungsnetzen durch die Netzentgelte[90] finanziert werden.[91] Die einseitige Belastung des Lieferanten mit Kostensteigerungen, die nicht im Äquivalenzverhältnis der Parteien, sondern in staatlichen Regelungen ihren Grund finden, würde das zwischen den Parteien vereinbarte Austauschverhältnis gravierend stören, und zwar auch dann, wenn gesetzlich keine automatische Weitergabe erhöhter Steuern oder Umlagen vorgesehen ist.[92] Durch staatliche Eingriffe in die bestehende Rechtslage verursachte Kosten fallen nicht in den Risikobereich des Lieferanten; sie müssen im Interesse sicherer Energieversorgung wirtschaftlich von den Kunden getragen werden.[93]

Immerhin sind die Kosten der Umstellung auf erneuerbare Energien deutlich höher, als die Politiker dies bei der Umsteuerung der Energiepolitik vorgesehen hatten. Der Umstellungsaufwand in Deutschland wurde im Jahre 2009 bei Saldierung der Vorteile und Nachteile als unbeachtliche Größe angesehen; heute wird er realistisch auf 1 Billion Euro bis zum Jahre 2025 geschätzt.[94] Die meisten Szenarios deuten darauf hin, dass die Strompreise bis 2030 steigen werden.[95] Der Großteil dieses Anstiegs hängt damit zusammen, dass alte, bereits vollständig abgeschriebene Erzeugungskapazität in den nächsten zwanzig Jahren ersetzt werden wird. Im Szenario „hoher Anteil erneuerbarer Energien", wobei davon ausgegangen wird, dass 97 % des Stromverbrauchs durch erneuerbare Energien gedeckt werden, steigen die modellierten Strompreise wegen hoher Kapitalkosten (und der Annahme eines hohen Bedarfs an Regelkapazität), der Speicherung

Pressemitteilung vom 5.9.2013, S. 1 abrufbar unter: http://www.monopolkommission.de/sg_65/presse_s65.pdf zuletzt besucht am 26.3.2014: Die Monopolkommission hat in ihr viertes Sondergutachten nach § 62 EWG mit dem Titel „Energie 2013: Wettbewerb in Zeiten der Energiewende" durch eine vertiefte Analyse des deutschen Strom- und Gasmarktes auf Wettbewerbs- und Effizienzprobleme auf unterschiedlichen Märkten des Energiesektors hingewiesen und zahlreiche Vorschläge zur effizienten Lösung bestehender Probleme vorgebracht.
In einem Schwerpunkt befasst sich die Monopolkommission mit der Ausgestaltung der Energiewende. Hier stellt sie erhebliche Effizienzdefizite – z.B. durch Überförderung – fest, die für zusätzliche Kosten- und Preissteigerungen verantwortlich sind.

90 Die genannten Anpassungen haben bei den ÜNB zu einer Erhöhung der Erlösobergrenzen von 2012 auf 2013 von rund 7,81 Prozent geführt.

91 Monopolkommission, Sondergutachten 65, Energie 2013: Wettbewerb in Zeiten der Energiewende, S. 18.

92 *Säcker/Mengering*, BB 32 (2013), S. 1859 (1867).

93 *Säcker/Mengering*, a. a. O., S. 1859 (1867).

94 *Säcker*, in: BerlKommEnR, Einl. A. EnWG, Band 1, 3. Auflage, S. 10.

95 KOM(2011) 885 endgültig, S. 7.

und der Netzinvestitionen in diesem Szenario mit „nahezu 100 % regenerativem Strom“ weiter, wenngleich langsamer.[96]

Ferner erhöhen sich mit dem wachsenden Anteil der Erneuerbaren Energien auch zwangsläufig die damit verbundenen Anforderungen an Transparenz und Rationalität der Rechnungen. Der Verbraucher hat einen Anspruch auf mehr Transparenz, insofern, dass die EEG-Umlage für 2014 nochmals um 18% gestiegen ist und er diese Preisinformation nur durch die vagen Schreiben der Lieferanten bekommt, wie am folgenden Beispiel der Vattenfall Europa Sales GmBH zu erkennen ist: *„[I]n Deutschland wird immer mehr Ökostrom (zum Beispiel aus Wind und Sonne) produziert. Das ist wichtig für das Gelingen der Energiewende in unserem Land. Diese erneuerbaren Energien werden durch eine gesetzliche Umlage im Rahmen des Erneuerbare-Energien-Gesetzes (EEG) finanziell gefördert. Getragen wird sie von allen Stromkunden – unabhängig davon, bei welchem Energieversorger Sie Kunde sind. Über die verstärkte finanzielle Belastung der Endverbraucher durch die Förderung der erneuerbaren Energien berichten bereits seit Monaten die Medien: Die EEG-Umlage für 2014 ist nochmals um 18% gestiegen und erhöht damit erneut den Strompreis in Deutschland. Mehr als 300 Energieversorger haben deshalb bereits zum Jahresbeginn ihre Preise erhöht. Wir haben unsere Preise bis 31. März 2014 für Sie stabil. Ab dem 1. April 2014 beträgt der Verbraucherpreis für ihren Tarif Berlin Easy Privatstrom 27,61 Cent/kWp.“*[97]

Mehr als 20 Milliarden Euro zahlen die Verbraucher Jahr für Jahr für die Umlage nach dem EEG für Strom, der nur einen Bruchteil davon wert ist. Eine Studie des Bundeswirtschaftsministeriums (BMWi) aus dem Jahr 2014 unter dem Titel „Moderne Verteilnetze in Deutschland“ beschreibt die Kosten der Energiewende für deutsche Durchschnittshaushalte in 2015 folgendermaßen: Pro Haushalt kostet die Energiewende 270 Euro pro Jahr. Das ergibt insgesamt 28 Mio. Euro pro Jahr für ganz Deutschland.[98]

---

96 KOM(2011) 885 endgültig, S. 7.

97 Vattenfall Europa Sales GmBH, Schreiben „Preisinformation – gültig ab 1. April 2014“ vom 11.2.2014; vgl. auch das Schreiben der Vattenfall GmBH an Ihre Kunden vom 19.11.2012: *„Vor allem aufgrund dieser stark steigenden EEG-Umlage und der höheren Nutzungsentgelte für die Stromnetze beträgt der Verbrauchspreis für Ihren Tarif Berlin Easy Privatstrom ab 1. Januar 2013 26,88 Cent/kWp. Für einen typischen Berliner Haushalt im Tarif Berlin Easy Privatstrom mit einem Durchschnittsverbrauch von 2.200 kWp/Jahr entstehen somit zusätzliche Kosten von rund 6,45 Euro/Monat.“*

98 Soweit diese Angaben in der Ausgabe des Handelsblatt vom 24 August 2015, Nr. 161, S. 5 veröffentlicht wurden.

Für den Netzausbau sollen sich die Kosten auf 28,20 Euro pro Jahr je Haushalt erhöhen[99]: Der Ausbau des Übertragungsnetzes bis 2024 (umgerechnet in Annuitäten, 100 Prozent Fremdkapital) soll jährlich 10,60 Euro pro Haushalt betragen.[100] Dazu kommen die Kosten für den Ausbau des Verteilernetzes bis 2022. Diese Kosten (umgerechnet in Annuitäten, 100 Prozent Fremdkapital) werden mit 8,40 Euro pro Jahr für einen Durchschnittshaushalt angegeben.[101] Weitere Kosten entstehen aufgrund des Offshore-Netzentwicklungsplans. Dieser stimmt folgendes aufeinander ab: die Entwicklung des Übertragungsnetzes an Land, die räumliche Planung auf See und die technischen Rahmenbedingungen für eine nachhaltige Planung mit detaillierten Angaben zu Beschaffenheit, zeitlicher Staffelung, Realisierungszeiten und Kosten, der für die nächsten zehn beziehungsweise zwanzig Jahre notwendigen Maßnahmen. Der Offshore-Netzentwicklungsplan ermittelt den Bedarf an Netzanbindungssystemen und bestimmt unter Berücksichtigung der erwarteten geographischen Verteilung der Offshore-Windparks und der an den Netzverknüpfungspunkten im Übertragungsnetz verfügbaren Netzanschlusskapazitäten die Anfangs-und Endpunkte von Netzanbindungssystemen. Die Investitionskosten für die Netzmaßnahmen werden im Offshore-Netzentwicklungsplan auf Basis von spezifischen Kostenansätzen ermittelt und haben einen vorläufigen Charakter.[102] Das Gesamtvolumen der Investitionen beträgt in den nächsten zehn Jahren je nach Szenario insgesamt circa 17 Mrd. Euro bis 23 Mrd. Euro.[103] Die Investitionen in die Ausbaumaßnahmen des Start-Offshorenetzes von rund 13 Mrd. € sind bei diesen Zahlen bereits berücksichtigt.[104] Das bedeutet für jeden Haushalt 9,20 Euro pro Jahr Ausbaukosten bis 2024 (umgerechnet in Annuitäten, 100 Prozent Fremdkapital).

---

99 Gesamtkosten: 4,121 Mio. Euro pro Jahr.

100 Netzentwicklungsplan Strom 2014, Zweiter Entwurf der Übertragungsnetzbetreiber, S. 82, abrufbar unter: http://www.netzentwicklungsplan.de/_NEP_file_transfer/NEP_2014_2_Entwurf_Teil1.pdf zuletzt besucht am 25.9.2015.

101 Moderne Verteilnetze für Deutschland (Verteilnetzstudie), S. 35, 48, 49, 50, 51, 53 und 54 Abrufbar unter: http://www.bmwi.de/BMWi/Redaktion/PDF/Publikationen/Studien/verteilernetzstudie,property=pdf,bereich=bmwi2012,sprache=de,rwb=true.pdf zuletzt besucht am 25.9.2015.

102 Offshore-Netzentwicklungsplan 2014, Zweiter Entwurf, 2014, S. 68 abrufbar unter: http://www.netzentwicklungsplan.de/_NEP_file_transfer/NEP_2014_2_Entwurf_Teil2.pdf zuletzt besucht am 25.9.2015.

103 Offshore-Netzentwicklungsplan 2014, Zweiter Entwurf, 2014, S. 68.

104 Offshore-Netzentwicklungsplan 2014, Zweiter Entwurf, 2014, S. 68.

Als weitere Grundlage für Kostensteigerungen wird die Förderung Erneuerbarer Energien in Höhe von 220,50 Euro pro Jahr je Haushalt angegeben.[105] Dieser Betrag wird folgendermaßen aufgeschlüsselt: 208,50 Euro pro Jahr je Haushalt für die EEG-Umlage (Differenzkosten 2015, ohne vermiedene Netzentgelte, ohne Vorjahresausgleich), 7,70 Euro pro Jahr je Haushalt[106] für die Umlage für die Kraft-Wärme-Kopplung (Zuschlagszahlungen 2015, ohne Nachholung, ohne Vorjahresausgleich) und 4,30 Euro pro Jahr je Haushalt für die Offshore-Haftungsumlage (Entschädigungszahlungen 2015, ohne Vorjahresausgleich).[107]

Zusätzlich erwachsen Kosten auch aus dem Kohleausstieg. Diese werden mit 21,40 Euro je Haushalt beziffert[108]: Davon entfallen 8,1 Euro pro Jahr je Haushalt auf Braunkohlereserve für den Strommarkt (4,90 Euro als Entschädigungen für Kraftwerksbetreiber und weitere 3,20 Euro wegen Strompreiseffekten)[109] und 13,30 Euro pro Jahr je Haushalt[110] für die zusätzliche Förderung der Kraft-Wärme-Kopplung (Erhöhung der Umlage).[111]

Vor diesem Hintergrund ist die Frage der Kontrolle der einseitigen Erhöhung der Strom- und Gaspreise in den Mittelpunkt der Diskussion gerückt. Dies ist vor allem auf die drastischen Erhöhungen der Strompreise[112] für private Haushalte zurückzuführen.[113]

---

105 Gesamtkosten: 22,050 Mio. Euro pro Jahr.

106 Gesamtkosten: 562 Mio. Euro pro Jahr.

107 Soweit diese Angaben in der Ausgabe des Handelsblatt vom 24 August 2015, Nr. 161, S. 5 veröffentlicht wurden.

108 Gesamtkosten: 2,035 Mio. Euro pro Jahr.

109 Gesamtkosten: 21,066 Mio. Euro pro Jahr.

110 Gesamtkosten: 750 Mio. Euro pro Jahr.

111 Sowie diese Angaben in der Ausgabe des Handelsblatt vom 24 August 2015, Nr. 161, S. 5 veröffentlicht wurden.

112 Im Sommer 2004 „entbrannte eine hitzige Diskussion auch um die Erdgaspreise“, wie es Fricke zutreffend formuliert hat (*Fricke*, WM 58 (2005), S. 547 (547)); über einen Überblick der Ungereimtheiten auf dem Gasmarkt vgl. *Fricke*, WM 58 (2005), S. 547 (547).

113 Vgl. Abbildung mit dem Titel: Strompreise in Deutschland für Haushalte und Industrie, Bundesministerium für Wirtschaft und Energie, Energiedaten: Ausgewählte Grafiken, abrufbar unter: http://www.bmwi.de/BMWi/Redaktion/PDF/E/energiedaten-ausgewaehlte-grafiken,property=pdf,bereich=bmwi2012,sprache=de,rwb=true.pdf S. 4 zuletzt besucht am 21.7.2014.

B. Die Kontrolle der gesetzlichen Preisanpassungsklauseln in Grundversorgungskundenverträgen

Nach § 36 EnWG in Verbindung mit §§ 5 Abs. 2 StromGVV/GasGVV räumt der Gesetzgeber dem Grundversorger ein einseitiges Leistungsbestimmungsrecht ein.[114] Diese Vorschrift ersetzt also eine vertragliche Preisanpassungsklausel[115], da sich der Haushaltskunde auf die Leistungsbestimmung des Grundversorgers einlassen muss.[116] Der Grundversorgungsvertrag[117] kommt zwischen dem grundversorgungsberechtigten Haushaltskunden[118] und dem grundversorgungspflichtigen Energieversorgungsunternehmen zustande. Die gesetzlichen Preisanpassungsklauseln in den sogenannten Grundversorgungsverträgen Strom und Gas werden durch Gesetz geregelt. Will der Grundversorger seine Preise erhöhen, muss er sich an das Verfahren nach § 5 Abs. 2 und 3 StromGVV/

114 *Busche*, in: BerlKommEnR, Anh. B § 39 EnWG Rn. 9.

115 *Tonner*, in: Tamm/Tonner, Verbraucherrecht, § 15, A. Rn. 70.

116 *Busche*, in: BerlKommEnR, Anh. B § 39 EnWG Rn. 9.

117 Vgl. *Tonner*, in: Tamm/Tonner, Verbraucherrecht, § 15, A. Rn. 38; *Busche*, in BerlKommEnR, § 39 Rn. 7.

118 Bis zum Inkrafttreten des Energiewirtschaftsgesetzes vom 7. Juli 2005 erfolgte die Belieferung von Tarifkunden mit Strom und Gas nach den geltenden Verordnungen über Allgemeine Bedingungen für die Elektrizitätsversorgung von Tarifkunden (AVBEltV) vom 21. Juli 1979 oder deren Entsprechung für die Gasversorgung, der AVGasV. Heute ergibt sich der Inhalt des Vertrags zwingend aus der StromGVV bzw. der GasGVV. (vgl. *Tonner*, in: Tamm/Tonner, Verbraucherrecht, § 15 Rn. 38; Überblick zu den wesentlichen Änderungen bei *Finke*, ZNER 2007, S. 116 (116 ff.)). Demnach unterliegen der Grundversorgung nach allgemeinen Tarifen diejenigen Kunden, die Haushaltskunden nach § 3 Nr. 22 EnWG sind, soweit kein Sonderkundenvertrag abgeschlossen ist. Tarifkunden sind nach § 36 Abs. 1 des Energiewirtschaftsgesetzes (EnWG) 2005 (vormals § 10 Abs. 1 Satz 1 EnWG 1998) solche Kunden, die in den Geltungsbereich der Grundversorgung durch den jeweiligen Grundversorger fallen und auf der Basis allgemein geltender Preise beliefert werden. Zumeist handelt es sich hier um Abnehmer mit einem relativ geringen Energiebedarf bzw. nicht mehr als 10.000 kWh im Jahr, welche die Energie zu beruflichen, landwirtschaftlichen oder gewerblichen Zwecken verwenden. Alle anderen Kunden sind automatisch Sondervertragskunden. Gemäß § 36 EnWG hat der Haushaltskunde einen Anspruch auf Abschluss eines Grundversorgungsvertrags gegen den örtlichen Grundversoger, und die Versorgung hat zu den sogenannten Allgemeinen Preisen zu erfolgen (§ 36 Abs. 1 EnWG).

GasGVV halten: Nach § 5 Abs. 2 StromGVV/GasGVV müssen Änderungen der Allgemeinen Preise und der ergänzenden Bedingungen mindestens sechs Wochen vorher angekündigt werden, und zwar sowohl durch öffentliche Bekanntgabe als auch durch briefliche Mitteilung an den Kunden. Der Grundversorger ist verpflichtet, die Änderungen am Tage der öffentlichen Bekanntgabe auf seiner Internetseite zu veröffentlichen. Die Änderung kann nur zu einem Monatsbeginn erfolgen. Nach § 20 StromGVV/GasGVV kann der Kunde den Vertrag unter Einhaltung einer Monatsfrist kündigen.

Der Haushaltskunde ist allerdings nicht gezwungen, seinen Energiebedarf über die Grundversorgung zu decken.[119] Er kann stattdessen auch – wie ein gewerblicher Abnehmer – einen Sonderkundenvertrag abschließen.[120] Sondervertragskunden sind diejenigen Abnehmer, die zu günstigeren als den allgemeinen Bedingungen und allgemeinen Preisen beliefert werden. Auch derartige Verträge sind weitgehend standardisiert; man spricht von Normsonderkundenverträgen.[121] Hier ist eine Preisänderung nur dann möglich, wenn der Vertrag eine Preisänderungsklausel enthält.[122] Die Wege, wie es zu einer Kontrolle einer Preiserhöhung kommen kann, sind im Grundversorgungs- und im Sondervertragsbereich verschieden.[123] Bei der Belieferung von Sondervertragskunden außerhalb der Grundversorgung unterliegen Preisanpassungen nicht den Vorgaben der GVVen, sondern den aus § 307 BGB abgeleiteten Grundsätzen wie dem Transparenzgebot. Je nach Kundensegment sind auch die Anpassungsklauseln verschieden, welche zusehends Gegenstand gerichtlicher und rechtswissenschaftlicher Betrachtung werden.[124]

---

119 *Tonner*, in: Tamm/Tonner, Verbraucherrecht, § 15, A. Rn. 39.

120 *De Wyl/Essig/Soetebeer*, in Schneider/Theobald, EnRW § 11 Rn. 60.

121 *De Wyl/Essig*, in Schneider/Theobald, § 11 Rn. 60.

122 *De Wyl/Eder/Hartmann*, Einführung, § 5 StromGVV/GasGVV, Rn. 16; Zu den Preisanpassungsklauseln in Stromlieferverträgen vgl. umfassend *Schöne*, in: Vertragsrecht und AGB-Klauselwerke, Stromlieferverträge; zu den Preisanpassungsklauseln in Gaslieferverträgen vgl. umfassend *Höch/Kalwa* in: Vertragsrecht und AGB-Klauselwerke, Gaslieferverträge; vgl. auch *Graf v. Westphalen*, in: FS für Westermann, S. 707 (708); *Baur* in: FS Steindorff, S. 509 (510); *Säcker*, Gedächtnisschrift Sonnenschein, S. 597 (599 ff.).

123 Näher hierzu unten, Kapitel C. I.

124 Umfassend und m. w. N. *de Wyl/Soetebeer*, in: Schneider/Theobald, EnWR, § 11 Rn. 289 ff. sowie BGH, Urteil v. 21.9.2005 – VIII ZR 38/05 – Flüssiggas I, RdE 2006, S. 52; BGH, Urteil v. 29.4.2008 – KZR 02/07, BGHZ 176, S. 244.

I. Beurteilung von Preisanpassungsklauseln gegenüber Grundversorgungskunden deren Rechtsverhältnisse durch Gesetz geregelt werden

Die Rechtsprechung des Bundesgerichtshofes im Grundversorgungsbereich hat sich erst im Laufe der letzten Jahre herausgebildet. Um den derzeitigen Stand zu verstehen, wird im Folgenden ein chronologischer Überblick gegeben.

1. Die Rechtsprechung des Bundesgerichtshofes im Grundversorgungsbereich

Im Grundversorgungsbereich entspreche die Weitergabe von Bezugskostensteigerungen der Billigkeit, sofern Senkungen bei anderen Gestehungskosten berücksichtigt werden.[125] Als erster Schritt zur gerichtlichen Billigkeitskontrolle der gesetzlichen Anpassungsrechte kann das BGH-Gaspreisurteil im Fall vom 13.6.2007[126] des Bundesgerichtshofes betrachtet werden.[127] Der BGH hat erstens

---

125 In die gleiche Richtung bewegte sich das Urteil des Bundesgerichtshofes aus dem Jahr 2012. OLG Düsseldorf, Urteil v. 13.6.2012 - VI-2 U (Kart) 10/11, ZNER 16 (2012) N. 4, S. 410 (411): Die Rechtsprechung entnimmt den genannten Vorschriften (§ 5 Abs. 2 GasGVV) im Rahmen von Grundtarifverträgen das Recht des Gasversorgers, die Abgabepreise nach billigem Ermessen (§ 315 BGB) einseitig zu ändern, wobei das Versorgungsunternehmen diese in den genannten Normen nicht näher präzisierte Recht nicht nach freiem Belieben ausüben darf, sondern unter anderem Senkungen der Bezugskosten ebenso zu berücksichtigen hat wie Kostenerhöhungen; vgl. auch im Einzelnen BGH, Urteil v. 29.4.2008 - KZR 02/07, BGHZ 176, S. 244, Rn. 26; Urteil v. 13.1.2010 - VIII ZR 81/08, Rn. 18 m. w. N.

126 BGH, Urteil v. 13.6.2007 - VIII ZR 36/06, RdE 2007, S. 258.

127 Der Fall betraf die Wirksamkeit einer von der Beklagten einseitig vorgenommenen Erhöhung der Gaspreise. Die Beklagte versorgte Endverbraucher im Bereich der Stadt H. mit Erdgas als Energieversorgungsunternehmen, das die allgemeinen Tarife für die Versorgung in Niederdruck öffentlich bekannt zu geben und zu diesen Tarifen jedermann an ihr Netz anzuschließen und zu versorgen hatte. Der Kläger war Tarifkunde. Der VIII. Zivilsenat hatte über die Wirksamkeit einer vom Gasversorgungsunternehmen vorgenommenen Erhöhung der Gaspreise zu entscheiden, welche mit einer Kostensteigerung beim Bezug von Erdgas begründet worden war; Für die von ihr vorgenommene Preiserhöhung § 4 Abs. 1 und 2 der Verordnung über Allgemeine Bedingungen für die Gasversorgung von Tarifkunden vom 21.6.1979 (BGBl. I S. 676, AVBGasV vgl. nunmehr § 5 Abs. 2 der Verordnung über Allgemeine Bedingungen für die Grundversorgung von Haushaltskunden und die Ersatzversorgung mit Gas aus dem Niederdrucknetz vom 26.10.2006, BGBl. I S. 2396, i. V. m. § 39 Abs. 2 EnWG. Gemäß § 4 Abs. 1 Satz 1 AVBGasV stellt das Gasversorgungsunternehmen zu den

bekräftigt[128], dass die Billigkeitskontrolle einseitiger Leistungsbestimmungen des Energieversorgungsunternehmens findet in unmittelbarer Anwendung des § 315 BGB auch im Bereich der Grundversorgung statt.[129] Dabei wird die Weitergabe von Bezugskostensteigerungen grundsätzlich am Maßstab der Billigkeit beurteilt: Der Senat hat in Bezug auf die Tarifversorgung nach der AVBGas entschieden, dass § 4 Abs. 1, 2 AVBGasV (vgl. § 5 Abs. 2, 3 GasGVV) als gesetzliches Leistungsbestimmungsrecht[130] anzusehen sei und sich aus der gesetzlichen Bindung der AVBGasV an *den Maßstab der Billigkeit* die Rechtspflicht des Versorgers ergebe,[131] bei einer Tarifanpassung Kostensenkungen ebenso wie Kostenerhöhungen zu berücksichtigen.[132] § 4 Abs. 2 AVBGasV beruht insoweit auf den gleichen Erwägungen, mit denen die Wirksamkeit von in Allgemeinen Geschäftsbedingungen enthaltenen Kostenelementklauseln bei anderen langfristigen Lieferverträgen begründet wird.[133]

Ferner sei das gesetzliche Leistungsbestimmungsrecht nach § 315 BGB in der Weise auszuüben, dass die Weitergabe von Kostenerhöhungen und von Kostensenkungen zu einem gleichermaßen geeigneten Zeitpunkts beachtet werden müsse.[134] Angesichts dieser zeitlichen Dimension bleibt unklar, in welchen Zyklen der Grundversorger gehalten ist, seine Preise anzupassen. Entsprechend der bisherigen Praxis wird der Grundversorger in Zeiten volatiler Energiepreise jedoch ohnehin mindestens einmal im Jahr die Preise anpassen. Er hat dann Kostenentlastungen wie Kostensteigerungen seit der letzten Preiserhöhung zu berücksichtigen.

---

jeweiligen allgemeinen Tarifen und Bedingungen Gas zur Verfügung. Änderungen der allgemeinen Tarife werden gemäß § 4 Abs. 2 AVBGasV nach öffentlicher Bekanntgabe wirksam.

128 Aus kritischer Sicht lassen sich beachtliche Ähnlichkeiten zwischen der für das Urteil im Fall *13.6.2007* und *28.3.2007* maßgeblichen Argumentation und den Einwänden gegen die Anwendbarkeit des § 315 Abs. 3 BGB auf die Tariferhöhungen von Versorgungsunternehmen nach Vertragsschluss erkennen. Vgl. dazu *Ambrosius*, ZNER 11 (2007), S. 95 (96).

129 *Busche*, in: BerlKommEnR, § 39 Anh. B EnWG, Rn. 9; vgl. BGH, Urteil v. 28.3.2007 – VIII ZR 144/06, RdE 2007, S. 158; vgl. auch *Gleim/Malirsch*, ZNER 14 (2010), S. 228 (231).

130 Im Anschluss an BGH, Urteil v. 13.6.2007 – VIII ZR 36/06, RdE 2007, S. 258 (260), Tz. 14. m. w. N. und Tz. 17 m. w. N.; so auch *Markert*, Anmerkung zur Urteil RdE 2007, S. 258 (264) m. w. N.; *Salje*, ET 2005, S. 278 (280); *Gleim/Malirsch*, ZNER 14 (2010), S. 228 (230).

131 BGH, Urteil v. 13.6.2007 – VIII ZR 36/06, RdE 2007, S. 258.

132 BGH, Urteil v. 13.6.2007 – VIII ZR 36/06, RdE 2007, S. 258, Rn. 26.

133 Vgl. unten, Kapitel C. II. 1.

134 Vgl. BGH, Urteil v. 19.11.2008 – VIII ZR 138/07, RdE 2009, S. 54 (54).

Der BGH entschied, dass der Versorger nicht notwendig die Bezugsverträge und die Höhe seiner Bezugspreise offenlegen muss, um Bezugskostensteigerungen hinreichend substantiiert vorzutragen und unter Beweis zu stellen. Das verfassungsrechtlich geschützte Interesse an der Geheimhaltung konkreter Geschäfts- und Betriebsgeheimnisse sei mit dem Gebot effektiven Rechtsschutzes abzuwägen und auszugleichen, z.B. durch den Ausschluss der Öffentlichkeit.[135] Demnach darf zwar ein zu schützendes Geheimhaltungsinteresse des Versorgers an seinen Unternehmensdaten nicht schon von vornherein wegen seiner aus § 315 BGB folgenden Nachweispflicht verneint, andererseits aber auch durch die Geheimhaltung ein effektiver Rechtsschutz der betroffenen Kunden nicht verhindert werden.[136]

2. Die neuere Rechtsprechung: (OLG Düsseldorf-Urteil)

Das OLG Düsseldorf[137] hat in seinen Entscheidungen die BGH-Rechtsprechung weiter entwickelt. Das Urteil betraf die Frage zu den Anforderungen an den Verbraucherschutz bei Preiserhöhungen in der Gas-Grundversorgung. Die Klägerin begehrt von der Beklagten Ausgleich offen stehender Rechnungsbeträge für die Belieferung mit Erdgas aus dem Zeitraum vom 7.9.2005 bis zum 8.9.2010. Die Beklagte behielt Forderungsbeträge, und zwar jeweils die Erhöhungsbeträge, wegen Unbilligkeit von Preiserhöhungen ein.

Schon auf den ersten Blick lässt sich erkennen, dass die Auffassung von den bisher ausgeführten BGH-Urteilen wieder aufgenommen wurde. Denn es wurde nicht nur betont, dass die Rechtsprechung den genannten Vorschriften (§ 5 Abs. 2 GasGVV) das Recht des Gasversorgers entnimmt, die Abgabepreise nach billigem Ermessen (§ 315 BGB) einseitig zu ändern.[138] Vielmehr wurde es ausdrücklich darauf hingewiesen, dass das Versorgungsunternehmen dieses in den genannten Normen nicht näher präzisierte Recht nur unter Berücksichtigung von Kostenerhöhungen sowie Senkungen der Bezugskosten ausüben darf.

---

135 BGH, Urteil v. 19.11.2008 – VIII ZR 138/07, RdE 2009, S. 54 (60), Tz. 47 m. w. N.; vgl. auch BGH, Urteil v. 8.7.2009 – VIII.ZR 314/07- Stadtwerke Delmenhorst, ZMR 62 (2009), S. 903 (904).

136 Vgl. *Markert*, Anmerkung zum Urteil, RdE 2009, S. 54 (63); vgl. ferner BGH, Urteil v. 14.07.2010 – VIII ZR 327/07 (Tz. 19). In diesem Urteil hat der BGH konkretisiert, dass es für die substantiierte Darlegung einer Bezugskostensteigerung ausreicht, eine entsprechende Wirtschaftsprüferbestätigung vorzulegen.

137 OLG Düsseldorf, Urteil v. 13.6.2012 – VI-2 U (Kart) 10/11, ZNER 16 (2012) N. 4, S. 410.

138 Dazu und zum Folgenden OLG Düsseldorf, Urteil v. 13.6.2012 – VI-2 U (Kart) 10/11, ZNER 16 (2012) N. 4, S. 410 (410).

Ebenso wird hervorgehoben, dass die Mitgliedstaaten sowie deren Behörden und die Gerichte jedenfalls vom Zeitpunkt des Ablaufs der Frist zur Umsetzung einer Unionsrichtlinie an – hier der Erdgasrichtlinie 2003/55, die volle Wirksamkeit des Unionsrechts zu gewährleisten haben. Dies hat, wenn die Richtlinienbestimmungen inhaltlich nicht hinreichend genau und unbedingt sind (wenn insbesondere sich, wie hier, das Umsetzungsgebot nur an die Mitgliedstaaten richtet und jenen bei der Umsetzung der Richtlinie die Wahl der Form und der Mittel zusteht), durch eine richtlinienkonforme Auslegung der nationalen Rechtsvorschriften zu erfolgen.

3. Klausel, die das für die Grundversorgung geltende Preisänderungsrecht vollständig für Sonderkundenverträge übernimmt

Eine Sonderbehandlung hat die Rechtsprechung den entsprechend der *„Übernahmethese“* des VIII. Zivilsenats des BGH gestalteten Preisanpassungsklauseln in den AGB von Strom- und Gassonderkundenverträgen[139] mit Endverbrauchern zukommen lassen. Nach ihr sind solche Klauseln mit dem Transparenzgebot des § 307 Abs. 1 Satz 2 vereinbar, die sie das aus § 4 Abs. 1 und 2 AVBEltV/AVBGasV bzw. § 5 Abs. 2 StromGVV/GasGVV gefolgerte gesetzliche Preiserhöhungsrecht der Versorger von Tarif- bzw. Grundversorgungskunden inhaltlich unverändert ohne jede Abweichung zum Nachteil des Kunden übernehmen. Stimmt die zu beurteilende Preisanpassungsklausel mit § 5 GasGVV inhaltlich überein, liegt demnach keine unangemessene Benachteiligung des Sonderabnehmers vor.[140] Dafür genügt bereits die Bezugnahme auf diese Vorschriften oder sogar pauschal auf die gesamte Verordnung, soweit sie nicht nur subsidiär auf eine gesonderte vertragliche Regelung des Preisbestimmungsrechts des Versorgers erfolgt. Nur wenn in einem Sondervertrag eine für Grundversorgungskunden (früher für die Tarifkunden) gültige Preisanpassungsklausel übernommen wurde, hat der Bundesgerichtshof derartige Preisanpassungsklauseln akzeptiert.[141]

---

139 In standardisierten Sonderverträgen wird sich in der Klauselformulierung häufig an § 5 StromGVV/GasGVV angelehnt; vgl. dazu *Tonner*, in: Tamm/Tonner, Verbraucherrecht, § 15, A. Rn. 74 und 80.

140 Vgl. *Ulmer/Schäfer* in: Ulmer/Brandner/Hensen, AGB-Recht, 12. Aufl., § 310 BGB Rn. 97, 101, 106, für § 4 AVBEltV; *Graf von Westphalen*, ZIP 2008, 669, 673; *Rosin/Mätzig*, RdE 2008, 225, 227 ff.

141 Vgl. nur BGH, Urteil v. 14.7.2010, BGHZ 186, S. 180 (191 ff.).

a) „*Leitbildfunktion*" *des § 5 GasGVV für Sonderkunden*

Sowohl die frühere h. M. als auch der Bundesgerichtshof haben dies mit einer *Leitbildfunktion* der § 5 Abs. 2 StromGVV, § 5 Abs. 2 GasGVV für den Sondervertragsbereich begründet, da es sachwidrig sei, Sondervertragskunden stärker als Grundversorgungskunden vor unangemessenen Preisanpassungsklauseln zu schützen.[142] Mit dem *GASAG*-Urteil[143] und *kgu*-Urteil[144] hat der BGH zum Ausdruck gebracht, dass Klauseln in Normsonderkundenverträgen, die die Regelung des § 5 Abs. 2 der GasGVV bzw. die Vorgängerregelung des § 4 Abs. 1 und 2 der AVBGasV übernommen haben, einer Inhaltskontrolle standhalten würden, also wirksam sind.[145] Die auf den ersten Blick sehr überzeugende Argumentation ist in beiden BGH-Urteilen wortgleich; insgesamt müsse in jeder Hinsicht eine sachliche Gleichbehandlung von Tarifkunden und Sonderkunden gewährleistet sein. Dies stehe der unveränderten Übernahme von § 5 Abs. 2 GasGVV bzw. § 4 AVBGasV in einen Sonderkundenvertrag unter dem Gesichtspunkt einer unangemessenen Benachteiligung des Sonderkunden (§ 307 Abs.1 BGB) indes nicht entgegen.[146] Der Senat stützt dies auf die Begründung des Gesetzentwurfs für das Schuldrechtsmodernisierungsgesetz zu § 310 Abs. 2 BGB (BT-Drucks. 14/6040 S. 160). Es solle den Versorgungsunternehmen nach dem Willen des Gesetzgebers freistehen, ihre Allgemeinen Geschäftsbedingungen mit Sonderabnehmern entsprechend den Allgemeinen Versorgungsbedingungen auszugestalten, und der Schutz für Sonderabnehmer solle

142 BT-Drucks, 14/6040 S. 160.

143 BGH, Urteil v. 15.7.2009 - VIII ZR 225/07, BGHZ 182, S. 59.

144 BGH, Urteil v. 15.7.2009 - VIII ZR 56/08, BGHZ 182, S. 41.

145 Nach diesen vom VIII. Zivilsenat 2009 in den Urteilen GASAG und kgu auch in ihren amtlichen Leitsätzen enthaltenen Grundsätzen halten Preisanpassungsklauseln in Gas-Sonderverträgen der Inhaltskontrolle nach § 307 Abs. 1 BGB stand, wenn sie das vom Senat aus § 4 Abs. 1 und 2 AVBGasV bzw. § 5 Abs. 2 GasGVV für die Belieferung von Tarif- bzw. Grundversorgungskunden gefolgerte Recht des Versorgers zur einseitigen Preisbestimmung „unverändert" ohne Abweichung zum Nachteil des Kunden übernehmen. Urteil GASAG, amtl. Leitsatz b) und Tz. 20 ff.; Urteil kgu, amtl. Leitsatz b) und Tz. 21 ff.; ZNER 2011, S. 170 (174), *Markert*, Anm. zum BGH, Beschluss v. 9. Februar 2011 - VIII ZR 162/09. So gestaltete Preisanpassungsklauseln in Sonderkundenverträgen erfüllen damit nach Ansicht des Senats auch die Anforderungen des Transparenzgebots des § 307 Abs. 1 Satz 2 BGB für AGB-Bestimmungen, zu denen unstreitig auch Preisanpassungsklauseln als Preisnebenabreden gehören.

146 BGH, Urteil v. 15.7.2009 - VIII ZR 56/08, BGHZ 182, 41 (53), Tz. 27; BGH, Urteil v. 15.7.2009 - VIII ZR 225/07, BGHZ 182, 59 (69), Tz. 24.

nicht weiter gehen als derjenige für Tarifabnehmer.[147] Damit habe der Gesetzgeber mit § 4 Abs. 1 und 2 AVBGasV bzw. § 5 Abs. 2 GasGVV „selbst den Maßstab gesetzt, nach dem zu beurteilen ist, ob Sonderkunden durch eine Preisanpassungsklausel im Sinne von § 307 Abs. 1 BGB unangemessen benachteiligt werden."[148]

Der Bundesgerichtshof hat ausdrücklich auf die Leitbildfunktion des § 5 GasGVV für diesen Bereich[149] hingewiesen[150] und hat damit die Beantwortung der Frage wieder auf § 315 BGB verschoben, ob Preiserhöhungen wirksam sind.[151] Allerdings räumt er schon im kgu-Urteil[152] ein, dass eine § 5 Abs. 2 GasGVV nachgebildete Preisanpassungsklausel nicht den Anforderungen genügt, die die höchstrichterliche Rechtsprechung in anderen Fällen an die tatbestandliche Konkretisierung von Anlass, Voraussetzungen und Umfang eines einseitigen Leistungsbestimmungsrechts stellt.[153] § 5 Abs. 2 GasGVV regelt nur, dass Änderungen der Allgemeinen Preise (im Sinne von § 36 Abs. 1 S. 1 EnWG 2005) jeweils zum Monatsbeginn und erst nach öffentlicher Bekanntgabe wirksam werden, die mindestens sechs Wochen vor der beabsichtigten Änderung erfolgen muss. Auch wenn diese energierechtlichen Vorschriften den Anforderungen, die die höchstrichterliche Rechtsprechung in anderen Bereichen an die tatbestandliche Konkretisierung von Anlass, Voraussetzungen und Umfang eines einseitigen Leistungsbestimmungsrechts stellt, nicht zur Gänze entsprechen, steht der Bundesgerichtshof auf dem Standpunkt, dass der Gesetzgeber in diesen Regelwerken eine Grundentscheidung getroffen habe, welche Formen von Preiserhöhungen im Prinzip zulässig seien.[154]

---

147 BGH, Urteil v. 15.7.2009 – VIII ZR 56/08, BGHZ 182, 41 (53), Tz. 27; s. auch das wortgleiche Argument im BGH-Urteil v. 15.7.2009 – VIII ZR 225/07, BGHZ 182, 59 (67), Tz. 24.

148 BGH, Urteil v. 15.7.2009 – VIII ZR 56/08, BGHZ 182, 41 (53), Tz. 27; so auch BGH, Urteil v. 14.7.2010, BGHZ 186, S. 180 (191), Tz. 35; vgl. *Markert*, Anm. zum BGH, Beschluss v. 9. Februar 2011 – VIII ZR 162/09, ZNER 2011, S. 170 (174).

149 BGH, Urteil v. 15.7.2009 – VIII ZR 56/08, BGHZ 182, S. 41.

150 *Tonner*, in: Tamm/Tonner, Verbraucherrecht, § 15, A. Rn. 80.

151 *Tonner*, in: Tamm/Tonner, Verbraucherrecht, § 15, A. Rn. 77.

152 BGH, Urteil v. 15.7.2009 – VIII ZR 56/08, BGHZ 182, 41; Dem *kgu*-Urteil lag folgende Klausel zugrunde: c) Die Klausel in einem Erdgassondervertrag: *„[Der Gasversorger] darf den Festpreis und den Verbrauchspreis entsprechend § 5 II GasGVV anpassen. Es handelt sich um eine einseitige Leistungsbestimmung, die wir nach billigem Ermessen ausüben werden. Soweit sich der Festpreis und der Verbrauchspreis ändern, können Sie den Vertrag entsprechend § 20 GasGVV kündigen."* hält einer Inhaltskontrolle nach § 307 Abs. 1 Satz 1 BGB nicht stand.

153 BGH, Urteil v. 15.7.2009 – VIII ZR 56/08, BGHZ 182, S. 41 (52), Tz. 26.

154 BGHZ 182, S. 41 (50); a. A. BGH, Urteil v. 17.12.2008 – VIII ZR 274/06, RdE 2009, S. 95 (96), Tz. 17; BGH, Urteil v. 29.4.2008 – KZR 02/07, BGHZ 176, S. 244 (253), Tz. 26.

Im Ergebnis[155] vertrat der Bundesgerichtshof zu Unrecht die Auffassung, dass es sowohl mit der allgemeinen Missbrauchskontrolle nach Art. 3 der Richtlinie 93/13/EWG (s. 307 I 1 BGB) als auch mit dem Transparenzgebot von Art. 5 der Richtlinie 93/13/EWG (s. § 307 I 2 BGB) vereinbar ist, wenn in Verträgen mit „Sonderkunden" Preisanpassungsklauseln verwendet werden, die im Hinblick auf Anlass, Voraussetzungen und Umfang einer Preisänderung sowie insbesondere im Hinblick auf das Vertragslösungsrecht den Vorgaben in §§ 5 StromGVV/GasGVV wortgleich übernehmen.[156] Auf diese Auffassung hat aber der Bundesgerichtshof heute verzichtet.

Außerdem bestehen erhebliche Unterschiede zwischen diesen beiden Vertragsarten (hier: privatautonomer Vertrag; dort: gesetzlich vorstrukturierten Vertrag mit Grundversorgungspflicht und Kontrahierungszwang).[157] Eine

---

155 *Graf von Westphalen*, NJW 31/2012, S. 2243 (2249).

156 Daher hat zum einen das OLG Oldenburg (OLG Oldenburg, Beschluss v. 14.12.2010, RdE 4-5/2011, S. 152. s. auch OLG Oldenburg, 5.9.2008–12 U 49/07, RdE 1/2009, S. 25 (26 ff.)) dem Europäischen Gerichtshof die Frage vorgelegt, ob ein pauschaler Verweis in den AGB eines Versorgers auf Allgemeine Versorgungsbedingungen dem Transparenzgebot der Richtlinien genügt. Zum anderen hat der Bundesgerichtshof mit dem Beschluss vom 9. Februar 2011 (BGH, Beschluss v. 9.2.2011 – VIII ZR 162/09, ZNER 2011, S. 170) daraufhin ebenfalls dem EuGH die Frage vorgelegt, ob Vertragsklauseln, die „Anlass, Voraussetzungen und Umfang" einer Preiserhöhung nicht regeln, den Transparenzanforderungen der Klausel-RL und den unionsrechtlichen Vorgaben genügen; dieselbe Frage hat der BGH dem EuGH gem. 267 AEUV zur Vorabentscheidung vorgelegt, ob nämlich ein entsprechendes Preisanpassungsrecht aus § 4 I und II AVBGasV/AVBEltV (heute § 5 II GasGVV/StromGVV) eine wirksame Rechtsgrundlage darstellt. S. dazu BGH, Beschluss 18.5.2011 – VIII ZR 71/10; Vgl. *Büdenbender*, Kurzkommentar-Anmerkung zum Beschluss des BGH vom 9.2.2011, Az. VIII ZR 162/09, EWiR 2011, S. 401 (402): „Nachdem der BGH Preisanpassungsklauseln im Sondervertragsbereich ohne wörtliche Übernahme der Regelungen aus dem Grundversorgungssektor bisher nahezu umfassend verworfen hat, würde eine die Europarechtskonformität verneinende Entscheidung des EuGH hinsichtlich der Vorlagefragen des BGH dazu führen, dass *in der Praxis* keine bisher von der Judikatur als rechtmäßig anerkannten Preisanpassungsklauseln bestünden. Die Energiewirtschaft hätte somit die Aufgabe, die Anforderungen des BGH in völlig neue Preisanpassungsklauseln umzusetzen. Rechtspolitisch, u.U. aber sogar europarechtlich verbindlich müsste sich darüber hinaus der Verordnungsgeber die Frage vorlegen, inwieweit er eine Konkretisierung der als Rechtsnormen ausgestalteten Preisanpassungsklauseln für den Grundversorgungsbereich vornimmt. Insoweit wird die Entscheidung des EuGH von überragender praktischer Bedeutung sein."

157 OLG Düsseldorf, Urteil v. 13.6.2012 – VI-2 U (Kart) 10/11, ZNER (16) 2012 Nr. 4, S. 410; EuGH, Urteil v. 21.3.2013 – C-92/11 – RWE Vertrieb, BB 2013, m. BB-Kom, Zabel, RIW 2013, 299, EWS 2013, S. 193.

Preisanpassungsklausel in Sonderkundenverträgen unterfällt dem Anwendungsbereich der Klauselrichtlinie 93/13/EWG, auch wenn sie wortgleich dem Text der GasGVV entspricht.[158] Denn es bestehen grundsätzliche Unterschiede zwischen Grund- und Sonderkundenversorgung:[159] Für das gesetzliche Schuldverhältnis der Grundversorgung ist bestimmend, dass das Gasversorgungsunternehmen die Grundversorgung nicht aufkündigen darf;[160] es ist nach § 36 Abs. 1 EnWG zur Aufrechterhaltung zur Grundversorgung verpflichtet. In einem Vertrag mit geringeren Laufzeiten, den man kurzfristig kündigen kann, muss man nicht unbedingt eine Preisänderungsklausel haben. Wenn man ein einseitiges Preisanpassungsrecht aus einem solchen Vertrag aus einem gesetzlichen Verhältnis in ein vertragliches kündbares Rechtsverhältnis übernehme, hab das seine ganz andere Bedeutung als in der gesetzlichen Regelung.[161] So wird darauf hingewiesen, dass nicht jeder Versorgungsvertrag gleich zu bewerten ist.

b) Der sachliche Anwendungsbereich der EU Richtlinien

Der mit der Richtlinie 93/13/EWG intendierte Verbraucherschutz würde in Frage gestellt[162], falls man zuließe, dass sie für Vertragsklauseln allein deshalb nicht gelte, weil sie auf den zwischen den Parteien geschlossenen Vertrag nicht anwendbare nationale Rechtsvorschriften aufgriffe oder Bezug nähmen. Denn

158 *Säcker/Mengering*, BB 32 (2013), S. 1859 (1859, 1865).

159 Zur Abgrenzung der Grundversorgungs-(Tarifversorgungs-)verträge von Sonderverträgen über die Lieferung von Elektrizität und Gas siehe ausführlich *Büdenbender*, RdE 2011, S. 201 ff.

160 OLG Düsseldorf, Urteil v. 13.6.2012 – VI-2 U (Kart) 10/11, ZNER (16) 2012 Nr. 4, S. 410 (411); vgl. auch *Säcker/Mengering*, BB 32 (2013), S. 1859 (1865).

161 Vgl. auch *Säcker/Mengering*, BB 32 (2013), S. 1859 (1865).

162 EuGH, Urteil v. 21.3.2013 – C-92/11 – RWE Vertrieb, a. a. O., Tz. 30; Rechtssache C-92/11, (2011/C 211/17), Amtsblatt der Europäischen Union, C 211/10, 16.7.2011, Schlussanträge der Generalanwältin Verica Trstenjak vom 13. September 2012, Rn. 53: „Hierfür spricht insbesondere auch das vorerwähnte Ziel der Richtlinie, die schrittweise Schaffung eines Binnenmarkts dadurch zu ermöglichen, dass ein Verbraucher nicht bei der grenzüberschreitenden Inanspruchnahme von Waren und Dienstleistungen fürchten muss, durch die Einfügung missbräuchlicher Klauseln in Allgemeinen Geschäftsbedingungen benachteiligt zu werden. Eben dies wäre aber der Fall, wenn ein Klauselverwender zulässigerweise in seine Allgemeinen Geschäftsbedingungen Bestimmungen aufnehmen könnte, die zwar *in abstracto* den rechtlichen Bestimmungen eines oder mehrerer Mitgliedstaaten entsprechen, für den abzuschließenden Vertrag *in concreto* jedoch gar nicht gedacht sind."

ein Gewerbetreibender könnte dann der Überprüfung der Missbräuchlichkeit von nicht individuell ausgehandelten Klauseln leicht entgehen.[163]

Eine den gesetzlichen Vorschriften der §§ 5 Abs. 2 GasGVV/StromGVV nachgebildete Preisanpassungsklausel in allgemeinen Vertragsbedingungen ist aber nicht nur bei teilweiser, sondern auch bei vollständiger Übernahme eine Standardklausel, die gemäß der Klauselrichtlinie 93/13/EWG voll der Inhaltskontrolle durch das nationale AGB-Recht zu unterwerfen ist.[164] Denn nach Art. 1 Abs. 2 der Richtlinie 93/13/EWG unterliegen Vertragsklauseln, die auf bindenden Rechtsvorschriften beruhen, nicht den Bestimmungen dieser Richtlinie.[165] Wenn Vertragsklauseln, die auf bindenden Rechtsvorschriften beruhen, nicht der Inhaltskontrolle unterliegen, muss dies erst recht für die bindenden Rechtsvorschriften selbst gelten. Unter bindenden Rechtsvorschriften ist nach Erwägungsgrund 13 der Klauselrichtlinie sowohl unabdingbares als auch dispositives nationales Recht zu verstehen,[166] welches nur dann Anwendung

163 Schlussanträge der Generalanwältin, *Verica Trstenjak*, v. 13. September 2012, Rechtssache C-92/11, a. a. O. Tz. 51: „Jede andere rechtliche Bewertung würde dazu führen, dass es einem Klauselverwender möglich wäre, auf irgendeine bindende Rechtsvorschrift auch eines anderen Mitgliedstaats zu verweisen bzw. deren Wortlaut wiederzugeben, um die Klausel insgesamt der richterlichen Kontrolle zu entziehen. Dass dies vom Unionsgesetzgeber nicht gewollt war, liegt auf der Hand. Dieser Bewertung entspricht auch die Feststellung des Gerichtshofes in der Rechtssache Cofidis, wonach ‚Klauseln, die sich nicht darauf beschränken, zwingende Rechtsvorschriften wiederzugeben [...], nicht offensichtlich dem Anwendungsbereich der Richtlinie entzogen sind, wie er durch deren Artikel 1 Absatz 2 [...] eingegrenzt ist.'"

164 Vgl. *Säcker/Mengering*, BB 32 (2013), S. 1859 (1869).

165 EuGH, Urteil v. 21.3.2013 - C-92/11 - RWE Vertrieb, BB 2013, 852, Tz. 25.

166 Für ein Verständnis des Art. 1 Abs. 2 als Bereichsausnahme nur für zwingendes Recht spricht in erster Linie die grammatische Auslegung der Richtlinie 93/13. Vgl. dazu EuGH, Urteil v. 21.3.2013 - C-92/11 - RWE Vertrieb, BB 2013, 852, Rn. 33; Schlussanträge der Generalanwältin, *Verica Trstenjak*, v. 13. September 2012, Rechtssache C-92/11, a. a. O. Tz. 36 und 56: „In diesem Zusammenhang kann nicht unberücksichtigt bleiben, dass der deutsche Gesetzgeber es ja in der Hand hatte, die AVBGasV über deren in § 1 festgelegten Anwendungsbereich hinaus auch auf solche Vertragskunden auszudehnen, deren rechtliche Position denen von Tarifkunden entspricht. Dies hat er jedoch nicht getan, sondern durch die nationale Vorschrift des § 310 BGB allein die in den §§ 308 und 309 BGB normierten Klauselverbote ohne Wertungsmöglichkeit für unanwendbar erklärt. Sieht der Gesetzgeber aber bewusst davon ab, eine bestimmte Rechtsvorschrift auf einen anderen Personenkreis auszudehnen, entfällt auch das von Art. 1 Abs. 2 der Richtlinie 93/13 vorgegebene Tatbestandsmerkmal der ‚bindenden Rechtsvorschrift'."

findet, wenn das Unternehmen hierfür keine Sonderregelung in seinen Allgemeinen Geschäftsbedingungen vorgesehen hat.[167] Wie aus dem 13. Erwägungsgrund[168] der Richtlinie 93/13/EWG hervorgeht, erstreckt sich die in Art. 1 Abs. 2 vorgesehene Ausnahme auf Klauseln, die auf Bestimmungen des nationalen Rechts beruhen, die unabdingbar sind oder die von Gesetzes wegen greifen, wenn sie nicht abbedungen wurden.[169] Außerdem sind die Vertragsklauseln, die auf nationalen Rechtsvorschriften beruhen, mit denen eine bestimmte Vertragskategorie geregelt wird, vom Geltungsbereich dieser Richtlinie nicht nur in den Fällen ausgenommen, in denen der zwischen den Parteien geschlossene Vertrag unter diese Vertragskategorie fällt. Die Richtlinie ist auch dann unanwendbar, wenn es sich um andere Verträge handelt, für die die genannten Rechtsvorschriften gemäß einer Bestimmung des nationalen Rechts gelten.[170] Diese Unanwendbarkeit der Richtlinie 93/13/EWG ist durch die Annahme gerechtfertigt, dass der nationale Gesetzgeber eine ausgewogene Regelung aller Rechte und Pflichten der Parteien bestimmter Verträge getroffen habe.[171] Demnach unterliegen Rechtsvorschriften, die Vertragsklauseln durch Rechtsverordnung vorgeben, nicht dem

---

167 Dazu *Säcker/Mengering*, BB 32 (2013), S. 1859 (1867).

168 Die Erwägungsgründe 13, 14 und 20 der Richtlinie 93/13 lauten:
„Bei Rechtsvorschriften der Mitgliedstaaten, in denen direkt oder indirekt die Klauseln für Verbraucherverträge festgelegt werden, wird davon ausgegangen, dass sie keine missbräuchlichen Klauseln enthalten. Daher sind Klauseln, die auf bindenden Rechtsvorschriften oder auf Grundsätzen oder Bestimmungen internationaler Übereinkommen beruhen, bei denen die Mitgliedstaaten oder die Gemeinschaft Vertragsparteien sind, nicht dieser Richtlinie zu unterwerfen; der Begriff ‚bindende Rechtsvorschriften' in Artikel 1 Absatz 2 umfasst auch Regeln, die nach dem Gesetz zwischen den Vertragsparteien gelten, wenn nichts anderes vereinbart wurde.
Die Mitgliedstaaten müssen jedoch dafür sorgen, dass darin keine missbräuchlichen Klauseln enthalten sind [...]
Die Verträge müssen in klarer und verständlicher Sprache abgefasst sein. Der Verbraucher muss tatsächlich die Möglichkeit haben, von allen Vertragsklauseln Kenntnis zu nehmen. Im Zweifelsfall ist die für den Verbraucher günstigste Auslegung anzuwenden."

169 EuGH, Urteil v. 21.3.2013 – C-92/11 – RWE Vertrieb, BB 2013, 852, Rn. 26. S. auch EuGH, Urteil v. 21.3.2013 – C-92/11 – RE Vertrieb, BB 2013, 852, Tz. 27.

170 EuGH, Urteil v. 21.3.2013 – C-92/11 – RWE Vertrieb, a. a. O., Tz. 27.

171 EuGH, Urteil v. 21.3.2013 – C-92/11 – RWE Vertrieb, a. a. O., Tz. 28; vgl. auch Schlussanträge der Generalanwältin Verica Trstenjak vom 13. September 2012, Rechtssache C-92/11, (2011/C 211/17), Amtsblatt der Europäischen Union, C 211/10, 16.7.2011, Tz. 47.

Anwendungsbereich der Klauselrichtlinie.[172] Art. 1 Abs. 2 der Klauselrichtlinie liegt die Vermutung zugrunde, dass die Öffentliche Hand von sich aus bestrebt sein wird, in Leistungsbeziehungen mit dem Bürger ein ausgewogenes Verhältnis von Rechten und Pflichten sicherzustellen.[173] Eine indirekte Missbrauchskontrolle von Rechtsvorschriften der Mitgliedstaaten soll vermieden werden und die verbleibende, in Art. 3 Abs. 1 der Klauselrichtlinie ausdrücklich eingeräumte Rechtsetzungsautonomie der Mitgliedstaaten nicht unterlaufen werden.[174] Darüber hinaus soll die Bindung des Richters an das Gesetz sichergestellt werden.[175]

Zwar sind die Mitgliedstaaten nach Art. 3 Abs. 1 Klauselrichtlinie dazu verpflichtet, die Standards der Richtlinie zu wahren, und somit darf die nationale Rechtsetzung nicht zu einem erheblichen Missverhältnis gegenüber den Richtlinienvorgaben führen.[176] Eine Verletzung der Richtlinienstandards durch einen Mitgliedstaat ist aber nicht inzident über eine Klauselkontrolle der Allgemeinen Geschäftsbedingungen in Verbraucherverträgen festzustellen, sondern im Vorlageverfahren durch den Europäischen Gerichtshof festzustellen.[177] Die in der Klauselrichtlinie vorgeschriebenen Standards für Allgemeine Geschäftsbedingungen lassen sich demnach nicht auf eine Kontrolle von Rechtssätzen

---

172 Dies entspricht auch der Auffassung des BGH im Vorlagebeschluss vom 9.2.2011. Das OLG Oldenburg erachtet hingegen Art. 1 Abs. 2 der Klauselrichtlinie nicht für einschlägig, wenn Klauseln durch Parteivereinbarung in Verträge aufgenommen werden, für die sie gesetzlich nicht vorgegeben sind. Diese Auslegung von Art. 1 Abs. 2 Klauselrichtlinie ist aber in seinem Wortlaut nicht angelegt und entspricht auch nicht der der Eingrenzung des Anwendungsbereichs zugrundeliegenden Prämisse (hierzu sogleich im Text). Schließlich ist auch der Vertragszweck und Regelungsgegenstand bei Tarifkunden und Sondervertragskunden in Bezug auf Preisanpassungsklauseln vergleichbar, sodass zumindest nach dem Sinn und Zweck eine analoge Anwendung von § 5 Abs. 2 GasGVV auf Sondervertragskunden nahe liegt, bzw. durch die sog. „Übernahmethese" auch vorgenommen wird.

173 *Schwab*, AGB-Recht, 2014, S. 12; vgl. auch EuGH, Urteil v. 21.3.2013 - C-92/11 - RWE Vertrieb, BB 2013, 852, Tz. 29.

174 *Wolf*, in: Wolf/Lindacher/Pfeiffer, AGB-Recht, 5. Auflage, RL Art. 1, Rn. 33 ff. m. w. N.; A.A. *Pfeiffer*, in Wolf/Lindacher/Pfeiffer, AGB-Recht, 6. Auflage, RL Art. 1, Rn. 22 ff. m. w. N

175 *Henkel*, Inhaltskontrolle von Finanzprodukten nach der Richtlinie 93/13/EWG des Rates, S. 340.

176 Vgl. hierzu *Markert*, ZNER 2011, S. 274 (275), der auf eine fehlende Einschränkungskompetenz des nationalen Gesetzgebers verweist.

177 Vgl. dazu *Schwab*, AGB-Recht, 2014, S. 12.

anwenden.[178] Aufgrund des eindeutigen Wortlauts von Erwägungsgrund 13 der Klauselrichtlinie[179], nimmt die europäische Klauselrichtlinie auch Rechtsverordnungen und Satzungen von ihrem Anwendungsbereich aus.[180]

Darüber hinaus würde eine erweiterte Auslegung dieser Regelung die Ausnahme des Art. 1 Abs. 2 der Richtlinie deutlich überdehnen. Eine Norm eines bindenden Gesetzes, ist nämlich, sobald sie in einen Vertrag übernommen wurde, privatrechtlicher Natur.[181] Sie gilt folglich nur für Sondervertragskunden, nicht Tarifkunden. Diese gesetzliche Regelung in Sonderkundenverträgen gilt als Gesetz.[182] Wenn der Unternehmer gesetzliche Regelungen, die für einen ganz anderen Vertragstyp geschaffen sind, auf die Sondervertragskunden anwendet, handelt es sich um einen anderen Vertragstypus, für den die GVVen nicht mehr gelten.

Daran lässt sich erkennen, dass eine Klauselkontrolle für Sonderverträge mit einem aus dem Gesetz übernommenen einseitigen Preisgestaltungsrecht nicht zu vermeiden ist, so dass sich das nach den gesetzlichen Vorschriften gebildete Preisanpassungsrecht in allgemeinen Vertragsbedingungen bei vollständiger Übernahme einer Standardklausel voll der Inhaltskontrolle durch das nationale AGB-Recht unterliegt. Die Ausnahmeklausel des § 1 Abs. 2 der EU Klauselrichtlinie ist nicht anwendbar, da sie sich nur auf gesetzliche Vorschriften bezieht.

---

178 *Schwab*, AGB-Recht, 2014, S. 12 unter Verweis auf OLG Bremen, OLG-Report 2006, S. 195 (196) – für Elektrizitätsversorgung AVB-EltV; Staudinger, NJW 52 (1999), S. 3664 (3665), für Eisenbahnverkehr – EVO.

179 Bei Rechtsvorschriften der Mitgliedstaaten, in denen direkt oder indirekt Klauseln für Verbraucherverträge festgelegt werden, wird davon ausgegangen, dass sie keine missbräuchlichen Klauseln enthalten. Daher sind Klauseln, die auf bindenden Rechtsvorschriften oder auf Grundsätzen oder Bestimmungen internationaler Übereinkommen beruhen, bei denen die Mitgliedstaaten oder die Gemeinschaft Vertragsparteien sind, nicht dieser Richtlinie zu unterwerfen; der Begriff „bindende Rechtsvorschriften" in Artikel 1 Absatz 2 umfasst auch Regeln, die nach dem Gesetz zwischen den Vertragsparteien gelten, wenn nichts anderes vereinbart wurde.

180 *Schwab*, AGB-Recht, 2014, S. 12.

181 Vgl. bereits *Markert*, in: FS für Säcker, S. 845 (855 ff.).

182 Vgl. auch OLG Düsseldorf, Urteil v. 13.6.2012 – VI-2 U (Kart) 10/11, ZNER (16) 2012 Nr. 4, S. 410; dazu s. auch Schlussanträge der Generalanwältin, *Verica Trstenjak*, v. 13. September 2012, Rechtssache C-92/11, a. a. O. Tz. 47, 48, 49, 56; EuGH, Urteil v. 21.3.2013 – RWE Vertrieb AG, C-92/11, BB 2013, Tz. 27, 28 und 29.

II. Die Kontrolle der gesetzlichen Preisanpassungsklauseln gemäß den EU-rechtlichen Anforderungen

1. Bewertung der gesetzlichen Regelungen im Hinblick auf Transparenz und Angemessenheit sowie Umfang des Verbraucherschutzes

Ob die gesetzlichen Regelungen, die dem Unternehmen ein freies Preiserhöhungsrecht geben, ausreichend transparent und als Ausdruck eines hohen Verbraucherschutzniveaus angesehen werden können[183], hängt schwerpunktmäßig vom Verständnis der Klauselrichtlinie ab.

Wesentlich ist dafür die Frage, ob die Richtlinie mit ihren Anforderungen an Transparenz und Verständlichkeit nur auf vertragliche Regelungen Anwendung findet oder aber auch auf staatliche Vorgaben. Art. 5 Abs. 1 S. 1 der RL 93/13/EWG legt fest: „Sind alle dem Verbraucher in Verträgen unterbreiteten Klauseln oder einige dieser Klauseln schriftlich niedergelegt, so müssen sie stets klar und verständlich abgefasst sein." Klauseln in Verträgen mit Verbrauchern unterliegen nach dieser Richtlinie also einem Transparenzgebot, welches national durch § 307 Abs. 1 S. 2 BGB umgesetzt wurde.[184] Vertragliche Preisanpassungsklauseln unterliegen als Preisnebenabreden diesem europarechtlich vorgegebenen Transparenzgebot und müssen eine inhaltliche Konkretisierung aufweisen.[185] Rechtsvorschriften aber, die Vertragsklauseln in Form einer Rechtsverordnung

---

183 Der Bundesgerichtshof hat mit Entscheidung vom 9. Februar 2011 einen Vorlagebeschluss an den Europäischen Gerichtshof eingereicht. In diesem Vorabentscheidungsersuchen in dem Verfahren RWE Vertrieb AG gegen Verbraucherzentrale Nordrhein- Westfalen e.V. war die erste Vorlagefrage die folgende: „Ist Artikel 1 Absatz 2 der Richtlinie 93/13/EWG (1) des Rates vom 5. April 1993 über missbräuchliche Klauseln in Verbraucherverträgen dahin auszulegen, dass Vertragsklauseln über Preisänderungen in Gaslieferungsverträgen mit Verbrauchern, die außerhalb der allgemeinen Versorgungspflicht im Rahmen der allgemeinen Vertragsfreiheit beliefert werden (Sonderkunden), *nicht den Bestimmungen der Richtlinie unterliegen,* wenn in diesen Vertragsklauseln die für Tarifkunden im Rahmen der allgemeinen Anschluss- und Versorgungspflicht geltenden gesetzlichen Regelungen unverändert in die Vertragsverhältnisse mit den Sonderkunden übernommen worden sind?"; vgl. BGH, Beschluss v. 9.2.2011 – VIII ZR 162/09, ZNER 2011, S. 170. Dabei ist aber hervorzuheben, dass der Tarifkundenbereich nicht Gegenstand der BGH-Vorlage ist.

184 Hierzu auch *Markert*, ZNER 2011, S. 274 (275).

185 Zur Qualifizierung von Preisanpassungsklauseln als Preisnebenabreden: st. Rspr: BGH, Urteil v. 15.7.2009 – VIII ZR 225/07, ZMR (2009), S. 905; BGH, Urteil v. 15.7.2009 – VIII ZR 56/08, BGHZ 182, S. 41 – jew. m. w. N.

vorgeben, unterliegen nicht dem Anwendungsbereich der Klauselrichtlinie.[186] Art. 1 Abs. 2 der Richtlinie 93/13/EWG legt folgendes fest: „Vertragsklauseln, die auf bindenden Rechtsvorschriften oder auf Bestimmungen oder Grundsätzen internationaler Übereinkommen beruhen, bei denen die Mitgliedstaaten oder die Gemeinschaft – insbesondere im Verkehrsbereich – Vertragsparteien sind, unterliegen nicht den Bestimmungen dieser Richtlinie.“

Nach dem Geist der Richtlinie wird nämlich davon ausgegangen, dass Bestimmungen, die auf gesetzlichen Vorschriften beruhen, keine missbräuchlichen Vertragsklauseln enthalten und daher vom Anwendungsbereich der Richtlinie ausgenommen werden können. Der Europäische Gerichtshof hat von Anfang an herausgearbeitet, dass sich aus der Klauselrichtlinie 93/13/EWG keine Vorgaben für die inhaltliche Konkretisierung von gesetzlichen Preisanpassungsklauseln im Energiebereich entnehmen lassen.[187] Aufgrund des eindeutigen Wortlauts in Art. 1 Abs. 2 Richtlinie 93/13/EWG ergeben sich somit keine Vorgaben für die inhaltliche Ausgestaltung von gesetzlichen Preisanpassungsklauseln wie § 5 Abs. 2 GasGVV oder § 5 Abs. 2 StromGVV. Grundsätzlich können also die GVVen nicht über eine Klauselkontrolle für unwirksam erklärt werden, da eine Angemessenheitskontrolle gesetzlicher Regelungen, die dem ausgewogenen Verbraucherschutz dienen, nicht Aufgabe der Gerichte sein kann.[188] Gesetzliche Preisänderungsklauseln sind nur anhand von § 315 BGB zu kontrollieren. Daher haben die Kunden, die nach den gesetzlichen Regelungen der Grundversorgungsverordnungen versorgt werden, einen Anspruch darauf, dass künftige Preiserhöhungen für sie einsichtig begründet werden und ihnen gegenüber ein transparenter, verlässlicher Rahmen geschaffen wird.[189]

Für eine gesetzliche Preisanpassung gibt es keine Vorgabe wie für die Inhaltskontrolle vertraglicher Änderungsklauseln.[190] § 5 Abs. 2 GasGVV regelt nur, dass Änderungen der Allgemeinen Preise (im Sinne von § 36 Abs. 1 S. 1 EnWG 2005) jeweils zum Monatsbeginn und erst nach öffentlicher Bekanntgabe wirksam werden, die mindestens sechs Wochen vor der beachtsichtigten Änderung erfolgen muss, und dass das Versorgungsunternehmen verpflichtet

---

186 Dies entspricht auch der Auffassung des BGH im Vorlagebeschluss vom 9.2.2011.

187 EuGH, Urteil v. 21.3.2013 – C-92/11 – RWE Vertrieb, BB 2013, 852, Rn. 28; vgl. auch Schlussanträge der Generalanwältin Verica Trstenjak vom 13. September 2012, Rechtssache C-92/11, (2011/C 211/17), a. a. O., Tz. 47, 49 m. w. N.

188 *Säcker/Mengering*, BB 32 (2013), S. 1859 (1865).

189 *Säcker/Mengering*, BB 32 (2013), S. 1859 (1866).

190 BGH, Urteil v. 15.7.2009 – VIII ZR 56/08, BGHZ 182, S. 41 (52), Tz. 26; BGH Urteil v. 15.7.2009 – VIII ZR 225/07, BGHZ 182, S. 59 (69), Tz. 23.

ist, zu der beabsichtigten Änderung zeitgleich mit der öffentlichen Bekanntgabe eine briefliche Mitteilung an den Kunden zu versenden und die Änderungen auf seiner Internetseite zu veröffentlichen.[191] Sowohl § 5 Abs. 2 StromGVV als auch § 5 Abs. 2 GasGVV verweisen demnach nur pauschal auf die Informationspflicht verbunden mit dem Sonderkündigungsrecht des Verbrauchers im Falle einer Preiserhöhung. In Kontrast aber zu den hohen Anforderungen des Bundesgerichtshofs an die Transparenz im Rahmen einer Inhaltskontrolle gem. § 307 Abs. 2 S. 2 BGB wird deutlich, dass durch die pauschale Fassung von § 5 Abs. 2 GasGVV und § 5 Abs. 2 StromGVV[192] eine Intransparenz entsteht, die einer normalen Klauselkontrolle nach § 307 BGB nicht standhalten würde.[193]

2. Vorgaben in Bezug auf die Ausgestaltung der gesetzlichen Preisanpassungsklauseln durch die Bestimmungen des dritten Energiepakets

a) Inhalt

Art. 3 der Richtlinie 2003/55/EG legt wesentliche Voraussetzungen für die Verwirklichung des gemeinsamen Energiebinnenmarkts[194] fest: Nach Abs. 3 haben die Mitgliedstaaten eine generelle Verpflichtung, geeignete Maßnahmen zum Schutz der Endkunden, insbesondere der Schutzbedürftigsten unter ihnen, zu ergreifen und ein hohes Verbraucherschutzniveau zu gewährleisten. Zumindest im Fall der Haushaltskunden schließen die erforderlichen Maßnahmen die im Anhang A der Richtlinie 2003/55/EG aufgeführten Maßnahmen ein, wobei dort unter Buchst. d S. 2 für Haushaltskunden das Transparenzgebot nochmals gesondert hervorgehoben wird. Zudem hat der Europäische Gerichtshof aufgrund Anhangs A Buchst. a, c und d gefordert, dass die Bedingungen gerecht

---

191 BGH, Urteil v. 15.7.2009 – VIII ZR 56/08, BGHZ 182, S. 41 (52 f.), Tz. 26.

192 Infolge ihrer Rechtsnormqualität sind die Normen jedoch einer derartigen Überprüfung entzogen.

193 Auch die Tatsache, dass er die Klausel als unwirksam ansieht, spricht dafür, dass die Rechtsprechung besonders streng bei den Transparenzanforderungen für Klauseln ist.

194 Primäres Ziel der Richtlinie 2003/55/EG war es, einen Erdgasbinnenmarkt zu schaffen, was zum damaligen Zeitpunkt die Durchführung einer vollständigen Liberalisierung voraussetzte. Bei der Schaffung eines gemeinsamen Energiebinnenmarkts wurde dem Verbraucherschutz ein hoher Stellenwert eingeräumt und das mit der Richtlinie verfolgte Ziel bestand nicht nur in einer größeren Wettbewerbsfähigkeit der Union, sondern auch in einer möglichst kostengünstigen Versorgung der einzelnen Verbraucher, deren Belangen so weit wie möglich Rechnung getragen werden sollte.

und transparent sowie klar und verständlich abgefasst sind, dass die Bedingungen vor Vertragsabschluss für die Verbraucher bereitgestellt werden und dass die Verbraucher transparente Informationen über geltende Preise und Tarife sowie über die anwendbaren Standardbedingungen erhalten. Ferner erstrecken sich die inhaltlichen Anforderungen im Rahmen der Vorgaben der Richtlinie 2003/55/EG auch auf gesetzliche Preisanpassungsklauseln[195] und müssen bei der Umsetzung der Richtlinie in nationales Recht von den Gesetzgebern berücksichtigt werden.[196]

Im Vergleich zu den inhaltlichen Anforderungen des zweiten Energiepakets enthält das dritte Energiebinnenmarktpaket in größeren Umfang verbraucherschützende Regelungen.[197] Nach Art. 3 Abs. 3 der RL 2009/73/EG[198] haben die Mitgliedstaaten insbesondere in Bezug auf die Transparenz allgemeiner Versorgungsbedingungen einen hohen Verbraucherschutzstandard zu gewährleisten.[199]

---

195 Im Gegensatz hierzu beschränken sich die Vorgaben der RL 93/13/EWG nur auf vertragliche Preisanpassungsklauseln. Vgl hierzu auch *Markert*, ZNER 2011, S. 174 (175).

196 Bestätigt auch durch OLG Düsseldorf, Urteil v. 13.6.2012 – VI-2 U (Kart) 10/11, ZNER (16) 2012 Nr. 4, S. 410 (411); die in Art. 3 Abs. 2 RL 2003/55/EG genannten Anforderungen sind insoweit als grundlegende, für alle Vertragsklauseln anzusehende Grundsätze zu qualifizieren. Dementsprechend prüfte der EuGH das Vorliegen jener Grundsätze isoliert nach der Prüfung der Vorlagefrage hinsichtlich der Verhältnismäßigkeit von gesetzlichen Vorgaben zur Bestimmung von Referenzpreisen bei der Lieferung von Erdgas, EuGH, Urteil v. 20.4.2010 – C-265/08, Tz. 44: „Schließlich müssen auch die anderen in Art. 3 Abs. 2 der Richtlinie 2003/55 genannten Anforderungen in Bezug auf die klare Festlegung, Transparenz, Diskriminierungsfreiheit und Überprüfbarkeit der nach dieser Vorschrift erlassenen Gemeinwohlverpflichtungen und die Notwendigkeit des gleichberechtigten Zugangs von Erdgasunternehmen in der Union zu den Verbrauchern erfüllt sein."

197 *Tonner*, in: Tamm/Tonner, Verbraucherrecht, § 15, A. Rn. 27; vgl. hierzu den Erwägungsgrund 44 der RL 2009/73/EG, in dem das Ziel der Stärkung des Verbraucherschutzes an erster Stelle steht und Erwägungsgrund 51 S. 2 der RL 2009/72/EG in der es heißt: „Die bestehenden Verbraucherrechte müssen gestärkt und abgesichert werden und sollten auf mehr Transparenz ausgerichtet sein".

198 Mit der Richtlinie 2009/73/EG vom 13. Juli 2009 haben das Europäische Parlament und der Rat der Europäischen Union unter Aufhebung der bislang geltenden Gas-Richtlinie 2003/55/EG, der sog. Beschleunigungsrichtlinie Gas, neue gemeinsame Vorschriften für den Erdgasbinnenmarkt geschaffen.

199 So heißt es in Art. 3 Abs. 3 RL 2009/73/EG: „Sie gewährleisten einen hohen Verbraucherschutz, insbesondere in Bezug auf die Transparenz der Vertragsbedingungen, allgemeine Informationen und Streitbeilegungsverfahren. Die Mitgliedstaaten stellen

So verlangt Art. 3 Abs. 3 S. 6 der RL 2009/73/EG von den Mitgliedstaaten: „Sie gewährleisten einen hohen Verbraucherschutz, insbesondere in Bezug auf die Transparenz allgemeiner Vertragsbedingungen."

Die Richtlinien führen umfassende Informationspflichten ein, insbesondere über Verbrauchsdaten[200]: Die Information hierüber muss auch in „transparenter und verständlicher Weise" (Buchstabe b) erfolgen. Anhang I Buchst. c) der Richtlinie legt anschließend fest, dass in Preisänderungsklauseln den Kunden „transparente Informationen über geltende Preise und Tarife sowie über die Standardbedingungen für den Zugang zu Gasdienstleistungen" offenzulegen sind. Des Weiteren bestimmt die Richtlinie in Buchstabe d) S. 3, dass die allgemeinen Vertragsbedingungen „fair und transparent" sein müssen und legt weiter in S. 4 Buchstabe d) fest, dass Vertragsbedingungen deshalb „klar und verständlich abgefasst" sein müssen. Die RL 2009/72/EG stellt in Art. 3 Abs. 3 S. 1 klar, dass „alle Haushaltskunden [...] das Recht auf Versorgung mit Elektrizität einer bestimmten Qualität zu angemessen, leicht und eindeutig vergleichbaren und transparenten und nicht diskriminierenden Preisen" haben.

Des Weiteren muss dem Verbraucher ein rascher Lieferantenwechsel möglich sein[201]: In Bezug auf die Maßnahmen, die dem Verbraucher schützen, heißt es in Art. 3 Abs. 3 S. 8 RL 2009/73/EG: „Zumindest im Fall der Haushaltskunden schließen solche Maßnahmen die im Anhang A aufgeführten Maßnahmen mit ein." Nach Anhang I Buchstabe b) muss bei einer Gebührenerhöhung dem Kunden ein Sonderkündigungsrecht offenstehen und er muss für das Wirksamenwerden der Preiserhöhung vorab über dieselbe informiert worden sein. Die in Anhang A Buchstabe b) geforderten Voraussetzungen, nach denen Preisanpassungsklauseln eine vorherige Kundeninformation und ein daran anschließendes Sonderkündigungsrecht beinhalten müssen, können aber nicht allein für die Wirksamkeit von Preisanpassungsklauseln ausreichen.[202] Sie müssen nach den

sicher, dass zugelassene Kunden tatsächlich problemlos zu einem neuen Lieferanten wechseln können. Zumindest im Fall der Haushaltskunden schließen solche Maßnahmen die in Anhang A aufgeführten Maßnahmen ein."; s. auch *Tonner*, in: Tamm/Tonner, § 15, A. Rn. 24, wonach festgelegt ist, dass „Bis zu diesem Zeitpunkt [bei den beiden ersten Stufen der Liberalisierung des europäischen Energiemarktes] gab es noch keine konkreten Verbraucherschutzvorschriften im europäischen Energierecht."; vgl. auch *Säcker/Mengering*, BB 32 (2013), S. 1859 (1866).

200 *Tonner*, in: Tamm/Tonner, Verbraucherrecht, § 15, A. Rn. 27.

201 *Tonner*, in: Tamm/Tonner, Verbraucherrecht, § 15, A. Rn. 27.

202 So aber *Reimann/Garbotz*, VW 2008, S. 201 (205).

Vorgaben der EU-Richtlinien für den Strom- und Gasbereich darüber hinausgehend inhaltlich konkretisiert, also transparent sein.

Das in der Richtlinie in Bezug auf die Vertragsbedingungen und Informationen für Verbraucher geforderte Transparenzgebot[203] ist Mindeststandard[204] des EU-weit geforderten erhöhten Verbraucherschutzstandards im Energieversorgungsbereich. Das Erfordernis transparenter Vertragsklauseln dient der besseren Information und Aufklärung von Verbrauchern und ist nach den Erwägungsgründen und Vorgaben der Richtlinie für alle Vertragsklauseln in Energieversorgungsverträgen zu fordern, somit auch Wirksamkeitsvoraussetzung für die den Tarifversorgungsverträgen zugrunde liegenden gesetzlichen Preisanpassungsklauseln der GasGVV und StromGVV.[205]

---

203 S. hierzu Erwägungsgründe 44, 47, 48 und 49, Art. 3 Abs. 4 und Anhang A Buchst. b), c) und d) der RL 2009/73 EG, in denen jeweils auf transparente Vertragsbedingungen Bezug genommen wird, die Erwägungsgründe 51 und 52 der RL 2009/72/EG, Art. 3 S. 2, Abs. 7 S. 5 in denen ebenfalls ein hoher Verbraucherschutz durch die Transparenz der Vertragsbedingungen sichergestellt werden soll; s. hierzu auch *Fricke*, ZNER 2011, S. 130 (133).

204 Hierzu bereits Erwägungsgrund 27 der RL 2003/55/EG: „Die Erfüllung gemeinwirtschaftlicher Verpflichtungen ist eine grundlegende Anforderung dieser Richtlinie, und es ist wichtig, dass in dieser Richtlinie von allen Mitgliedstaaten einzuhaltende gemeinsame Mindestnormen festgelegt werden, die den Zielen des Verbraucherschutzes, der Versorgungssicherheit, des Umweltschutzes und einer gleichwertigen Wettbewerbsintensität in allen Mitgliedstaaten Rechnung tragen. Gemeinwirtschaftliche Verpflichtungen müssen unter Bedingungen der einzelstaatlichen Gegebenheiten aus nationaler Sicht ausgelegt werden können, wobei das Gemeinschaftsrecht einzuhalten ist."

205 Nach Erwägungsgrund 27 S. 2 der RL 2003/55/EG müssen die sich aus den Richtlinien ergebenden „gemeinwirtschaftlichen Verpflichtungen unter Berücksichtigung der einzelstaatlichen Gegebenheiten aus nationaler Sicht ausgelegt werden, wobei das Gemeinschaftsrecht einzuhalten ist." Berücksichtigen die nationalstaatlichen Regelungen die gemeinschaftsrechtlich vorgegebenen Mindeststandards demnach nicht, liegt eine EU-rechtswidrige Regelung vor; vgl. auch EuGH, Urteil v. 21.3.2013 – C-92/11 – RWE Vertrieb, BB 2013, 852, Rn. 53; Schlussanträge der Generalanwältin Verica Trstenjak vom 13. September 2012, Rechtssache C-92/11, (2011/C 211/17), a. a. O., Tz. 86; *Säcker/Mengering*, BB 32 (2013), S. 1859 (1866) mit Fn. 90.

b) *Bewertung der gesetzlichen Regelungen der neuen Verordnung zur transparenten Ausweisung staatlich gesetzter oder regulierter Preisbestandteile in der Strom- und Gasgrundversorgung vom 22. Oktober 2014 unter Berücksichtigung der RL des Dritten Energiepakets*

Die Bedeutung der inhaltlichen Anforderungen der RL 2009/73/EG und 2009/72/EG für die Ausgestaltung des gesetzlichen Schuldverhältnisses der Grundversorgung ist evident. Wird vom Wortlaut der einschlägigen europarechtlichen Vorgaben des Zweiten und Dritten Energiepakets ausgegangen, dann ist es schwierig, die jeweiligen Anforderungen in den GVVen miteinander in Einklang zu bringen.[206] Denn was die Transparenz der gesetzlichen Regelung in den GVVen angeht, ist ausdrücklich geregelt, dass Tarifpreise erhöht werden können, ohne dass Zweck, Ausmaß, Anlass und Gründe angegeben werden müssen. In § 5 Abs. 2 GasGVV und § 5 Abs. 2 StromGVV heißt es wortgleich: „Änderungen der Allgemeinen Preise und der ergänzenden Bedingungen werden jeweils zum Monatsbeginn und erst nach öffentlicher Bekanntgabe wirksam, die mindestens sechs Wochen vor der beabsichtigten Änderung erfolgen muss. Der Grundversorger ist verpflichtet, zu den beabsichtigten Änderungen zeitgleich mit der öffentlichen Bekanntgabe eine briefliche Mitteilung an den Kunden zu versenden und die Änderungen auf seiner Internetseite zu veröffentlichen." Sowohl die § 5 Abs. 2 StromGVV als auch § 5 Abs. 2 GasGVV verweisen nur pauschal auf die Informationspflicht gekoppelt an das Sonderkündigungsrecht des Verbrauchers im Falle einer Preiserhöhung. Wie eine (zulässige) Preiserhöhung aussehen muss, um für den Kunden nachvollzieh- und rückverfolgbar zu sein und welche die maßgeblichen Bezugsgrößen sind, wird nicht geregelt.[207] § 5 Abs. 2 GasGVV, bzw. § 5 Abs. 2 StromGVV stellen inhaltlich nur „rudimentäre" Anforderungen an die Transparenz von Preisanpassungsklauseln[208] und nennen „kein einziges Kriterium, aus dem sich die sachlichen Voraussetzungen und der zulässige Umfang einer Preisänderung ergeben könnte".[209] Einzelne Gerichte der Bundesländer

---

206 Vgl. OLG Düsseldorf, Urteil v. 13.6.2012 - VI-2 U (Kart) 10/11, ZNER (16) 2012 Nr. 4, S. 410 (412).

207 Hierzu eindrücklich auch *Markert*, ZNER 2011, S. 174 (175).

208 Vgl. *Graf v. Westphalen*, ZIP 15/2008, S. 669 (674), wobei v. Westphalen wegen des in § 310 Abs. 2 BGB verankerten Grundsatzes, Sonderkunden und Tarifkunden gleich Verbrauchern zu behandeln, die Notwendigkeit sieht, die richterliche Inhaltskontrolle des § 307 Abs. 1 BGB an dem Maßstab des § 5 Abs. 2 GasGVV auszurichten.

209 *Säcker/Mengering*, BB 32 (2013), S. 1859 (1867) m. w. N.; vgl. hierzu auch *Büdenbender*, LMK 2008, 264558 (Heft 8/20008, S. 21): „Die unbestimmte Ausgestaltung der normativen Preisanpassungsklauseln für die Tarif- bzw. Grundversorgungskunden

kanzelten die gesetzlichen Vorgaben daher als „völlig nichtssagende Preisanpassungsregelungen" ab.[210] Mit § 5 Abs. 2 GasGVV / § 5 Abs. 2 StromGVV hat sich der Gesetzgeber damit für ein „maximal offenes Preisanpassungsrecht des Grundversorgers entschieden, das lediglich durch Billigkeitskontrolle und Kündigungsrecht kontrolliert wird."[211] Zwar mag die inhaltliche Konkretisierung von § 5 Abs. 2 GasGVV bzw. § 5 Abs. 2 StromGVV eine „schier unlösbare Sisyphosaufgabe"[212] darstellen, der Umsetzung der eindeutigen europarechtlichen Transparenzanforderungen hat sich aber der nationale Gesetzgeber bisher entzogen.[213]

Angesichts der vom BGH entwickelten strengen Anforderungen an die Bestimmtheit und Berechenbarkeit von Preisanpassungsklauseln wäre eine „völlig unbestimmte Preisanpassungsregel" wie § 5 Abs. 2 GasGVV jedoch als AGB-Klausel „evident" unwirksam.[214] Dies räumte auch der Senat ein, indem er klarstellte, dass eine § 5 Abs. 2 GasGVV unverändert nachgebildete Preisanpassungsklausel in Sonderkundenverträgen „nicht den Anforderungen [...], die die höchstrichterliche Rechtsprechung an die tatbestandliche Konkretisierung von Anlass, Voraussetzungen und Umgang eines einseitigen Leistungsbestimmungsrechts stellt" entspricht.[215] Die damit auch von nationalen Gerichten bestätigte Intransparenz der durch Verordnungen ausgestalteten Preisanpassungsklauseln in § 5 Abs. 2 GasGVV und § 5 Abs. 2 StromGVV wird jedenfalls dem genannten Transparenzerfordernis der Dritten Gas-RL und der Dritten Strom-RL nicht

---

ist Ausdruck der Erkenntnis des Verordnungsgebers, dass in Anbetracht der zahlreichen Parameter für die Preisbildung und ihres sich untereinander leicht verschiedenen relativen Gewichts eine Preisanpassungsklausel kaum möglich ist, die dem Ziel der Kostennähe und damit Gerechtigkeit in ökonomischer Hinsicht ebenso genügt wie dem Gebot der Verständlichkeit. Je mehr eine solche Klausel der Forderung nach Kostennähe entspricht, desto mehr geht dies zugleich zulasten der Verständlichkeit- und umgekehrt."

210 OLG Celle, 117.1.2008, ZNER 2008, S. 63; OLG Oldenburg, Urteil v. 5.9.2008–12 U 49/07, RdE 2009, S. 25 (31); vgl. *Säcker/Mengering*, BB 32 (2013), S. 1859 (1866).

211 Vgl. *Säcker/Mengering*, BB 32 (2013), S. 1859 (1867) m. w. N.

212 *Büdenbender*, LMK 2008, 264558, Heft 8/2008, S. 21.

213 *Büdenbender*, LMK 2008, 264558, Heft 8/2008, S. 21; vgl. auch *Säcker/Mengering*, BB 32 (2013), S. 1859 (1867).

214 *Halfmeier*, VuR 2006, S. 417 (419) unter Bezugnahme auf LG Bremen VuR 2006, S. 279 (283).

215 *Markert* im ZMR 2010, 834, 837 unter Bezugnahme auf die Senatsurteile VIII ZR 225/08, Rn. 23 und VIII ZR 56/08, Rn. 26.

gerecht.[216] Diese Aufgabe können die Gerichte nicht dem Gesetzgeber abnehmen.[217] Deshalb müssen die GVVEn an die Anforderungen des Dritten Energiepakets und des Europäischen Gerichtshofes angepasst werden.

Daher wurde die Verordnung über Allgemeine Bedingungen für die Grundversorgung von Haushaltskunden und die Ersatzversorgung mit Gas aus dem Niederdrucknetz (Gasgrundversorgungsverordnung – GasGVV) vom 26. Oktober 2006 durch die Verordnung zur transparenten Ausweisung staatlich gesetzter oder regulierter Preisbestandteile in der Strom- und Gasgrundversorgung vom 22. Oktober 2014[218] aufgehoben.[219] Die Umsetzung der Transparenzanforderungen der RL durch die neue Verordnung bedarf besonderen Augenmerks.[220] Der Grundversorger ist nach § 36 Abs. 1 EnWG verpflichtet, Allgemeine Bedingungen und Preise für die Grundversorgung in Niederspannung bzw. Niederdruck öffentlich bekannt zu geben, im Internet zu veröffentlichen sowie zu diesen Bedingungen und Preisen im Grundsatz jeden Haushaltskunden zu beliefern. Der Grundversorger ist bisher nicht verpflichtet gewesen, die in die Kalkulation des Grundversorgungspreises eingeflossenen gesetzlich oder durch den Netzzugang veranlassten Kosten auszuweisen. Der vom Kunden zu zahlende Brutto-Endpreis ergibt sich aus einem Netto-Endpreis zuzüglich Mehrwertsteuer. In den Netto-Endpreis fließen kalkulatorisch in der Regel weitere Preisbestandteile ein, die ihren Ursprung in gesetzlichen Regelungen haben oder als Netzentgelt für den Grundversorger in seiner Funktion als Energielieferanten nicht unmittelbar beeinflussbar sind.[221] Die Höhe solcher Bestandteile ergibt sich zwar im Grundsatz aus gesetzlichen Regelungen und öffentlich verfügbaren Angaben. In diesen Netto-Endpreis fließen im Strombereich kalkulatorisch in der Regel auch die Wegenutzungsentgelte an die Kommunen (Konzessionsangaben nach § 48 EnWG), die Stromsteuer, die EEG-Umlage, der KWK-Aufschlag sowie die Umlagen nach § 17f EnWG, § 19 Abs. 2 der Stromnetzentgeltverordnung (StromNEV) und § 18 der

---

216 *Markert*, ZMR 2010, 834, (837); *Säcker/Mengering*, a. a. O., S. 1859 (1867); vgl. auch OLG Düsseldorf, Urteil v. 13.6.2012 – VI-2 U (Kart) 10/11, ZNER (16) 2012, Nr. 4, S. 410 (412); BGH, Urteil v. 28.10.2015, VIII ZR 158/11, EnWZ 2015, 557 Tz. 34, 38 und 58 ff.

217 Dazu allgemein *Säcker/Mengering*, BB 32 (2013), S. 1859 (1867) m. w. N.

218 Bundesgesetzblatt Jahrgang 2014 Teil I Nr. 48, ausgegeben zu Bonn am 29 Oktober 2014.

219 BGH, Urteil v. 28.10.2015, VIII ZR 158/11, EnWZ 2015, 557 Tz. 58 f.

220 Nachbesserungspflichten i.S. der vom EuGH vorgenommenen Auslegung des EU-Rechts s. BGH, Urteil v. 28.10.2015, VIII ZR 158/11, EnWZ 2015, 557 Tz. 54 ff.

221 Referentenentwurf, BMWi III A 6, Stand 20. Juni 2014.

Verordnung zu abschaltbaren Lasten (AbLaV) ein. Hinzu kommen die Netzentgelte und gegebenfalls Entgelte für den Messstellenbetrieb und die Messung, die der Grundversorger in seiner Funktion als Lieferant aus dem Netzzugangsverhältnis an den örtlichen Netzbetreiber zu entrichten hat. Den Kunden wird aber nicht ohne nähere Nachforschung deutlich, in welchem Umfang und in welcher Höhe dem Grundversorger entsprechende Kostenbelastungen entstehen. Dies gilt auch bei Änderungen der Höhe des Saldos dieser Belastungen. Den Kunden sollen diese zusätzlichen Informationen bereitgestellt werden, um für sie die Transparenz zu erhöhen und sie besser in die Lage zu versetzen, Zusammensetzung und Änderungen des Allgemeinen Preises der Grundversorgung zu bewerten.

Nach der neuen Verordnung werden die mitzuteilenden Informationen im Fall der Änderung der Allgemeinen Preise, der ergänzenden Bedingungen und der Ausweisung von Preisbestandteilen durch den örtlichen Grundversorger erweitert. In beide Verordnungen wurden mit dem Ziel höherer Transparenz neue Informationspflichten des Grundversorgers insbesondere zu den Allgemeinen Preisen aufgenommen. Der Grundversorger hat nicht nur den Allgemeinen Preis, sondern auch die in dessen Kalkulation einfließenden staatlich veranlassten Preisbestandteile und im Strombereich zusätzlich auch die Netzentgelte und die Entgelte der Betreiber von Energieversorgungsnetzen für den Messstellenbetrieb und die Messung auszuweisen. Die Angabe der in die Kalkulation des Grundversorgungspreises einfließenden Kostenbelastungen nach § 2 Abs. 3 Satz 1 Nummer 5 soll den Verbrauchern ein klareres Bild über die Preiszusammensetzung ermöglichen, ihr Interesse an energiewirtschaftlichen Zusammenhängen vergrößern und sie zu einer aktiveren Teilhabe am Marktgeschehen ermuntern. Zusätzlich ist der Grundversorger bei Änderungen des Allgemeinen Preises und der ergänzenden Bedingungen verpflichtet, den Umfang, den Anlass und die Voraussetzungen der Änderung sowie einen Hinweis auf die Rechte des Kunden in übersichtlicher Form anzugeben und dem Kunden mitzuteilen. Die grundversorgten Haushaltskunden können im Falle einer Änderung der Grundversorgungspreise den Umfang einer Preisänderung einfacher mit dem Umfang einer Änderung des Saldos der nicht beeinflussbaren Preisbestandteile vergleichen und so zu einem besseren Verständnis hinsichtlich einer Änderung des energiewirtschaftlichen Anteils an dem Grundversorgungs-Endpreis gelangen.

Der Europäische Gerichtshof hob die Bedeutung der Vorhersehbarkeit des Anlasses und des Modus der Änderung der Entgelte hervor: „Dem berechtigten Interesse des Gewerbetreibenden, sich gegen eine Änderung der Umstände zu wappnen, steht das genauso berechtigte Interesse des Verbrauchers gegenüber, zum einen die Folgen, die eine solche Änderung für ihn in der Zukunft haben könnte, zu kennen und damit absehen zu können und zum anderen in einem solchen Fall über die Angaben zu verfügen, die es ihm erlauben, in der geeignetsten Weise auf seine neue Situation zu reagieren."[222] Dies belegt auch der Beschluss des Bundesrates zur Verabschiedung der Gasgrundversorgung, nachdem hier der Wille des Gesetzgebers deutlich werde, das „Preisbewusstsein des Kunden (zu) steigern".[223] Ein Preisbewusstsein kann der durchschnittlich informierte, aufmerksame und verständige Durchschnittsverbraucher nur dann entwickeln, wenn er nicht nur über den Endpreis, sondern auch über die Gründe und Maßstäbe für die Preiserhöhung informiert ist.

So findet sich der Kern des Gesetzgebungsvorhabens der Bundesregierung in folgendem Schriftsatz im Verfahren zum EuGH-Urteil vom 21.3.2013: „In Bezug auf die Beurteilung einer Klausel, die es dem Gewerbetreibenden erlaubt, die Entgelte für die zu erbringende Leistung einseitig zu ändern, hat der Gerichtshof bereits darauf hingewiesen, dass sich aus den Art. 3 und 5 sowie den Nrn. 1 Buchst. j und l und 2 Buchst. b und d des Anhangs der Richtlinie 93/13 ergibt, dass dafür von wesentlicher Bedeutung ist, ob zum einen der Vertrag den Anlass und den Modus der Änderung der Entgelte[224] für die zu erbringende Leistung so transparent darstellt, dass der Verbraucher die etwaigen Änderungen dieser Entgelte anhand klarer und verständlicher Kriterien vorhersehen kann, und ob zum anderen der Verbraucher berechtigt ist, den Vertrag zu beenden, falls diese Entgelte tatsächlich geändert werden sollten."[225]

Der BGH hat mit der Entscheidung vom 28.10.2015[226] zwar unter Beachtung der Bindungswirkung der Rechtsprechung des EuGH (EuGH, Urt. v. 22.10.2014 – Rs. C-359/11 und C-400/11) entschieden, dass § 4 AVBGasV[227] mit den Transparenzanforderungen der Gas-Richtlinie (RL 2003/55 EG) nicht vereinbar sei und

---

222 EuGH, Urteil v. 21.3.2013 – C-92/11 – RWE Vertrieb, BB 2013, 852, Tz. 53; vgl. auch EuGH, Urteil v. 23.10.2014 – C-359/11, ZIP 35 (2014), Tz. 46, 47.

223 Vgl. Br. Drs. 306/06, S. 2.

224 Vgl auch EuGH, Beschluss v. 4.3.2004 – Cofinoga, C-264/01, Slg. 2004, I-2157, Rn. 26. EuGH, Beschluss vom 16.11.2010, Rs C-76/10 Verbraucherkreditvertrag, ABl EU 2011, Nr. C 30, 12, Rn 68 m. w. N.; vgl. auch EuGH, Beschluss vom 16.11.2010, Rs C-76/10 – Verbraucherkreditvertrag, ABl EU 2011, Nr. C 30, 12, Rn. 68; EuGH, Urteil vom 23. März 2000 – Berliner Kindl Brauerei, C-208/98, Slg. 2000, I-1741, Rn. 21; EuGH, Beschluss v. 4.3.2004 – Cofinoga, C-264/02, Slg. 2004, I-2157, Rn. 26.

225 EuGH, Urteil v. 21.3.2013 – C-92/11 – RWE Vertrieb, BB 2013, 852, Rn. 49; vgl. auch EuGH, Urteil v. 23. März 2000 – Berliner Kindl Brauerei, C-208/98, Slg. 2000, I-1741, Rn. 23.

226 BGH, Urteil v. 28.10.2015, VIII ZR 158/11, EnWZ 2015, 557.

227 Aus der ausführlichen Auseinandersetzung mit der Entstehungsgeschichte des § 4 AVBGasV und der §§ 5 Strom- und GasGVV lässt sich (wenn auch nicht dem

damit keine Berechtigung zur Anpassung der Preise durch den Energieversorger gewähre.[228] Es besteht eine Regelungslücke. Allerdings bestätigt er, dass Gasversorgungsunternehmen während der Vertragslaufzeit durchaus ein Interesse an der Weitergabe von Kostensteigerungen an ihre Kunden haben. Dies gelte insbesondere im Falle der Tarifkundenversorgung (heute: Grundversrorgung), da der Versorger im Rahmen dieser gesetzlich verpflichtet ist, jeden Haushaltskunden mit Gas zu versorgen. Ohne Preisänderungsmöglichkeit entstehe in langfristigen Lieferverträgen regelmäßig ein Ungleichgewicht zwischen Leistung und Gegenleistung; auch Ziele wie Preisgünstigkeit und Versorgungssicherheit würden gefährdet.[229] Dieser Zielsetzung des nationalen Energiewirtschaftsrechts, die mit derjenigen des europäischen Energiewirtschaftsrecht[230] übereinstimmt, liefe es zuwider, wenn der Grundversorger Kostensteigerungen nicht an den Kunden weitergeben könnte, sondern diese selbst zu tragen und den Kunden weiterhin zu dem ursprünglichen Preis zu beliefern hätte. Angesichts der Entwicklung der Energiepreise entstünde dadurch bei langfristigen Versorgungsverträgen regelmäßig ein gravierendes Ungleichgewicht von Leistung und Gegenleistung. Dies wäre unbillig und würde dem Kunden einen unverhofften und ungerechtfertigten Gewinn verschaffen. Daraus folgert der BGH, dass die entstandene Regelungslücke im Wege der ergänzenden Vertragsauslegung zu schließen sei, da die Parteien bei angemessener, objektiv-generalisierender Abwägung ihrer Interessen nach Treu und Glauben redlicherweise ein Preisanpassungsrecht des Versorgers für Kostensteigerungen seiner eigenen (Bezugs-)Kosten vereinbart hätten, soweit diesen keine Kostensenkungen gegenüberstünden.[231]

Eine richtlinienkonforme Rechtsfortbildung, die im Ergebnis dazu führte, die Transparenzanforderungen der Gas-Richtlinie in der Auslegung, die diese durch das Urteil des EuGH vom 23.10.2014 gefunden haben, in das nationale Recht, hier namentlich in § 4 I und II AVBGasV, ergänzend aufzunehmen, würde die den Gerichten durch den Willen des nationalen Gesetzgebers gezogenen Grenzen der Auslegung überschreiten. Dies gilt erst recht, wenn die Einhaltung dieser Transparenzanforderungen als Voraussetzung für die Wirksamkeit einer Preisänderung anzusehen wäre.[232]

Wortlaut) eine Übertragbarkeit der Entscheidung auf diese Regelungen der Strom- und GasGVV (in der bis zum 29.10.2014 geltenden Fassung) entnehmen.

228 BGH, Urteil v. 28.10.2015, VIII ZR 158/11, EnWZ 2015, 557 (560) Tz. 38.

229 BGH, Urteil v. 28.10.2015, VIII ZR 158/11, EnWZ 2015, 557 (563) Tz. 78.

230 Vgl. EuGH, Urteil v. 21.3.2013 – C-92/11, RWE Vertrieb, Rn. 46.

231 BGH, Urteil v. 28.10.2015, VIII ZR 158/11, EnWZ 2015, 557 (563) Tz. 79.

232 BGH, Urteil v. 28.10.2015, VIII ZR 158/11, EnWZ 2015, 557 (561) Tz. 38.

Bei Betrachtung nur des Wortlautes von § 5 GVVen gibt es gute Gründe für die große Sorge, wie man dann den Anlass und den Modus der Änderung der Entgelte für die erbringende Leistung so transparent darstellt, dass der Verbraucher die etwaigen Änderungen dieser Entgelte anhand klarer und verständlicher Kriterien vorsehen kann und ob zum anderen der Verbraucher berechtigt ist, den Vertrag zu beenden, falls diese Entgelte tatsächlich geändert werden sollten. Die Beurteilung der Möglichkeit, den Vertrag aufrechtzuerhalten, dürfte jedoch im Einzelfall mit einem Hinweis auf die gestiegenen Bezugskosten und nicht eingetretene Kostenreduzierungen einfach sein. Ebenso muss der Gesetzgeber dabei die Aufrechterhaltung des vereinbarten Synallagmas von Leistung und Gegenleistung zwischen dem Energieversorger und dem Kunden gewährleisten, das heißt also, der Verwender darf durch die Preisanpassung keine zusätzliche Gewinne machen.[233] Der in Art. 1 Nummer 3 (§ 5a Absatz 1 Satz 1 GVV) eingeräumte Preisanpassungsvorbehalt findet seine Rechtfertigung in der Tatsache, dass in einem Dauerschuldverhältnis wie dem Strom- bzw. Gasgrundversorgungsvertrag ein Bedürfnis für die Weitergabe von gestiegenen Beschaffungskosten besteht.[234] Dem Grundversorger sollte nicht das Recht eingeräumt werden, einseitig gewinnsteigernde Preiserhöhungen festzulegen. Eine Preisanpassungsbefugnis muss das Äquivalenzverhältnis wahren und darf dem Berechtigten nicht die Möglichkeit geben, über die Abwälzung konkreter Kostensteigerungen hinaus den zunächst vereinbarten Preis ohne Begrenzung anzuheben und so nicht nur eine Gewinnschmälerung zu vermeiden, sondern einen zusätzlichen Gewinn zu erzielen.

In der neuen Verordnung zur transparenten Ausweisung staatlich gesetzter oder regulierter Preisbestandteile in der Strom- und Gasgrundversorgung vom 22. Oktober 2014 wird klargestellt: Sinkt die Höhe der Belastung durch gesetzlich veranlasste Preisbestandteile, ist der Grundversorger nach Art. 1 Nummer 3 („5a StromGVV-E) sowie Art. 2 Nummer 3 (§ 5a GasGVV-E) dazu „verpflichtet, die Allgemeinen Preise unverzüglich neu zu ermitteln und dabei den gesunkenen Saldo in das Ergebnis der Kalkulation einfließen zu lassen."[235] Nach dieser Formulierung ist der Grundversorger nur zu einer Neukalkulation, nicht aber zu einer Preisänderung verpflichtet.[236] Diese Formulierung würde es daher zulassen,

233 Vgl. dazu st. Rspr. BGH Urteil v. 15.7.2009 – VIII ZR 56/08, BGHZ 182, 41 (53), Tz. 26.; BGH, Urteil v. 19.11.2008 – VIII ZR 138/07, RdE 2009, S. 54, Tz. 25; BGHZ 176, S. 244 (253), Tz. 26.

234 BGH Urteil v. 28.10.2015, VIII ZR 158/11, EnWZ 2015, 557, Tz. 21, 74, 75 ff.

235 Empfehlungen, Bundesrat, Drucksache 402/1/14, S. 2.

236 Empfehlungen, a. a. O., S. 2.

dass der Grundversorger derartige Kostenreduzierungen durch eine Erhöhung der Gewinnmarge neutralisiert.[237] Der vom Kunden zu zahlende Preis würde also gleich bleiben, obwohl die Kostenbelastung des Grundversorgers sinkt. Dies aber wäre nicht sachgerecht.[238] Die Änderung bezweckt daher eine Klarstellung, dass der Grundversorger verpflichtet ist, eventuelle Kostenreduzierungen an Verbraucher weiterzugeben.[239]

Zusätzlich müsste der Gesetzgeber in der Verordnung in einem weiteren Absatz des § 5 GVVen *ausdrücklich ausschreiben, dass der Grundversorger ein Preisanpassungsrecht hat.* Denn die neue Regelungen der § 5 GVVen machen nicht transparent, dass dem Versorger überhaupt ein einseitiges Leistungsbestimmungsrecht zusteht: Im Schrifttum gibt es keine Stimmen, die in Frage stellen[240], dass es für Grundversorgungsverhältnisse ein gesetzliches Anpassungsrecht geben muss.[241] Insofern existieren in der Rechtsprechung jedenfalls im Bereich der Grundversorgung keine durchgreifenden Bedenken gegen das Bestehen eines Preisanpassungsrechts. Die grundsätzliche Problematik, ob sich im Grundversorgungsverhältnis das Recht der EVU zur Preisanpassung aus § 4 AVBGasV/AVBEltV bzw. §§ 5, 6 GasGVV/StromGVV ergibt oder diese Vorschriften das Bestehen eines solchen Rechtes – wie der Wortlaut es nahe legt – voraussetzen, lässt sich hier nicht in der gebotenen Ausführlichkeit erörtern.[242] Den Durchschnittsverbrauchern ist aber nicht erkennbar, dass es bei § 5 Abs. 2 GVVen überhaupt um ein gesetzliches Preisbestimmungsrecht geht. In der Praxis kann das selbst der Jurist kaum erkennen; man muss sich dazu in der Rechtsprechung des VIII. Zivilsenats auskennen, gemäß derer aus § 5 Abs. 2 ein gesetzliches Preisanpassungsrecht hervorgeht. Nicht zuletzt ist es zwar unumstritten, dass der Grundversorger verpflichtet ist, auf eine Billigkeitskontrolle gem. § 315 BGB hinzuweisen.[243] Bei der Vertragsgestaltung kann es allerdings sinnvoll sein,

---

237 Empfehlungen, a. a. O., S. 2.

238 Empfehlungen, a. a. O., S. 3.

239 Empfehlungen, a. a. O., S. 3.

240 S. z. B. *Gleim/Malirsch*, ZNER 14 (2010), S. 228 (230).

241 *Mogwitz/Wagner*, RdE 2008, S. 118 (118); *Tonner*, in: Tamm/Tonner, Verbraucherrecht, § 15, A. Rn. 86; *Gleim/Malirsch*, ZNER 14 (2010), S. 228 (230); *Reimann/Garbotz*, VW 9/2008, S. 201; *Hanau*, ZIP 27 (2006), S. 1281, (1282); *Fricke*, WuM 2005, S. 547 (550); *Held*, NZM 7 (2004), S. 169 (172).

242 Vgl. hierzu OLG Oldenburg, Urteil v. 5.9.2008–12 U 49/07, RdE 2009, S. 25 (31).

243 So auch *Säcker/Mengering*, BB 32 (2013), S. 1859 (1868); vgl. auch OLG Düsseldorf, Urteil v. 13.6.2012 – VI-2 U (Kart) 10/11, ZNER (16) 2012 Nr. 4, S. 410 (412); Die Billigkeitskontrolle beschränkt sich auf die Nachprüfung, ob die gestiegenen Kosten

den die Verpflichtung zur *Sonderkündigung* hervorzuheben.[244] Ein zusätzlicher Absatz des § 5 GVVen könnte diesen Erwägungen Rechnung tragen.

Die Neuregelung des Anpassungsrechts in Grundversorgungsverträgen sollte auf diesen vier inhaltlichen Anforderungen basieren. Diese Anforderungen der Richtlinie an eine angemessene gesetzliche Anpassungsklausel hat die neue Verordnung zur transparenten Ausweisung staatlich gesetzter oder regulierter Preisbestandteile in der Strom- und Gasgrundversorgung vom 22. Oktober 2014 aber nicht berücksichtigt. Die Benennung des Umfangs, des Anlasses und der Voraussetzungen einer Änderung sind notwendig, aber nicht ausreichend. Der Grundversorger soll verpflichtet werden, a) eventuelle Kostenreduzierungen an Verbraucher weiterzugeben, b) in einem weiteren Absatz des § 5 GVVen ausdrücklich auszuschreiben, dass der Grundversorger ein Preisanpassungsrecht hat, c) auf eine Billigkeitskontrolle gem. § 315 hinzuweisen und d) den Aspekt der Verpflichtung zur *Sonderkündigung* hervorzuheben. Dadurch wird § 5 GVV transparent.

Diesen Anforderungen folgt der Europäische Gerichtshof in seinem Urteil vom 23.10.2014[245] hinsichtlich des gesetzlichen Preisanpassungsrechtes des Versorgers der am stärksten schutzbedürftigen Tarif- und Grundversorgungskunden nicht. Mit diesem Urteil hat er das nachgeholt, was er in seinem Urteil vom 21.3.2013 bereits für das vertragliche Preisbestimmungsrecht in den AGB von Sonderkundenverträgen über die Wirksamkeit dieses Rechts entschieden hatte. Vielmehr reicht es nach dem Urteil vom 23.10.2014 aus, wenn Grundversorgungskunden erst während der Vertragslaufzeit über Anlass, Voraussetzungen und Umfang der einzelnen Preisäderungen rechtzeitig vorher informiert werden. Damit werden die Grundversorgungskunden weniger geschützt als Sondervertragskunden, obwohl sie sich im Vergleich mit Kunden, die ihren Anbieter frei wählen können, in einer schwächeren Position gegenüber den Versorgern befinden und deshalb in stärkerem Maße schutzbedürftig sind. Nach Art. 3. Abs. 2 der RL 2009/73/EG haben die Mitgliedsstaaten geeignete Maßnahmen zum Schutz der Endkunden zu ergreifen und insbesondere dafür Sorge tragen, dass für schutzbedürftige Kunden ein angemessener Schutz besteht. Die Mitgliedstaaten stellen sicher, dass die Rechte und Verpflichtungen im Zusammenhang mit schutzbedürftigen Kunden

---

die Preiserhöhung in der vom EVU geforderten Höhe rechtfertigen, vgl. dazu *Säcker*, ZNER 10/11 (2007), S. 114 (115).

244 So auch *Säcker/Mengering*, BB 32 (2013), S. 1859 (1868); vgl. auch OLG Düsseldorf, Urteil v. 13.6.2012 – VI-2 U (Kart) 10/11, ZNER (16) 2012 Nr. 4, S. 410 (412); Rechtssache C-92/11, (2011/C 211/17), ABL, C 211/10, 16.7.2011; 2), Tz. 95.

245 EuGH, Urteil v. 23.10.2014 – C-359/11, ZIP 35 (2014).

eingehalten werden. Anhang A der beiden Energierichtlinien nimmt insoweit ausdrücklich auf die Richtlinie 93/13 Bezug, indem er erklärt, dass die in Art. 3 beider Richtlinien genannten Maßnahmen „unbeschadet der Verbraucherschutzvorschriften der (Union), (insbesondere der Richtlinie 93/13 [gelten])". Daraus ergibt sich, dass der Schutz nach der Richtlinie 93/13 weitergehender sein kann und jedenfalls nicht automatisch auf den Zusammenhang von Grundversorgungsverträgen im Energiesektor zu übertragen ist.[246] Von besonderer Bedeutung ist, dass es sich bei diesen Lieferverträgen um Verträge handelt, die von Versorgern geschlossen werden, die gegenüber den Kunden, die darum ersucht haben, als Versorger letzter Instanz auftreten. Da diese Strom- und Gasversorger verpflichtet sind, aufgrund nationalen Rechts mit allen Kunden, die darum ersuchen und die dazu berechtigt sind, zu den in diesen Rechtsvorschriften vorgesehenen Bedingungen Verträge zu schließen, können sie sich die andere Vertragspartei nicht aussuchen und den Vertrag nicht beliebig beenden. Die Erreichung der Zeile der RL – zum einen die Liberalisierung des Energiemarkts bzw. die Verwirklichung eines Energiebinnenmarkts sicherzustellen, zum anderen die Versorgungssicherheit zu gewährleisten[247] – setzt voraus, dass die Anbieter wirtschaftlich lebensfähig bleiben. Einer der Gründe für dieses Ziel ist, dass sie verpflichtet sind, allen zugelassenen Kunden eine Mindestleistung zu standardisierten Bedingungen zur Verfügung zu stellen und dabei durch nationale Rechtsvorschriften erheblich beschränkt sind Entgelte frei festzulegen und Verträge mit unerwünschten Kunden zu beenden. Um den inhärenten Konflikt zwischen den beiden Hauptzielen der Energierichtlinien in einen Ausgleich zu bringen, erscheint es daher als angemessenes Mittel, zu akzeptieren, dass Anbieter, die unter den Beschränkungen einer GVV tätig sind, gestiegene Kosten an die Kunden weitergeben dürfen. Unter diesen Umständen ist die Bedeutung der Kenntnis aller notwendigen Informationen vor Vertragsschluss kaum zu unterschätzen. Diese Informationen ermöglichen dem Verbraucher letztlich, eine informierte Auswahlentscheidung zwischen Unternehmern zu treffen und im Grundsatz einen Vergleich der allgemeinen Vertragsbedingungen anzustellen, die den von diesen Unternehmern unterbreiteten Vertragsangeboten zugrunde liegen. Wie der Gerichtshof im Urteil RWE anerkannt haben dürfte, hilft es dem Verbraucher, eine Auswahl unter verschiedenen Unternehmern zu treffen, wenn er vor Vertragsabschluss über den Anlass künftiger Preisänderungen und den

246 Vgl. Schlussanträge der Generalanwältin, Nils Wahl, v. 8. Mai 2014, Rechtssache C-359/11 und C-400/11, Rn. 64.

247 Mitteilung der Kommission an den Rat und das Europäische Parlament, Vollendung des Energiebinnenmarkts COM(2001), 125 endgültig, S. 2.

Modus, nach dem diese berechnet werden, informiert ist. Von den Erläuterungen dazu im Anhang A der RL zieht der EuGH in seinem Urteil vom 23.10.2014 nur Buchst. b heran, wonach den Kunden bei Preisänderungen neben ihrem Kündigungsrecht auch die Befugnis gegeben werden muss, gegen solche Änderungen vorzugehen. Dazu müssten sie rechtzeitig vorher über deren Anlass, Voraussetzungen und Umfang informiert werden.[248] Unberücksichtigt lässt der EuGH aber weitere, hier relevante Erläuterungen im Anhang A, nämlich Buchst. c, wonach die Kunden auch „transparente Informationen über die Standardbedingungen" erhalten müssen, und Buchst. d, wonach die „allgemeinen Vertragsbedingungen fair und transparent sein" und „klar und verständlich abgefasst" sein müssen. Diese Anforderungen erfüllt eine Neuregelung des § 5 GVVen, die die vier oben genannten Hinweise berücksichtigt.

248 EuGH, Urteil v. 23.10.2014 - C-359/11, ZIP 35 (2014), Rn. 46, 47.

C. Anforderungen an die Inhaltskontrolle von Preisanpassungsklauseln in Sonderkundenverträgen nach § 307 BGB

Die Aufmerksamkeit richtet sich hier auf die Sonderkunden,[249] mit denen die Energieversorgungsunternehmen sogenannte Sonderkundenverträge schließen und besondere Vertragsbedingungen und Preise vereinbaren.[250] Es gibt z.B. für Gaskunden die Möglichkeit, von den Vorgaben der AVBGasV/GasGVV abzuweichen. Von dieser Möglichkeit wurde häufig Gebrauch gemacht, u. a. deshalb, weil Kunden außerhalb der gesetzlichen Vorgaben günstigere Preise zahlen.

I. Rechtliche Grundlage für die Beurteilung von Preisanpassungsklauseln in Sonderkundenverträgen

Die Entscheidungen, die Preisanpassungsklauseln in Sonderkundenverträgen überprüfen, betreffen hier die Grundlagen des Rechts zur Preisänderung im laufenden Vertragsverhältnis bzw. die Wirksamkeit von Preisänderungsklauseln nach den Maßstäben des Rechts der Allgemeinen Geschäftsbedingungen (§ 307 BGB).[251] Denn soweit kein gesetzliches Erhöhungsrecht der Versorger besteht, braucht der seine Preise einseitig erhöhende Versorger eine wirksame vertragsrechtliche Grundlage[252], die ihm dieses Recht gewährt.[253] Erfolgt die leitungsgebundene Energieversorgung außerhalb der Grundversorgung, sind § 36 EnWG sowie die StromGVV und die GasGVV nicht anwendbar; ein

---

249 Begriffliche Gegenüberstellung von Grundversorgungskunden einerseits und Sonderkunden andererseits bezüglich ihres Stromverbrauchs, insb. bei BNetzA/BKartA, Monitoringbericht 2013, S. 129–134.

250 Nach der Rechtsprechung des BGH (vgl. u. a. BGH, Urteil v. 9.2.2011, Rn. 22 ff. m. w. N.) ist zwischen Grund- und Sondertarifverträgen danach abzugrenzen, ob der vertragliche Tarif aus der Sicht eines durchschnittlichen Abnehmers als Tarif der allgemeinen Grundversorgung oder als Sonderkundentarif erscheint; für die verschiedenen Arten von Energielieferverträgen vgl. *de Wyl/Soetebeer*, in: Schneider/Theobald, 4. Auflage, EnWR, § 11, A, Rn. 6 ff; vgl. auch Schlussanträge der Generalanwältin, Verica Trstenjak, v. 13. September 2012, Rechtssache C-92/11, Rn. 18; *Rott*, VuR 21 (2006), S. 1 (1).

251 *Hempel*, in: FS G. Kühne, S. 129 (130).

252 So *De Wyl/Eder/Hartmann*, Einführung, § 5 StromGVV/GasGVV, Rn. 16.

253 *Markert*, ZNER 12–14 (2008), S. 44, (44 ff.).

Preisanpassungsrecht in Sonderkundenverträgen muss sich grundsätzlich an § 307 BGB,[254] samt den hieraus abgeleiteten Grundsätzen wie dem Transparenzgebot, messen lassen.

Das AGB-Recht[255] enthält einen umfassenden Vorgabenkatalog für Allgemeine Geschäftsbedingungen.[256] Enthalten sind in den §§ 308, 309 BGB Klauselverbote mit und ohne Wertungsmöglichkeit, während § 307 BGB als Generalklausel das Verbot einer unangemessenen Benachteiligung ausspricht und damit den grundlegenden Wertungsmaßstab für die richterliche Inhaltskontrolle von AGB festlegt. Bei § 307 BGB geht es vor allem um die *Angemessenheit* der Preisanpassungsregelung nach § 307 Abs. 1 BGB und zweitens um das *Transparenzgebot* nach § 307 Abs. 1 S. 2 BGB: Eine Klausel ist nach dem Gesetz unangemessen und damit unwirksam, wenn sie den Vertragspartner des Verwenders *entgegen den Geboten von Treu und Glauben unangemessen benachteiligt*.[257] Eine Klausel ist nach dem Gesetz unangemessen und damit unwirksam, wenn sie gegen das Transparenzgebot verstößt, also *nicht klar und verständlich* formuliert ist.[258] Erforderlich hierfür ist stets eine umfassende Würdigung unter Berücksichtigung

---

254 *Säcker/Mengering*, BB 32 (2013), S. 1859 (insb. S. 1859, 1860); für die AGB-Kontrolle von Preisanpassungsklauseln vgl. auch *de Wyl/Soetebeer*, in: Schneider/Theobald, 4. Auflage, EnWR, § 11, J, Rn. 327 ff.

255 Das AGB-Recht führt dazu, dass -individuell ausgehandelte Vereinbarungen den Standardformulierungen stets vorgehen – was auch für mündliche Individualabreden gilt, selbst wenn sie von einer schriftlichen AGB-Klausel abweichen, § 305b BGB;
-überraschende und mehrdeutige Klauseln unwirksam sind, wobei Auslegungszweifel zulasten des Verwenders gehen, § 305c BGB;
-unangemessene Klauseln unwirksam sind, wobei die Unangemessenheit auch daraus folgen kann, dass die Klausel nicht klar und verständlich ist, § 307 Abs. 1 BGB.

256 Vgl. *Pfeiffer*, in: Wolf/Lindacher/Pfeiffer, AGB-Recht, 6. Auflage, § 307, Rn. 77 ff.; vgl. auch *Hilber*, BB 66 (2011), S. 2691 (2696).

257 Der Kernbereich von Preisen und Leistungen ist nach dem AGB-Recht von der Inhaltskontrolle ausgenommen, weil es hierzu zumeist keinen vergleichbaren Gerechtigkeitsgehalt gibt und es grundsätzlich Sache der Parteien ist, hierüber zu befinden. Siehe dazu *Niebling*, NJ 2012, S. 227 (229); *Wurmest*, in: MüKoBGB, § 307 Rn. 31 ff.; vgl. auch *Hilber*, BB 66 (2011), S. 2691(2696).

258 Die Generalklausel wird in § 307 Abs. 2 BGB konkretisiert, indem dort typische rechtliche Kriterien angegeben sind, die in der Regel zur Unwirksamkeit der Klausel führen: Eine unangemessene Benachteiligung liegt nach § 307 Abs. 2 Nr. 1 BGB im Zweifel dann vor, wenn eine Klausel mit wesentlichen Grundgedanken der gesetzlichen Regelung, von der abgewichen wird, nicht zu vereinbaren ist, oder nach § 307 Abs. 2 Nr. 2 BGB, wenn wesentliche Rechte oder Pflichten, die sich aus der Natur des Vertrages ergeben, so eingeschränkt werden, dass die Erreichung des Vertragszwecks gefährdet ist.

der Interessen beider Parteien[259], der Verkehrsanschauung und der sich aus der gesamten Rechtsordnung ergebenden Bewertungskriterien unter Einbeziehung des gesamten Vertragsinhalts.[260]

a) *Der aufgrund von Treu und Glauben im BGB gebotene Schutz der schwächeren Partei durch angemessene Bedingungen*

Noch bevor auf den § 307 BGB eingegangen wird, ist es sinnvoll, eine ganz typische Kategorie von Sonderregelungen im BGB zu betrachten, die den angemessenen Schutz der begründeten Interessen einer typischerweise benachteiligten Vertragspartei wiederspiegeln sollen.[261]

Es ist offenbar immer notwendig, wenn die Bestimmung einer unklaren Leistung dem einen Vertragspartner zufällt, dass dieses Leistungsbestimmungsrecht durch „billiges Ermessen" gem. § 315 BGB konkretisiert wird. Dem liegt der Gedanke zugrunde, dass die stärkere Partei leicht einseitig den Vertragsinhalt festlegen kann und die schwächere Partei gedrängt ist, diesem zuzustimmen.

Wegen desselben Grundes hat der BGB-Gesetzgeber auch in anderen Fällen nach dem Gebot von Treu und Glauben[262] für eine angemessene Gewährleistung

---

259 Für die Interessenabwägung vgl. *Wurmest*, in: MüKoBGB, § 307 Rn. 33; in diese Richtung *Reimann*, *Garbotz*, VW 2008, S. 201 (203).

260 *Wurmest*, in: MüKoBGB, § 307 Rn. 31 ff.; vgl. auch *Schlutz-Gardyan*, Anm. zum BGH Urteil v. 17.12.2008 - VIII ZR 274/06, RdE 2009, S. 97 (98).

261 Vgl. für das griechische Recht *Δωρής*, in: NoB 48, S. 738 (740 ff.).

262 Mit dem Begriff der *„Treue"* wird das Verhältnis zwischen den an einem Rechtsgeschäft, namentlich an einem Vertrag, beteiligten Personen bezeichnet, während mit dem Begriff *„Glauben"* das jeder Vertragsbeziehung eingentümliche Vertrauensverhältnis zwischen den Beteiligten angesprochen wird. Beim Begriff „das jeder Vertragsbeziehung eigentümliche Vertrauensverhältnis" handelt es sich um eine zutreffende aber eher vage Wiedergabe des Sinnes (Inhaltes) des Glaubens in nicht-rechtlicher Terminologie. Schon in dieser Annäherung ergibt sich aber ein wesentliches, konkreteres Element: Die Wirkung von sogenanntem „objektiven" oder „geschäftlichen" Treu und Glauben setzt eine enge Handelsbeziehung voraus, namentlich die Vertragsbeziehung, oder aber einen Handelskontakt. Im Rahmen einer solchen Handelsbeziehung, die aufgrund der Verflechtung ihrer Interessen und der Notwendigkeit gegenseitiger Rücksichtnahme eine enge Verbindung zwischen den Partnern kreiert, ist ein Verhalten von beiden Seiten zu erwarten, dass der Not zur gegenseitigen Rücksichtnahme im Hinblick auf ihre Interessen entspricht. Im Hinblick auf diese grundlegende Bewertung versteht sich, dass Treu und Glauben auch in der deutschen Rechtsordnung einen wichtigen Platz in jeder Transaktion hat; dazu entsprechend in der griechischen Rechtsordnung, vgl. *Δωρής*, in: NoB 48, S. 738 (738).

der Interessen des benachteiligten Partners gesorgt. Hier könnte man auf die Vorschrift § 313 BGB hinweisen, in der der Gesetzgeber die Möglichkeit für eine Anpassung des Vertrags vorsieht, soweit ein Teil unter Berücksichtigung aller Umstände des Einzelfalls, insbesondere der vertraglichen oder gesetzlichen Risikoverteilung, das Festhalten am unveränderten Vertrag nicht zugemutet werden kann, wenn sich die Umstände, die zur Grundlage des Vertrags geworden sind, nach Vertragsschluss schwerwiegend verändert haben und die Parteien den Vertrag nicht oder mit anderem Inhalt geschlossen hätten.[263]

Dieselbe gesetzgeberische Entscheidung spiegelt sich auch bei der ergänzenden Vertragssauslegung wider. Grundsätzlich kommt eine ergänzende Vertragsauslegung in solchen Fällen in Betracht, in denen sich die mit dem Wegfall einer unwirksamen Klausel entstehende Lücke nicht durch dispositives Gesetzesrecht schließen lässt und dies zu einem Ergebnis führt, welches das Vertragsgefüge völlig einseitig zugunsten des Kunden verschiebt. In diesen Fällen muss das Synallagma von Leistung und Gegenleistung nach dem Bewertungsplan der Parteien gewahrt bleiben, denn bei einem Austauschvertrag, insbesondere bei einem Vergleichsvertrag, besteht eine Rentabilitätsvermutung.[264] Wird das von den Parteien hergestellte Äquivalenzverhältnis von Leistung und Gegenleistung durch nachträglich eintretende unvorhergesehene und unvorhersehbare Umstände ernsthaft gestört, so hätten die Parteien nicht das Motto „was hätte die intellektuell und wirtschaftlich stärkere Partei noch soeben im Rahmen der Rechtsordnung zu ihren Gunsten durchsetzen können?“ berücksichtigt, sondern das Motto „was hätten faire Vertragsparteien vereinbart, wenn sie den später eingetretenen Umstand vorhergesehen und ihn bereits bei Vertragsschluss berücksichtigt hätten?“, wie Säcker nachdrücklich bemerkt.[265]

Man könnte somit behaupten, dass in diesen Regelungen das spätere Anliegen des Verbraucherschutzes schon im Ansatz zu spüren ist.

b) Der Schutz der schwächeren Partei in § 307 BGB und in vergleichbaren Fällen

Der deutsche Gesetzgeber führte § 305 ff. BGB ein, um dem Verbraucher vor der Gefahr unangemessener, zu seinem Lasten vorformulierter Vertragsbedingungen in einer wegen der sehr weit gefassten AGB-Definition des § 305, Vielzahl

263 Zum Unterschied zwischen § 157 und § 313 (§ 242) BGB bei *Finkenauer*, in: MüKoBGB, § 313 Rn. 41, 46.

264 *Säcker*, in FS P. Westermann, S. 617 (622), m. w. N.

265 *Säcker*, in FS P. Westermann, S. 617 (621 f.).

von Verträgen zu schützen. Eine solche Gefahr besteht nach dem Gesetzgeber bei der Einbeziehungskontrolle nach § 305 Abs. 2 S. 2 (Möglichkeit der Kenntnisnahme) und § 305c Abs. 1 (überraschende Klauseln) sowie als Gefahr, die sich aus dem eigentlichen Inhalt der unangemessenen AGB ergibt. Letztere (die inhaltliche Gefahr) kann entweder bei der Auslegung unklarer AGB zulasten des Verwenders (§ 305c Abs. 2) oder im Sinne der inhaltlichen Kontrolle ihrer Angemessenheit (§ 307) auftreten.

Die Generalklausel des § 307 Abs. 1 und 2 legt den Prüfungsmaßstab fest, der für die offene Inhaltskontrolle von AGB maßgeblich ist.[266] Diese Regelung bildet das *Herzstück der gesetzlichen Bestimmungen über die Unwirksamkeit von AGB*.[267] Das grundlegende Wertungskriterium, auf das der Gesetzgeber zum Schutz des benachteiligten Vertragspartners des Verwenders mit § 307 BGB in Bezug auf die Inhaltskontrolle zurückgreift, ist die unangemessene Benachteiligung[268] entgegen den Geboten von Treu und Glauben.[269] Die Rechtsprechung stellt bei der

---

266 *Wurmnest*, in: MükoBGB, § 307 Rn. 21.

267 *Wurmnest*, a. a. O., § 307 Rn. 21.

268 Die RL 93/13/EWG in Art. 3 Abs. 1 setzt nicht eine unangemessene Benachteiligung voraus, sondern ein erhebliches und ungerechtfertigtes Missverhältnis der vertraglichen Rechte und Pflichten der Parteien. Zum Vergleich zwischen den beiden Vorschriften s. *Wurmest*, in: MükoBGB, § 307 Rn. 24.

269 Eine Übersicht über die allgemeinen Vorschriften des BGB über Treu und Glauben ist in der Tat erhellend, was ihre gesetzgeberisch zugedachte Funktion angeht. (*Δωρής*, in: NoB 48, S. 738 (739)). Im Einzelnen: Schon bei Vertragsschluss bzw. Bedingung und Zeitbestimmung in § 162 BGB erkennt der Gesetzgeber die Wichtigkeit von Treu und Glauben für die spezielle Situation an, die daraus folgt, dass ein Rechtsgeschäft durch die Beifügung einer Bedingung in besonderem Maße für die Zukunft gestaltend wirken soll. Der BGB-Gesetzgeber weist zudem für die Auslegung von Verträgen auf Treu und Glauben hin (§ 157 BGB), für die Leistung nach Treu und Glauben (§ 242 BGB), für die Gestaltung rechtsgeschäftlicher Schuldverhältnisse durch Allgemeine Geschäftsbedingungen (§ 307 BGB), die Schuldverhältnisse aus Verträgen (§ 320 BGB) (Einrede des nicht erfüllten Vertrags) und die einzelne Schuldverhältnisse der Ungerechtfertigten Bereicherung (§ 815 BGB) (Nichteintritt des Erfolgs); dazu entsprechend in der griechischen Rechtsordnung, vgl. *Δωρής*, in: NoB 48, S. 738 (738).

Daraus folgt, dass nach Auffassung des BGB-Gesetzgebers Treu und Glauben als Verhaltenskriterium der Vertragspartner die ganze Handelsbeziehung durchlaufen, vom ersten Handelskontakt bis hin zur Erfüllung der Leistung, Gestaltung des Vertragsinhaltes und seiner Auflösung.

Inhaltskontrolle im Rahmen von § 307 Abs. 1 neben dem Transparenzgebot auf das Äquivalenzprinzip ab.[270]

II. Anforderungen an die Wirksamkeit von Preisanpassungsklauseln gegenüber Sonderkunden im Einzelnen

Grundsätzlich kommen in der Rechtspraxis kostenbasierte Preisanpassungsklauseln in Betracht, die die verschiedenen Kostenelemente eines wirtschaftlichen Gutes spezifizieren und eine Anpassung des ursprünglich vereinbarten Preises von einer konkreten Steigerung (oder auch einer Minderung) in einem oder mehreren dieser Kostenelemente, auf denen der ursprüngliche Preis basiert, abhängig machen.[271] Mit den Kostenelementklauseln ist die Kostenentwicklung des Versorgers der Maßstab für die Preiserhöhung (Kostenbezogener Referenzmaßstab); die können durch Anbindung an die Entwicklung der Preise für

---

270 *Wurmnest*, in: MükoBGB, § 307 Rn. 52.

271 Die Klauseln, die den Referenzmaßstab beinhalten, auf Grund dessen die Preisanpassung erfolgt, gliedern sich grundsätzlich in folgende zwei Kategorien: Kostenelementklauseln und Spannungsklauseln. (Überblick bei *Schöne*, in Graf von Westphalen, Rn. 80). Die Klauseln, die sich auf ein vertragliches Recht stützen, können aber auch unmittelbar von der Entwicklung der Ölpreise abhängig sein (Spannungsklauseln). (Vgl. BGH, Urteil v. 15.7.2009 - VIII ZR 225/07, BGHZ 182, S. 59, Tz. 2 und BGH, Urteil v. 28.10.2009 - VIII ZR 320/07, ZNER 12–14 (2010), S. 61, Tz. 4–7). In der Vergangenheit spielte bei der Preisbildung im Gassektor die sogenannte Gas-Ölpreisbindung eine wesentliche Rolle. (*Mohr*, in: BerlKommEnR, Band 2, 3. Auflage, § 29 Rn. 32 unter Verweis auf Monopolkommission, Sondergutachten 59, Wettbewerbsentwicklung mit Licht und Schatten, 2011, Rn. 597 ff.) Entsprechend den Preisformeln für den Importbezug enthielten auch inländische langfristige Lieferverträge eine Bindung an den Ölpreis, die mit den Bezugspreisen der Lieferanten begründet wurde. Auch der Endverbraucherpreis, der sich ebenso wie bei Strom aus einem Grund- und einem Arbeitspreis zusammensetzt, orientierte sich an der Gas-Ölpreiskoppelung, was sich im Rahmen der liberalisierten Märkte als unflexibel erwiesen hat. Ein solcher Zusammenhang würde übrigens auf eine mangelnde Substitutionskonkurrenz zwischen Erdgas und Heizöl hindeuten. In Bezug auf Spannungsklauseln hat der Bundesgerichtshof entschieden, dass Preisanpassungsklauseln in Erdgas-Sonderkundenverträgen mit Haushaltskunden, die den Arbeitspreis für Erdgas allein an die Entwicklung des Preises für extra leichtes Heizöl („HEL“) binden, die Kunden unangemessen benachteiligen und deshalb nach § 307 I 1 BGB unwirksam sind. (BGH, Urteil v. 24.3.2010, VIII ZR 178/07, NJW 63 (2010), S. 2789 (2792 f.)). Ein schutzwürdiges Interesse der EVU an der Verwendung der Klauseln liegt demnach nicht vor, und in diesem Sinne sind keine Klauseln mehr vonnöten, die die Gaseinkaufspreise an die Ölpreise anknüpfen; in diesem Sinne *Däuper/Couval*, ZNER 12–14 (2010), S. 224 (227).

Tarifkunden[272], der Vorlieferantenpreise[273] und der Bezugskosten im engeren Sinne gekennzeichnet sein. Die grundsätzliche Berechtigung der Kostenelementklauseln war in Rechtsprechung und Literatur[274] stets anerkannt, da ein geeignetes und anerkanntes Instrument zur Bewahrung der vertraglichen Äquivalenz sind.[275]

1. Angemessene Klauseln

Gemäß der Rechtsprechung zu Energielieferverträgen darf die Klausel dem Verwender nicht ermöglichen, „über die Abwälzung konkreter Kostensteigerungen hinaus den zunächst vereinbarten Preis ohne jede Begrenzung anzuheben und so nicht nur eine Gewinnschmälerung zu vermeiden, sondern einen zusätzlichen Gewinn zu erzielen."[276] Schon im Urteil vom 13.6.2007 hat der Bundesgerichtshof dieses Kriterium aufgestellt, wenn er sich dabei auch überwiegend auf den § 315 BGB bezogen hat.[277] Der Bundesgerichtshof hat zu Recht als Hauptargument für die Missbräuchlichkeit der Klausel die Möglichkeit des Verwenders herausgestellt, durch Preiserhöhungen das Äquivalenzverhältnis zu verändern und nachträglich einen zusätzlichen Gewinn zu erzielen.[278] Mit dem Satz „Mit

272 BGH, Urteil v. 17.12.2008 - VIII ZR 274/06, RdE 2009, S. 95.

273 BGH, Urteil v. 29.4.2008 - KZR 02/07, BGHZ 176, S. 244.

274 *Tonner*, in: Tamm/Tonner, Verbraucherrecht, § 21 Rn. 72.

275 *De Wyl/Soetebeer*, in: Schneider/Theobald, EnWR, § 11, J. Rn. 322 mit Fn. 784.

276 Nach ständiger Rechtsprechung des Bundesgerichtshofes wird die Schranke des § 307 BGB nicht eingehalten, wenn die Preisanpassungsklausel es dem Verwender ermöglicht, über die Abwälzung konkreter Kostensteigerungen hinaus den zunächst vereinbarten Preis ohne Begrenzung anzuheben und so nicht nur eine Gewinnschmälerung zu vermeiden, sondern einen zusätzlichen Gewinn zu erzielen; vgl. dazu BGH, Urteil v. 21.9.2005 - VIII ZR 38/05 - Flüssiggas I, RdE 2006, S. 52; BGH, 21.9.2005 - VIII ZR 38/05 - Flüssiggas II, RdE 2007, S. 119; BGH, Urteil v. 29.4.2008 - KZR 02/07, BGHZ 176, 244, Tz. 18; BGH, Urteil v. 15.7.2009 - VIII ZR 225/07, BGHZ 182, S. 59 (71), Tz. 29; Materialreich zur Rechtsprechung *Graf v. Westphalen*, in: FS Westermann, S. 707 (709); vgl. Fn. 8 *Büdenbender/Gromm*, BB 66 (2011) S. 2883 (2884), m. w. N.; *Tonner*, in: Tamm/Tonner, Verbraucherrecht, § 21 Rn. 72; a. A. *Hilber*, BB 66 (2011), S. 2691 (2697) der der Meinung ist, dass eher Zweifel an der Interessenwahrung bestehen, wenn die Preisanpassung an definierte Parameter gekoppelt oder bei eine Preiserhöhung konkret vordefiniert wird, etwa um einen festen Prozentsatz pro Jahr.

277 BGH, Urteil v. 13.6.2007 - VIII ZR 36/06, RdE 2007, S. 258 (261).

278 BGH, Urteil v. 21.9.2005 - VIII ZR 38/05- Flüssiggas I, RdE 2006, S. 52 (52); BGH, Urteil v. 13.12.2006 - VIII ZR 25/06 - Flüssiggas II, RdE 2007, S. 119; BGH, Urteil v. 15.11.2007 - III ZR 247/06, NJW 61 (2008), S. 360 (361).

einer Preisänderungsklausel darf kein zusätzlicher Gewinn erzielt werden“[279], beabsichtigte die Rechtsprechung anscheinend, die von den Parteien hergestellte Äquivalenz zu bewahren[280]. Denn Vertragsbedingungen, die zu Störungen im Ausgleich von Rechten und Pflichten bei Treu und Glauben führen, ohne für eine angemessene Abwägung der Interessen beider Parteien zu sorgen, werden als „unangemessene Benachteiligung“ angesehen. Aufgrund dieser Bedingungen wird die Vertragsfreiheit, statt der Mitgestaltung des Vertragsinhaltes zu dienen, zum Instrument einseitiger Durchsetzung der Bedingungen einer Partei.[281] Daran lässt sich erkennen, dass in diesem Fall der Vertragsmechanismus nicht zur Umsetzung einer privaten Selbstständigkeit beider Parteien eingesetzt wird. Stattdessen wird er missbraucht, was letztendlich zur Störung des Ausgleichs der Rechte und Pflichten beider Parteien führt.[282]

Dieses Kriterium scheint eine Pflicht zur Anhebung sowie Absenkung zu begründen.[283] Mit unterschiedlichen Formulierungen wird auch im

---

279 *Tonner*, in: Tamm/Tonner, Verbraucherrecht, § 15, A. Rn. 74.

280 Diese zentrale Aussage entspricht der ständigen Rechtsprechung des BGH (z. B. BGH 29.4.2008 - KZR 2/07, BGHZ 176, S. 244; BGH 13.10.2009 - VIII ZR 312/08, WuM 2010, 436, 437; BGH 27.10. 2009 - VII ZR 204/08, ZNER 2010, 65 f. m. w. N.; BGH 13.1.2010 - VII ZR 81/08, RdE 2010, 180, 181 m. w. N.; BGH 15.7.2009 - VIII ZR 225/07, BGHZ 182, 59) zu weiteren Urteilen, die auch andere Vertragsarten betreffen; vgl. Fn. 49 *Armbrüster*, recht und schaden, 2012, S. 365 (369).

281 *Δωρής*, in: NoB 48, S. 738 (748).

282 *Δωρής*, in: NoB 48, S. 738 (748).

283 Diese Verpflichtung zur Anhebung als auch zur Absenkung der Preise (bzw. „gefallene wie gestiegene Kosten in Umfang nach gleichen Maßstäben weitergeben“) ist an folgenden zwei Formulierungen des BGH-Urteiles v. 29.4.2008 - KZR 02/07, BGHZ 176, 244, erkennbar: Eine Preisanpassungsklausel benachteiligt Kunden ferner unangemessen, wenn sie lediglich das Recht enthält, Erhöhungen des Energiebezugspreises an diese weiterzugeben und nicht gleichfalls die Verpflichtung vorsieht, Kostensenkungen ebenfalls an die Kunden weiterzugeben; so muss eine Preisanpassungsklausel das vertragliche Äquivalenzverhältnis wahren und darf dem Verwender nicht die Möglichkeit eröffnen, nicht ausschließlich eine Gewinnschmälerung zu vermeiden, sondern auch einen zusätzlichen Gewinn zu erzielen; allerdings wird es als Pflicht vor allem bei solchen Klauseln benannt, die das für Grundversorgungsverträge geltende Preisänderungsrecht der § 4 Abs. 1 und 2 AVBGasV bzw. § 5 Abs. 2 GasGVV vollständig und unverändert für einen Sonderkundenvertrag übernehmen. (S. unter Kapitel B. I. 3.) Die vier dazu vorliegenden BGH-Urteile sind: das Urteil des Kartellsenats vom 29.4.2008 im Fall ENSO (BGH, Urteil v. 29.4.2008 - KZR 02/07, BGHZ 176, 244) und die Urteile des VIII. Zivilsenats vom 17.12.2008 Fall Regionalgas Euskirchen (BGH, Urteil v. 17.12.2008 - VIII ZR 274/06, RdE (2009),

Schrifttum[284] immer wieder auf diese Pflicht hingewiesen, nach der die Klausel den Verwender zur Senkung des Preises bei gefallenen Kosten zu verpflichten hat. Auch hier ist mehr als eine pauschale Formulierung erforderlich, wonach Kostenerhöhungen und -senkungen eine Preisanpassung[285] auslösen[286]; aus dem Verbot, aufgrund der Kostenentwicklung zusätzliche Gewinne zu erzielen, folgt die Pflicht des EVU, gefallene Kosten im gleichen Maße zu berücksichtigen wie gestiegene.[287] Dies entspricht m.E. nicht nur dem Transparenzgebot, sondern macht den angestrebten Interessenausgleich im Hinblick auf das im Vertrag angelegte Äquivalenzverhältnis möglich. Eine Preisanpassungsklausel muss im Rahmen der AGB-Kontrolle[288] so ausgestaltet sein, dass sie den Verwender nicht einseitig dazu

---

S. 95) und vom 15.7.2009 in den Fällen GASAG (BGH, Urteil v. 15.7.2009 - VIII ZR 225/07, BGHZ 182, 59) und Kommunale Gasunion (kgu) (BGH, Urteil v. 15.7.2009 - VIII ZR 56/08, BGHZ 182, 41; ebenso BGH, Urteil v. 28.10.2009 - VIII ZR 320/07 - Stadtwerke Bremen, ZNER 2010, S. 61 ff.).

284 S. z.B. *Derleder*, CuR 2010, S. 92 (97): Nach Derleder wird dieses Äquivalenzverhältnis auf der einen Seite durch die Vergütung des Kunden und auf der anderen durch die Kosten des Versorgungsunternehmens bestimmt, die den Gewinn begrenzen. Die Ausdifferenzierung in einen Grundpreis, etwa für die fixen Kosten, und einen Arbeitspreis wird vom BGH nicht zwingend verlangt, aber offensichtlich als sinnvoll akzeptiert. Auch eine weitere Ausdifferenzierung des Preises über Grund- und Arbeitspreis hinaus ist denkbar. Es wird also verlangt, dass der Arbeitspreis lediglich die Bezugskosten des Versorgungsunternehmens abdeckt, während der Grundpreis für sämtliche sonstigen Kosten gedacht ist. Vorzugswürdig ist in jedem Fall, den Grundpreis den fixen Kosten vorzubehalten und die variablen Kosten gesondert zu berücksichtigen, ohne sie unbedingt zusammenzufassen.

285 *Tonner*, in: Tamm/Tonner, Verbraucherrecht, § 15, A. Rn. 78.

286 *Tonner*, in: Tamm/Tonner, Verbraucherrecht, § 15, A. Rn. 74.

287 *Büdenbender/Gromm*, BB 66 (2011) S. 2883 (2887); *Markert*, ZNER 14 (2010), S. 219 (220).

288 Bei der Inhaltskontrolle geht es um die Wiederherstellung eines angemessenen Interessenausgleichs. Dem Grundgedanken nach soll der Vertrag mit einem von der Rechtsordnung gebilligten Inhalt aufrechterhalten bleiben (Gesetzentwurf der Bundesregierung zum AGB-Gesetz, BT-Drucks 7/3919, 21 f.). Dies ist auch an der Absicht des Gesetzgebers erkennbar, die Klausel nicht zu annullieren: Rechtstechnisch wird dieses Ziel wie folgt umgesetzt: Ist eine Allgemeine Geschäftsbedingung unangemessen, weil die in den §§ 307–309 BGB gesetzten Grenzen rechtsgeschäftlicher Gestaltungsfreiheit überschritten wurden, so versagt ihr die Rechtsordnung mit der Unwirksamkeit die Geltung. Gleichzeitig werden die Parteien aber gemäß § 306 Abs. 1 BGB an dem Vertrag festgehalten. An die Stelle der unwirksamen AGB sollen dem gesetzgeberischen Konzept nach gemäß § 306 Abs. 2 BGB grundsätzlich die „gesetzlichen Vorschriften" treten. Vergegenwärtigt man sich die Funktion der

berechtigt, gestiegene Kosten weiterzugeben, es sei denn, dass er den Abnehmer in zumindest gleichen Umfang von Kostensenkungen profitieren lässt.[289]

Hieraus folgt eine weitere Anforderung: Dem Versorgungsunternehmen darf nicht die Möglichkeit eingeräumt werden, *den Zeitpunkt,* zu dem es von seinem Preisänderungsrecht Gebrauch macht, einzelfallabhängig zu bestimmen, sondern muss die Preisänderung nach einheitlichen Maßstäben weitergeben.[290] Der BGH sieht das Problem, dass in diesem Fall Kostenerhöhungen sofort, Kostensenkungen aber nur verzögert weitergeleitet werden können. Bei Preissenkungen muss zudem *der genaue Zeitpunkt* angegeben sein,[291] weil nur so die Erzielung eines zusätzlichen Gewinns vermieden werden kann.[292] Von praktischer Schwierigkeit ist hier die Antwort auf die Frage, wie und zu welchem Zeitpunkt der Verwender verpflichtet ist, eine Kostensenkung an den Kunden weiterzugeben.[293] Aus der Struktur der Kostenelementklausel sowie unter Berücksichtigung der Tatsache, dass es dem Verwender verwehrt ist, auf Grund der Klausel einen zusätzlichen Gewinn zu erzielen, wird man diese Pflicht unbedingt zeitnah transparent formuliert in der Klausel niederlegen müssen.[294] Bezogen auf einen lang- oder jedenfalls mittelfristigen Vertrag – insbesondere bei Vorliegen eines Dauerschuldverhältnisses – wird man daher auch in der Klausel – und der Berechnung des neuen Preises – exakt auf den Zeitpunkt abstellen müssen, in welchem die Kostensteigerung sowie – gegenläufig – die Kostensenkung eingetreten

---

dispositiven Normen des Privatrechts, für einen typischen Interessenkonflikt einen wohlerwogenen, also gerechten Ausgleich bereitzustellen, greift somit eine vom Gesetzgeber als „gerecht" bewertete Ersatzordnung ein, um die durch die Unwirksamkeit der AGB gerissene Lücke im Vertrag, jedenfalls bei einem an sich zulässigen Regelungsanliegen, zu schließen.

289 *Scholtka/Baumbach*, NJW 63 (2010), S. 1118 (1123).

290 Vgl. dazu *Büdenbender/Gromm*, BB 66 (2011) S. 2883 (2884) m. w. N.

291 *Tonner*, in: Tamm/Tonner, Verbraucherrecht, § 15, A. Rn. 74; *Büdenbender/Gromm*, BB 66 (2011) S. 2883 (2884).

292 Mit Nachdruck *Derleder*, CuR 2010, S. 92, (insb. S. 93, 97); *Graf von Westphalen*, Vertragsrecht und AGB-Klauselwerke, Vertragsrecht, Stand: Oktober 2013, 25, Preisanpassungsklauseln, Rn. 32.

293 *Graf von Westphalen*, in Graf von Westphalen, Vertragsrecht und AGB-Klauselwerke, Vertragsrecht, Stand: Oktober 2013, 25 Preisanpassungsklauseln, Rn. 29.

294 *Graf von Westphalen*, in Graf von Westphalen, Vertragsrecht und AGB-Klauselwerke, Vertragsrecht, Stand: Oktober 2013, 25 Preisanpassungsklauseln, Rn. 30; in ähnliche Richtung *Armbrüster*, recht und schaden, 2012, S. 365 (378).

sind.[295] Das ist zwar bei etwaigen Kostensteigerungen nicht so problematisch, weil hier der Verwender ja auch berechtigt ist, das Risiko eines zeitweiligen Verlustes zu übernehmen, indem er die Kostensteigerung nicht sogleich durch die Preisanpassungsklausel weitergibt. Doch bei einer Kostensenkung entsteht bei einer solchen – dilatorischen – Vorgehensweise des Verwenders sogleich ein zusätzlicher Gewinn.[296] Das aber ist mit der Struktur einer Kostenelementklausel nicht vereinbar und nach § 307 Abs. 1 Satz 1 zu beanstanden.[297] Deswegen legt der Bundesgerichtshof[298] zu Recht großen Wert darauf, dass auch die rechtzeitige Weitergabe von Kostensenkungen explizit in den Anpassungsklauseln als Pflicht verankert ist.[299] Es müssen also in der Klausel Zeitpunkte definiert werden, zu

---

295 *Graf von Westphalen*, in Graf von Westphalen, Vertragsrecht und AGB-Klauselwerke, Vertragsrecht, Stand: Oktober 2013, 25 Preisanpassungsklauseln, Rn. 29.

296 *Graf von Westphalen*, in Graf von Westphalen, Vertragsrecht und AGB-Klauselwerke, Vertragsrecht, Stand: Oktober 2013, 25) Preisanpassungsklauseln, Rn. 29.

297 *Graf von Westphalen*, in Graf von Westphalen, Vertragsrecht und AGB-Klauselwerke, Vertragsrecht, Stand: Oktober 2013, 25) Preisanpassungsklauseln, Rn. 29.

298 BGH, Urteil v. 15.7.2009 – VIII ZR 56/08, BGHZ 182, S. 41; Im vorliegenden Fall sehe die Klausel ihrem Wortlaut nach vor, dass das Gasversorgungsunternehmen (im Folgenden GVU) *„den Festpreis und den Verbrauchspreis entsprechend § 5 Absatz 2 GasGVV anpassen darf"* und dass es sich dabei um eine einseitige Leistungsbestimmung handele, die das GVU nach billigem Ermessen ausüben dürfe. Es kommt darauf an, ob diese Klausel eines Erdgassondervertrags einer Inhaltskontrolle nach § 307 Abs. 1 Satz 1 BGB standhält.

Die vom Bundesgerichtshof verfolgte Argumentationslinie lautet: „Die Formulierung *‚darf'* lässt eine Auslegung zu, nach der die Beklagte zwar berechtigt, nicht aber verpflichtet ist, nach gleichmäßigen Maßstäben *zu bestimmten Zeitpunkten* eine Preisanpassung unabhängig davon vorzunehmen, in welche Richtung sich die Gasbezugskosten seit Vertragsschluss oder seit der letzten Preisanpassung entwickelt haben." Der Formulierung ist aber nicht die erforderliche Eindeutigkeit zu entnehmen, dass die Beklagte auch im Falle einer Absenkung der Gasbezugskosten verpflichtet ist, nach gleichmäßigen Maßstäben zu bestimmten Zeitpunkten eine Preisanpassung vorzunehmen. Mangels anderweitiger vertraglicher Vorgaben hat die Beklagte damit die Möglichkeit, *den Zeitpunkt zu bestimmen, zu dem sie von dem Preisänderungsrecht Gebrauch macht,* und durch die in der Preisanpassungsklausel nicht vorgegebene Wahl des Preisanpassungstermins erhöhten Gasbezugskosten umgehend, niedrigen Gasbezugskosten jedoch nicht oder erst mit zeitlicher Verzögerung durch eine Preisänderung Rechnung zu tragen."; vgl. auch das wortgleiche Argument im BGH-Urteil v. 15.7.2009 – VIII ZR 225/07, BGHZ 182, S. 59 (71, 72), Tz. 29; vgl. auch BGH, Urteil v. 29.4.2008 – KZR 02/07, BGHZ 176, 244, Tz. 20 f.; dazu *Büdenbender*, NJW 62 (2009), 312.

299 *Derleder*, CuR 2010, S. 92 (97); in ähnliche Richtung *Büdenbender/Gromm*, BB 66 (2011) S. 2883 (2884).

denen eine Preisanpassung nach oben oder unten vorgenommen werden soll. Die dem Versorger entstandenen und die weitergebenen Kostensteigerungen müssen überdies kongruent sein.[300]

Erforderlich ist eine zeitlich und sachlich vollständige Gleichbehandlung von Kostenerhöhungen und -senkungen.[301] Die Preisanpassungsklausel muss erkennen lassen, dass der Verwender bei Preiserhöhungen das Äquivalenzverhältnis wahrt. Die Klausel darf dem Verwender keine Möglichkeit einräumen, den vertraglichen Ausgangspreis über das zur Verhinderung einer Gewinnschmälerung hinausgehende Maß anzuheben und so seinen Gewinn zu erhöhen.[302] Preisanpassungsklauseln müssen damit eine uneingeschränkte Gleichbehandlung von Kostensteigerungen und -senkungen vorsehen.[303] Die Ursachen für Kostensenkungen können allerdings verschieden sein.[304] In der betriebswirtschaftlichen Realität sind Kostensenkungen oft das Ergebnis einer rationelleren Arbeitsweise; Kosteneinsparungen können auch durch neue Investitionen oder durch Verlagerung der Produktion in Niedriglohnländer erzielt werden. Es kann auch sein, dass der Verwender einen „Preiskampf" mit einem anderen Wettbewerber als neue „Geschäftsstrategie" durchsetzt. In diesen Fällen geht es um Kostensenkungen, die auf die Innovation unternehmerischen Handelns zurückzuführen sind. Es handelt sich um Maßnahmen, die der Versorger als Unternehmen mit Blick auf die Marktchancen realisiert. Es fragt sich deshalb, ob der Kunde auch insoweit einen Anspruch auf einen niedrigeren Preis hat, als es dem Verwender gelingt, auf Grund von Einsparungen oder sonstigen Rationalisierungsmaßnahmen einen günstigeren Preis während der Dauer des Vertrages zu erwirtschaften.[305] Dass der Verwender sicherlich dann zu einer entsprechenden Kostensenkung verpflichtet ist, wenn es ihm gelingt, die Bezugskosten für Vormaterialien etc. zu reduzieren, dürfte einleuchten. Denn sie sind das Gegenstück zu aus diesem

---

300 *Tonner*, in: Tamm/Tonner, Verbraucherrecht, § 15, A. Rn. 78.

301 *Höch/Kalwa*, in Graf von Westphalen, Vertragsrecht und AGB-Klauselwerke, Gaslieferverträge, Rn. 80.

302 *Höch/Kalwa*, a. a. O., Rn. 80.

303 *Höch/Kalwa*, a. a. O., Rn. 80; *Schöne* spricht von „Spiegelbildlichkeit der Anpassung", vgl. *Schöne*, in Graf von Westphalen, Vertragsrecht und AGB-Klauselwerke, 30. Ergänzungslieferung, Rn. 34.

304 *Graf von Westphalen*, in Graf von Westphalen, Vertragsrecht und AGB-Klauselwerke, Vertragsrecht, Stand: Oktober 2013, Preisanpassungsklauseln, Rn. 32.

305 *Graf von Westphalen*, a. a. O., Rn. 32.

Grund entstehenden Kostenerhöhungen.[306] Doch wenn Rationalisierungsmaßnahmen ursächlich für entsprechende Senkungen der Kosten werden, dann fragt es sich, ob es nicht ein legitimes Interesse des Verwenders ist, auch bei laufenden Dauerschuldverhältnissen hiervon selbst zu profitieren. Dass sich die Kostensenkungen oft nicht nur aus gesunkenen Gestehungskosten ergeben, sondern auch aus der Tatsache, dass der betreffende Lieferant seine Kosten durch Rationalisierungsmaßnahmen gesenkt hat, was zu Preisreduktionen geführt hat, ist m. E. nicht problematisch. Diese sollen ungeachtet ihres Charakters als Rationalisierungsmaßnahmen der Wahrung des ursprünglichen Äquivalenzverhältnisses dienen. Das schlagende Gegenargument ergibt sich aus der Struktur einer auf die Selbstkosten abstellenden Betrachtung einer Kostenelementklausel im Sinn von § 1 Abs. 2 Nr. 3 PrKlG.[307] Maßstab im Sinn von § 1 Abs. 2 Nr. 3 PrKlG sind die reinen Selbstkosten[308]. Insoweit findet nämlich keine Differenzierung nach den jeweiligen Ursachen der betreffenden Kostensenkungen statt. Das ist somit auch im Rahmen von § 307 Abs. 1 Satz 1 BGB zu beachten.[309]

Die Preisanpassungsklausel ist übrigens nicht nur transparent, sondern auch inhaltlich verständlich, wenn sich dem Verwender jedenfalls die wesentlichen Faktoren bzw. der Anlass und der Modus der Änderung der Entgelte für die zu erbringende Leistung so transparent darstellt, dass der Verbraucher die etwaigen Änderungen dieser Entgelte anhand klarer und verständlicher Kriterien vorhersehen kann.[310] Die Unwirksamkeit einer Klausel ist immer dann zu besorgen, wenn in der betreffenden Kostenelementklausel ein bestimmter Kostenfaktor nicht ausdrücklich als relevant bezeichnet und gewichtet wird, obwohl er im Rahmen der Kostenkalkulation des Verwenders eine Rolle spielt.[311] Ergibt sich dann auf Grund der Reduktion dieses Kostenfaktors die Möglichkeit oder gar die Notwendigkeit, den Preis zu senken, so wirkt sich dies wie eine verdeckte Erhöhung des Gewinns aus, weil ja die Klausel das betreffende Kostenelement nicht reflektiert und auf Basis der in der Klausel angegebenen Kostenfaktoren eine Preissenkung nicht in Betracht kommen darf. Denn man könnte dann einwenden, die vorgesehene Preissenkung sei nicht durch den Inhalt der Klausel gedeckt und daher auch nicht nachgewiesen. Insofern bildet die Klausel die Kostenkalkulation des Verwenders nicht zutreffend ab, da der geltend gemachte

306 *Graf von Westphalen*, a. a. O., Rn. 32.
307 *Graf von Westphalen*, a. a. O., Rn. 32.
308 Statt aller *Grothe* in: Bamberger/Roth, § 244 Rn. 21.
309 *Graf von Westphalen*, a. a. O., Rn. 32.
310 EuGH, Urteil v. 21.3.2013 – C-92/11, RWE Vertrieb, Rn. 55.
311 *Graf von Westphalen*, MDR 62 (2008), S. 424 (428).

Gewinn auf Grund der Klausel nicht gerechtfertigt ist.[312] Für die Absenkung müssen grundsätzlich dieselben Regeln wie für die Erhöhung gelten.[313] Dies bedeutet insbesondere, dass der Umfang der Absenkung sich unter Beibehaltung der dem Vertrag zu Grunde liegenden Kalkulationsmethode an der erwarteten Entwicklung der eine Erhöhung rechtfertigenden Kostenfaktoren orientieren muss. Rein formal ist die Symmetrie bereits dann gewahrt, wenn für Erhöhungen und Herabsetzungen dieselben Regeln zur Überprüfung vorgesehen sind.[314] Die Absenkungspflicht hat sich hinsichtlich Anlass, Modus und Umfang[315] an denselben Regeln zu orientieren wie eine Kostenerhöhung.[316]

Hinzu kommt, dass der gesamte Erdgaspreis sich neben den Bezugskosten aus Netzkosten, staatlichen Belastungen und einem vergleichsweise geringen Anteil von Vertriebskosten zusammensetzt. Wegen der langfristigen Kapitalbindung werden dabei die Netzkosten als zweiter großer Bestandteil des Erdgaspreises und in Bezug auf die durch die erneuerbaren Energien erhöhten Netzkosten weiter steigen. Eine nachhaltige Kostensenkung in diesen Bereichen ist ebenso wenig zu erwarten wie eine sich nennenswert auf die Gaspreise auswirkende Absenkung der Vertriebskosten. Von daher dürfen die Chancen und Risiken einer Änderung der Gasbezugspreise zwischen dem Gaslieferanten und dem Gasabnehmer nicht ungleich verteilt sein.[317]

Des Weiteren hat der Bundesgerichtshof in vielen Urteilen[318] darauf hingewiesen, dass, wenn der Anstieg eines Faktors durch einen anderen ausgeglichen wird, die Klausel keine Preiserhöhung erlauben darf. Daher muss die Klausel dem Grundsatz der Kostensaldierung Rechnung tragen[319] *(Saldierungspflicht)*, zusätzlich dazu, dass sie den Verwender zur Senkung des Preises bei gefallenen

---

312 *Graf von Westphalen*, MDR 62 (2008), S. 424 (428).

313 *Armbrüster*, recht und schaden, 2012, S. 365 (374).

314 *Armbrüster*, recht und schaden, 2012, S. 365 (374).

315 EuGH, Urteil v. 21.3.2013 – RWE Vertrieb AG, C-92/11, Tz. 55.

316 *Armbrüster*, recht und schaden, 2012, S. 365 (378).

317 *Höch/Kalwa*, in Graf von Westphalen, Vertragsrecht und AGB-Klauselwerke, Gaslieferverträge, Rn. 80; BGH NJW 2010, 993 (994); NJW 2008, 2172 (2173).

318 BGH, Urteil v. 21.9.2005 – VIII ZR 38/05 – Flüssiggas I, RdE 2006, S. 52 (54); In diese Richtung BGH, Urteil v. 13.12.2006 – VIII ZR 25/06 – Flüssiggas II, RdE 2007, S. 119 (121); BGH 15.11.2007 – III ZR 247/06, NJW 61 (2008), S. 360 (361); BGH, Urteil v. 29.4.2008 – KZR 02/07, BGH, Urteil v. 29.4.2008 – KZR 02/07, BGHZ 176, S. 244 (252); BGH 24.3.2010 – VIII ZR 178/18, BGHZ 185, S. 96.

319 *Büdenbender/Gromm*, BB 66 (2011) S. 2883 (2884).

Kosten zu verpflichten hat (Preissenkungspflichten).[320] Eine Klausel, die so gestaltet ist, ist m.E., bezogen auf den „durchschnittlichen, rechtlich nicht vorgebildeten Verbraucher“ – weder angemessen noch transparent gemäß § 307 Abs. 1 S. 2 BGB.[321] Ein durchschnittlicher Verbraucher könnte danach nicht erkennen, dass Kostensenkungen in dem einen Bereich durch Kostenerhöhungen in dem anderen Bereich der Unternehmenskosten die Preisanpassung durch Saldierung und entsprechende Gewinnsteigerungen ausschließen konnten.[322]

Die Wahl der Rechtsprechung, das Äquivalenzprinzip als grundlegendes Wertungskriterium für die Inhaltskontrolle von Anpassungsklauseln in Energielieferverträgen zu wählen, ist mit dem gesetzlichen Kriterium in § 307 BGB, der unangemessenen Benachteiligung entgegen Treu und Glauben als grundlegendes Wertungskriterium, vereinbar. Weiterhin entspricht die Wahl der grundsätzlichen Bedeutung, die der deutsche Gesetzgeber Treu und Glauben im BGB zukommen lässt. Das Kriterium der Rechtsprechung erfüllt ebenfalls diese Anforderung.

2. Berechtigtes Interesse des Verwenders

Der Bundesgerichtshof fordert in Bezug auf die Inhaltskontrolle der Preisanpassungsklauseln gemäß § 307 BGB auch ein berechtigtes Interesse des Verwenders. Voraussetzung für die wirksame Vereinbarung eines einseitigen Preisbestimmungsrechts ist ein sachlicher Grund.[323] Preisanpassungsklauseln beeinflussen den Preis und sind daher von besonderer Bedeutung.[324] Gerade im Bereich der Energieversorgung ist es aber anerkannt, dass die Preisbildung sehr komplex ist. Viele Autoren bezweifeln, dass überhaupt z.B. transparente

320 BGH, Urteil v. 29.4.2008 – KZR 02/07, BGHZ 176, S. 244 (249); dazu auch *Borges*, Aktuelle Fragen der AGB-Kontrolle von Preisanpassungsklauseln, in Abels/Lieb (Hg.) AGB im Spannungsfeld zwischen Kautelarpraxis und Rechtsprechung, 2007, S. 51 (63).

321 Vgl. BGH, Urteil v. 21.9.2005 – VIII ZR 38/05 – Flüssiggas I, RdE 2006, S. 52 (54 f.); BGH 15.11.2007 – III ZR 247/06, NJW 61 (2008), S. 360 (361); BGHZ 176, S. 244 (252); vgl. auch BGH, Urteil v. 13.12.2006 – VIII ZR 25/06 – Flüssiggas II, RdE 2007, S. 119 (121).

322 *Graf von Westphalen*, MDR 62 (2008), S. 424 (425); in diese Richtung auch *Büdenbender/Gromm*, BB 66 (2011) S. 2883 (2884) m. w. N.; vgl. auch *Tonner*, in: Tamm/Tonner, Verbraucherrecht, § 15, A. Rn. 74.

323 BGH, Urteil v. 20.7.2005 – VIII ZR 121/04, NJW-RR 20 (2005), 1496 (1501), BGH, Urteil v. 19.10.1999 – XI ZR 8/99, NJW 53 (2000), S. 651 (651); BGH, Urteil v. 6.3.1986 – III ZR 195/84, NJW 39 (1986), S. 1803 (1804), *Kunth/Tüngler*, RdE 2006, S. 257 (260).

324 So *Hilber*, BB 66 (2011), S. 2691 (2697).

Preisänderungsvorbehalte formuliert werden können. Auf den ersten Blick scheint sich diese Sorge zu bewahrheiten.[325]

Dies würde die Versorgungsunternehmen dazu zwingen, entweder Kurzfristverträge mit Festpreisen unter Einkalkulierung eines Risikoaufschlags für zwischenzeitliche Bezugskostensteigerungen anzubieten oder Preiserhöhungen im Wege der Änderungskündigung durchzusetzen.[326] Beides dürfte *nicht* im Interesse der Verbraucher sein. Ähnliche Gesichtspunkte hatte der Bundesgerichtshof in der Vergangenheit als sachlichen Grund bereits anerkannt.[327] AGB-Verwender sind deshalb vor allem bei der Vereinbarung von Dauerschuldverhältnissen maßgeblich darauf angewiesen, dass sie die Möglichkeit haben, Preisanpassungen – auch mit anderen Mitteln als einer Änderungskündigung – gegenüber ihren Kunden durchzusetzen.[328] Denn nur so haben sie die Chance, auf der einen Seite eine dem Verbraucher zuträgliche Kalkulation der bei Abschluss des Vertrages zu vereinbarenden Preise vorzunehmen, ohne von vornherein Angst- und Risikozuschläge für künftige Preis- und Kostenentwicklungen zu machen.[329] Vor allem bei lang laufenden Verträgen spielen sie eine wichtige Rolle, zum Beispiel bei Rahmenliefer-, Miet-, Outsourcing- oder Lizenzverträgen, um nur einige Beispiele zu nennen.[330] Ohne funktionierenden Anpassungsmechanismus bleiben die bei Vertragsschluss vereinbarten Preise über die Vertragslaufzeit unverändert – was für beide Parteien zu unkalkulierbaren Risiken führen kann. Insbesondere bei Dauerschuldverhältnissen oder Sukzessivlieferungsverträgen wird ein berechtigtes Interesse in der Regel anzuerkennen sein.[331]

---

325 *Schlutz-Gardyan*, Anm. zum BGH Urteil v. 17.12.2008 – VIII ZR 274/06, RdE 2009, S. 97 (insb. S. 97, 98).

326 *Schlutz-Gardyan*, Anm. zum BGH Urteil v. 17.12.2008 – VIII ZR 274/06, RdE 2009, S. 97 (98); *Graf von Westphalen*, in Graf von Westphalen, Vertragsrecht und AGB-Klauselwerke, Vertragsrecht, Stand: Oktober 2013, Preisanpassungsklauseln, Rn. 22.

327 BGH, Urteil v. 6.3.1986, NJW 39 (1986), S. 1803 (1804).

328 *Graf von Westphalen*, MDR 62 (2008), S. 424 (424); so auch *Tonner*, in: Tamm/Tonner, Verbraucherrecht, § 15, A. Rn. 74: „In Sonderverträgen ist eine Preisänderung nur dann möglich, wenn der Vertrag eine Preisänderungsklausel enthält".

329 BGH v. 11.10.2007 – III ZB 63/07, BB 2007, S. 2644 f. – Internet-provider; BGH v. 13.12.2006 – VIII ZR 25/06 – Flüssiggas II, RdE 2007, S. 119.

330 *Hilber*, NJW 66 (2011), S. 2691 (2691); in diesem Sinne auch und Hervorhebung *Büdenbender*, Kurzkommentar-Anmerkung zum Beschluss des BGH vom 9.2.2011, Az. VIII ZR 162/09 – Zur Zulässigkeit von Preisanpassungsklauseln in Gaslieferungsverträgen, EWiR 2011, S. 401 f.

331 *Hilber*, BB 66 (2011), S. 2691 (2697) m. w. N. In diese Richtung *Säcker/Mengering*, BB 32 (2013), S. 1859 (1863).

Das berechtigte Interesse von Energieversorgungsunternehmen an der Vereinbarung von Preisanpassungsklauseln folgt vor allem daraus, dass die Entwicklung der für die Kalkulation der jeweiligen Preise relevanten Faktoren nicht exakt vorhersehbar ist.[332]

Deswegen ist insofern als Ausgangslage nach ständiger BGH-Rechtsprechung anerkannt, dass Preisänderungsklauseln ein geeignetes und anerkanntes Instrument zur Bewahrung des Gleichgewichts von Preis und Leistung bei langfristigen Verträgen darstellen.[333] Einerseits nehmen sie dem Verwender das Risiko langfristiger Kalkulationen ab und sichern ihm eine Gewinnspanne trotz nachträglicher ihn belastender Kostensteigerungen.[334] Andererseits bewahren sie den Vertragspartner davor, dass der Verwender mögliche künftige Kostenerhöhungen vorsorglich schon bei Vertragsschluss durch Risikozuschläge aufzufangen versucht.[335] Aufgrund der langfristigen vertraglichen Bindung der Parteien – trotz der Möglichkeit eines Wechsels zu einem anderen Lieferanten – und der sich fortwährend ändernden wirtschaftlichen Rahmenbedingungen für die Vertragspartner stellen die Preisanpassungsklauseln ein sach- und interessengerechtes Instrument dar, um den Bedürfnissen beider Seiten gerecht zu werden.[336] Sie sind also in dieser Sicht ein geeignetes Instrument, um sicherzustellen, dass das Äquivalenzverhältnis von Leistung und Gegenleistung in der Zeitachse erhalten bleibt.[337]

Bisher wurde die Zulässigkeit von Preisanpassungsklauseln in Dauerschuldverhältnisse nur anhand der Generalklausel des § 307 Abs. 1 S. 1 BGB überprüft. Nachfolgend soll die Konkretisierung des Transparenzgebots in Preisanpassungsklauseln in Sonderverträgen nach § 307 Abs. 1 S. 2 BGB (3.) dargelegt werden.

---

332 *Kunth/Tüngler*, RdE 2006, S. 257 (261); so auch BGH, Urteil v. 29.10.1985, NJW-RR 1986, S. 211 (212) zu Bezugskostensteigerungen.

333 BGH, Urteil v. 21.9.2005 – VIII ZR 38/05 – Flüssiggas I, RdE 2006, S. 52; BGH, Urteil v. 13.12.2006 – VIII ZR 25/06 – Flüssiggas II, RdE 2007, S. 119; BGH, Urteil v. 15.11.2007 – III ZR 247/06, NJW 61 (2008), S. 360 (361).

334 *Büdenbender*, Kurzkommentar-Anmerkung zum Beschluss des BGH vom 9.2.2011, Az. VIII ZR 162/09 – Zur Zulässigkeit von Preisanpassungsklauseln in Gaslieferungsverträgen, EWiR 2011, S. 401 f.

335 BGH, Urteil v. 12.7.1989 – VII ZR 297/88, WM 1989, 1729; LG Bonn, Urteil v. 7.9.2006–8 S 146/05, RdE 2007, S. 85 (86); *Zabel*, Kommunalwirtschaft 01/2011, S. 8–15.

336 LG Bonn, Urteil v. 7.9.2006–8 S 146/05, RdE 2007, S. 85 (86); vgl. auch EuGH, Urteil v. 21.3.2013 – C-92/11, RWE Vertrieb, Rn. 46.

337 *Graf von Westphalen*, in Graf von Westphalen, Vertragsrecht und AGB-Klauselwerke, Vertragsrecht, Stand: Oktober 2013, Preisanpassungsklauseln, Rn. 22.

3. Hinreichende Transparenz einer Preisanpassung durch Konkretisierung ihrer Voraussetzungen und Rechtsfolgen

§ 307 Abs. 1 S. 2 BGB stellt klar, dass sich die Unwirksamkeit nach § 307 Abs. 1 S. 1 BGB auch daraus ergeben kann, dass die Klausel nicht hinreichend klar und verständlich ist.[338] Dabei begründet § 307 Abs. 1 S. 2 BGB Anforderungen nicht nur an die Erkennbarkeit des Klauselinhalts für den Vertragspartner des Verwenders, sondern auch an den Klauselinhalt selbst.[339] In Energielieferverträgen ist nämlich die Bestimmungsmethode der Preishöhe nicht klar und verständlich, was dazu führt, dass der Verbraucher „dem Ermessen des Versorgers unterliegt, ohne vorhersehen zu können, unter welchen Bedingungen und inwieweit er mit zusätzlichen Kosten belastet wird".[340] In Kostenelementklauseln, die eine Anpassung der Preise aufgrund der Entwicklung der Kostenelemente erlauben, ist dieser Informationsmangel und die daraus folgende dringende Notwendigkeit zum Schutz des Verbrauchers vor der einseitigen Durchsetzung unangemessen hoher Kostenbelastungen eine Selbstverständlichkeit.[341]

Vertragliche Preisanpassungsklauseln sind kontrollfähige Preisnebenabreden.[342] Deshalb unterliegen sie europarechtlich vorgegebenen Transparenzgeboten und den in diesen Richtlinien aufgestellten Anforderungen an Treu und Glauben und Ausgewogenheit.[343] Das Transparenzgebot der nicht ausgehandelten Vertragsbedingungen, das im 20. Erwägungsgrund der Einführung der Richtlinie 93/13/EWG niedergelegt und in Art. 4 II (letzter S.) und besonders Art. 5 Abs. 1 S. 1 der Richtlinie 93/13/EWG verankert ist, legt fest: „Sind alle dem Verbraucher in Verträgen unterbreiteten Klauseln oder einige dieser Klauseln schriftlich niedergelegt, so müssen sie stets klar und verständlich abgefasst sein." Klauseln in Verträgen mit Verbrauchern unterliegen nach dieser Richtlinie also

---

338 *Schlutz-Gardyan*, Anm. zum BGH-Urteil v. 17.12.2008 – VIII ZR 274/06, RdE 2009, S. 97 (98); vgl. auch BGH, Urteil v. 21.9.2005 – VIII ZR 38/05- Flüssiggas I, RdE 2006, S. 52; EuGH 21.3 2013 – C-92/11, Rn. 47.

339 *Armbrüster*, recht und schaden, 2012, S. 365 (369); a. A. *Schlutz-Gardyan*, Anm. zum BGH Urteil v. 17.12.2008 – VIII ZR 274/06, RdE 2009, S. 97 (98).

340 So ΑΠ 1030/2001, S. 8.

341 Vgl. *Δέλλιος*, in: Ελληνική Δικαιοσύνη, 42 (2001), S. 1495 (insb. S. 1516, 1517) m. w. N.

342 Vgl. *Schöne*, in: Graf von Westphalen, Rn. 77; *Tonner*, in: Tamm/Tonner, Verbraucherrecht, § 15, A. Rn. 74; BGH, Urteil v. 28.10.2009 – VIII ZR 320/07, NJW 63 (2010), S. 993; BGH, Urteil v. 15.7.2009 – VIII ZR 225/07, BGHZ 182, S. 59; BGH, Urteil v. 15.7.2009 – VIII ZR 56/08, BGHZ 182, S. 41 – jew. m. w. N.

343 EuGH 21.3 2013 – C-92/11, Rn. 47.

einem Transparenzgebot, welches national durch § 307 Abs. 1 S. 2 BGB umgesetzt wurde.[344]

Bei der Transparenzklausel in Art. 5 der Richtlinie 93/13/EWG handelt es sich um ein gesondert normiertes Kriterium der Missbräuchlichkeit gemäß Art. 3 der Richtlinie 93/13/EWG. Dies hat zur Folge, dass die Bestimmungen des Anhangs zu Art. 3 der Richtlinie 93/13/EWG auch im Rahmen des Transparenzgebots von Bedeutung sind.[345] Damit handelt es sich um ein Gebot, dem so großes Gewicht beigemessen wurde, dass es neben der Generalklausel der Missbräuchlichkeit gesondert erwähnt wurde.[346]

In erster Linie ergibt sich die Bedeutung des Transparenzgebots für den Verbraucherschutz aus der Richtlinie 2009/73/EG und der Richtlinie 2009/72/EG. Nach Art. 3 Abs. 3 der RL 2009/73/EG[347] haben die Mitgliedstaaten insbesondere in Bezug auf die Transparenz allgemeiner Versorgungsbedingungen einen hohen Verbraucherschutzstandard zu gewährleisten.[348] So verlangt Art. 3 Abs. 3 S. 6 RL 2009/73/EG von den Mitgliedstaaten „einen hohen Verbraucherschutz, insbesondere in Bezug auf die Transparenz allgemeiner Vertragsbedingungen." Nach Anhang I Buchstabe b) muss bei einer Gebührenerhöhung dem Kunden ein Sonderkündigungsrecht zustehen und das Wirksamenwerden der Preiserhöhung setzt seine vorherige Information voraus. Diese muss auch in „transparenter

344 Hierzu auch *Markert*, ZNER 2011, S. 274, (275); für das griechische Recht s. unter Kapitel E.

345 Schlussanträge der Generalanwältin Verica Trstenjak vom 13. September 2012, Rechtssache C-92/11, (2011/C 211/17), Amtsblatt der Europäischen Union, C 211/10, 16.7.2011, Tz. 63; a. A. *Schlutz-Gardyan*, Anm. zum BGH Urteil v. 17.12.2008 - VIII ZR 274/06, RdE 2009, S. 97 (98).

346 Schlussanträge der Generalanwältin, *Verica Trstenjak*, v. 13. September 2012, Rechtssache C-92/11, a. a. O. Tz. 62.

347 Mit der Richtlinie 2009/73/EG vom 13. Juli 2009 haben das Europäische Parlament und der Rat der Europäischen Union unter Aufhebung der bislang geltenden Gas-Richtlinie 2003/55/EG der sog. Beschleunigungsrichtlinie Gas, neue gemeinsame Vorschriften für den Erdgasbinnenmarkt geschaffen.

348 So heißt es in Art. 3 Abs. 3 RL 2009/73/EG: „Sie gewährleisten einen hohen Verbraucherschutz, insbesondere in Bezug auf die Transparenz der Vertragsbedingungen, allgemeine Informationen und Streitbeilegungsverfahren. Die Mitgliedstaaten stellen sicher, dass zugelassene Kunden tatsächlich problemlos zu einem neuen Lieferanten wechseln können. Zumindest im Fall der Haushaltskunden schließen solche Maßnahmen die in Anhang A aufgeführten Maßnahmen ein."; s. auch *Tonner*, in: Tamm/Tonner, § 15, A. Rn. 24, wonach festgelegt ist dass „Bis zu diesem Zeitpunkt (bei den beiden ersten Stufen der Liberalisierung des europäischen Energiemarktes) gab es noch keine konkreten Verbraucherschutzvorschriften im europäischen Energierecht.".

und verständlicher Weise“ (Buchstabe b) erfolgen. Anhang I Buchstabe c) der Richtlinie legt anschließend fest, dass in Preisänderungsklauseln den Kunden „transparente Informationen über geltende Preise und Tarife sowie über die Standardbedingungen für den Zugang zu Gasdienstleistungen“ offenzulegen sind.[349] Des Weiteren bestimmt die Richtlinie in Buchstabe d) S. 3, dass die allgemeinen Vertragsbedingungen „fair und transparent“ sein müssen und legt weiter in S. 4 Buchstabe d) fest, dass Vertragsbedingungen deshalb „klar und verständlich abgefasst“ sein müssen. Die Richtlinie 2009/72/EG stellt in Art. 3 Abs. 3 S. 1 klar, dass „alle Haushaltskunden (…) das Recht auf Versorgung mit Elektrizität einer bestimmten Qualität zu angemessen, leicht und eindeutig vergleichbaren und transparenten und nicht diskriminierenden Preisen“ haben. Es ist also das erklärte Ziel der Richtlinie, den Verbrauchern vor Benachteiligungen durch die Energieversorger zu schützen und deshalb Vertragsklauseln so nachvollziehbar, einfach und in den Rechtsfolgen vorhersehbar wie möglich zu gestalten.[350]

Konsequenterweise entspricht es den Erwägungen des europäischen Gesetzgebers, dass die Rechtsprechung strenge Voraussetzungen für das Transparenzgebot aufstellt. Im Sinne der Richtlinie sollen dadurch die Interessen der Verbraucher gewahrt werden.[351]

a) Anforderungen an das Transparenzgebot im Rahmen der Inhaltskontrolle nach § 307 Abs. 2 S. 2 BGB

In der neueren BGH-Rechtsprechung sind – neben den allgemeinen Anforderungen, die an die Wirksamkeit für Allgemeine Vertragsbedingungen gestellt werden – folgende Unwirksamkeitsgründe skizziert worden: Der Bundesgerichtshof hat mehrfach klargestellt, dass Preisänderungsklauseln nach § 307 BGB nur dann *hinreichend transparent* sind, wenn der Kunde den Umfang der zu erwartenden Preiserhöhung erkennen und die Berechtigung der Erhöhung *selbst feststellen kann.*[352]

---

349 Unabhängig von den im Anhang gemachten Vorgaben ergibt sich das Erfordernis transparenter, bestimmter, inhaltlich klar und verständlicher Vertragsbedingungen für Preisanpassungsklauseln bereits aus den in den Erwägungsgründen und Art. 3 Abs. 3 RL 2009/73/EG und Art. 3 Abs. 7 RL 2009/72/EG festgeschriebenen Anforderungen.

350 S. hierzu nur die Erwägungsgründe 44, 47–49 der GasRL.

351 Das Ziel ist die Herbeiführung einer freien Wahl des Verbrauchers bei niedrigen Preisen; vgl. Schlussanträge der Generalanwältin, *Verica Trstenjak*, v. 13. September 2012, Rechtssache C-92/11, a. a. O. Tz. 66.

352 OLG Oldenburg, Urteil v. 5.9.2008–12 U 49/07, RdE 2009, S. 25 (31 f.) m. w. N.

aa) Das Gebot der Bestimmtheit und Nachvollziehbarkeit

Insgesamt fordert das Gebot einer hinreichenden Transparenz der Preisanpassungsklausel, dass die Klausel so eindeutig gestaltet ist, dass der Kunde in der Lage ist, die Berechtigung der jeweiligen Preisanpassung aufgrund des Klauseltextes *selbst nachzuvollziehen.*[353] Zu unbestimmt sind m. E. die Klauseln, die die Preiserhöhungsberechtigung an die „Änderung der allgemeinen Tarifpreise“[354] oder an nicht näher umschriebene variable Preisänderungsfaktoren anknüpfen.[355] Die Klausel soll *klar und verständlich* sein.[356] Das Gebot einer hinreichenden Transparenz der Preisanpassungsklausel fordert, dass die Klausel so eindeutig und bestimmt gestaltet ist, dass der Kunde in der Lage ist, die Berechtigung der jeweiligen Preisanpassung aufgrund des Klauseltextes selbst nachzuvollziehen.[357]

---

353 *Graf v. Westphalen*, in: FS Westermann, S. 707 (711); *Säcker/ Mengering*, BB 32 (2013), S. 1859 (1860).

354 S. z. B. BGH, Urteil v. 17.12.2008 – VIII ZR 274/06, RdE 2009, S. 95.

355 *Wurmest* in: MüKoBGB, 6. Auflage, § 309 Nr. 1 Rn. 27.

356 BGH, Urteil v. 17.12.2008 – VIII ZR 274/06, RdE 2009, S. 95 (96) Tz. 14: „Die Klausel regelt nicht hinreichend klar, wie sich die Gaspreise ändern sollen; unklar ist insbesondere, ob die Änderung in einem bestimmten Verhältnis zur Änderung der allgemeinen Tarifpreise erfolgen und welches Verhältnis dies gegebenenfalls sein soll; die Bestimmung ist in diesem Punkt objektiv mehrdeutig; maßgeblich ist in erster Linie der Wortlaut, daneben der Sinn und Zweck und die systematische Stellung der fraglichen Klauseln; unter Berücksichtigung dieser Grundsätze ist die Klausel jedenfalls so zu verstehen, dass die Gaspreise sich jeweils in der gleichen Richtung wie die Tarifpreise ändern sollen, dass also bei einer Senkung der allgemeinen Tarifpreise nur eine Senkung, nicht aber eine Erhöhung des Gaspreises in Betracht kommt und umgekehrt; auch im Wege der Auslegung lässt sich aber die Frage nach dem *Umfang der jeweiligen Erhöhung oder Senkung* nicht hinreichend klären.“

357 BGH, Urteil v. 17.12.2008 – VIII ZR 274/06, RdE 2009, S. 95 (96), Tz. 18; vgl. auch BGH, Beschluss v. 9.2.2011, ZNER 2011, S. 170 (171); vgl. auch EuGH, Urteil v. 21.3.2013 – C – 92/11 – RWE Vertrieb, BB 2013, S. 852 m. BB-Komm, Zabel, RIW 2013, 299, EWS 2013, S. 193, Rn. 55; Eine vergleichbare Bewertung haben zwei Klauseln im BGH-Urteil vom 28.10.2009 (BGH, Urteil v. 28.10.2009 – VII ZR 320/07, RdE 2010, S. 99 (100), Tz. 13) mit folgendem Inhalt erfahren: „*Bei einer Änderung des Lohnes oder der Lohnbasis und der Preise für Heizöl behalten sich die Stadtwerke eine entsprechende Anpassung der Gaspreise vor*“ und „*Die Stadtwerke sind berechtigt, die vorgenannten Preise im gleichen Umfang wie ihr Vorlieferant an die Lohnkosten- und die Heizölpreisentwicklung anzupassen*“. Der Bundesgerichtshof hat hier noch einmal bestätigt, dass: „Preisanpassungsklauseln in Allgemeinen Geschäftsbedingungen müssen so beschaffen sein, dass der Vertragspartner den Umfang der auf ihn zukommenden Preissteigerungen bei Vertragsschluss aus der Formulierung der

Für die Wirksamkeit einer Preisanpassungsklausel ist also *das Gebot der Nachvollziehbarkeit* entscheidend.[358]

Klausel erkennen und die Berechtigung einer von dem Verwender vorgenommenen Erhöhung an der Ermächtigungsklausel *selbst* messen könne. Unabdingbar sei, dass dem Kunden jedenfalls die Möglichkeit geschaffen werden an Hand ihm zugänglicher Daten etwaige Preisänderungen *nachzuvollziehen und nachzurechnen.*"; von besonderer praktischer Bedeutung für das Gebot der Berechenbarkeit sind außerdem die beiden Kerosin-Entscheidungen des BGH v. 19.11.2002, NJW 56 (2003), S. 507 (509) und BGH, NJW 56 (2003), S. 746, (747). Hier meinte auch der BGH, dem Transparenzgebot nach § 307 Abs. 1 Satz 2 BGB sei nur dann genügt, wenn der Vertragspartner des Verwenders „den Umfang der auf ihn zukommenden Preissteigerungen *schon bei Vertragsabschluss (Vorhersehbarkeit)* aus der Formulierung der Klausel erkennen und die Berechtigung einer von dem Klauselverwender vorgenommenen Erhöhung an Hand der Ermächtigungsklausel *selbst messen kann.*; in ähnlichem Sinne hat der Europäische Gerichtshof im *RWE Vertrieb-Urteil* vom 21.3.2013 klare und verständliche Kriterien im Vertrag gefordert, anhand derer der Verbraucher zukünftige Preiserhöhungen absehen kann. EuGH, Urteil v. 21.3.2013 – C – 92/11 – RWE Vertrieb, BB 2013, S. 852 m. BB-Komm, Zabel, RIW 2013, 299, EWS 2013, S. 193, Rn. 55.

358 BGH, Urteil v. 21.9.2005 – VIII ZR 38/05 – Flüssiggas I, RdE 2006, S. 52 (54) Das Urteil des VIII. Zivilsenats des BGH aus dem Jahr 2005 im Fall *Flüssiggas-I* (im Folgenden: *Flüssiggas I-Urteil*) konkretisierte die Anforderungen an eine transparente Anpassungsklausel weiter. In dem Verbandsklageverfahren wurde folgende Preisanpassungsklausel zwischen Lieferantem und Endkunden als nach § 307 Abs. 1 BGB unwirksam beurteilt: *„Wenn sich nach Abschluss des Vertrages die Gestehungspreise für Flüssiggas, die Material-, Lohn-, Transport- und Lagerkosten oder die Mineralöl- bzw. Mehrwertsteuersätze ändern, kann (der Lieferant) im Umfang der Veränderung dieser Kostenfaktoren pro Liefereinheit den vorstehend angegebenen derzeitigen Gaspreis ändern.*" Dabei wies er darauf hin, dass es für den Kunden eine Unsicherheit hinsichtlich der Kalkulation zur Folge habe, wenn die Befugnis zur einseitigen Erhöhung des Gaspreises an die Entwicklung der Betriebskosten im Unternehmen gebunden werde für deren Kunden eine kalkulierbare Unsicherheit zur Folge hat. Die Klausel stelle nämlich nicht auf Marktpreise, sondern auf Kostenentwicklungen ab, die wesentlich von unternehmerischen Entscheidungen abhängig sein könnten. Diese Kopplung benachteilige die Vertragspartner der Beklagten vor allem deswegen unangemessen, weil es sich dabei *um betriebsinterne Berechnungsgrößen handele,* die die Kunden weder kennen würden noch mit zumutbaren Mitteln in Erfahrung bringen könnten. Das gelte für die Gestehungspreise (Einkaufspreise) der Beklagten ebenso wie für die bei ihr anfallenden Material-, Lohn-, Transport- und Lagerkosten. Ob, wann, wodurch und in welchem Maße Änderungen bei diesen Kosten eintreten, bleibe den Kunden verborgen. Es sei entscheidend, dass der Kunde den Umfang der auf ihn zukommenden Preissteigerungen *schon bei Vertragsschluss* aus der Formulierung der

bb) Möglichkeit zur Überprüfung

Die Grenzen zulässiger AGB-Klauseln werden allmählich entwickelt:[359] Nachdem der Bundesgerichtshof zunächst Anforderungen an die Bestimmtheit und Nachvollziehbarkeit von Klauseln aufgestellt hatte, entwickelte er sodann Maßstäbe für deren Überprüfbarkeit. Der Kunde muss ausreichend in die Lage versetzt werden, Grund und Umfang von Preiserhöhungen erkennen, abschätzen und deren Berechtigung *überprüfen* zu können.[360] Demnach sei eine Bestimmung, die auf den *„Bezugspreis"* des Verwenders abstelle, unwirksam, da der Kunde diese Rechnungsgröße weder kennen noch nachprüfen könne und zudem nicht spezifiziert werde, wie sich eine Änderung des Bezugspreises auf den vom Kunden zu entrichtenden Gesamtpreis auswirke.[361] Dieses Schicksal teilt auch eine Klausel, die den Verwender berechtigt, *„Preisänderungen durch die Vorlieferanten"* an den Kunden weiterzugeben.[362] Der Bundesgerichtshof hat daher in Bezug auf das Transparenzgebot neben der Bestimmtheit und Nachvollziehbarkeit der Klauseln auch deren *Überprüfbarkeit* gefordert. Neben der *allgemeinen* Hervorhebung einer realistischen Möglichkeit zur Überprüfung ist für die Rechnungen gefordert, dass, um die Transparenz der Klausel zu bejahen, auch die folgenden Anforderungen erfüllt sein müssen:

- Die Klausel darf keinen unzulässigen Ermessensspielraum gewährt, der Preisanpassungen und deren Zeitpunkt in das Belieben der Beklagten stellt und den prozentualen Umfang unbestimmt lässt.[363]
- Die Bezugsgrößen müssen *hinreichend klar beschrieben und durchschaubar* sein.[364]
- Die Klausel darf dem Verwender nicht ermöglichen, „über die Abwälzung konkreter Kostensteigerungen hinaus den zunächst vereinbarten Preis ohne jede Begrenzung anzuheben und so nicht nur eine Gewinnschmälerung zu vermeiden, *sondern einen zusätzlichen Gewinn zu erzielen*"[365].

Klausel erkennen und die Berechtigung einer Preiserhöhung des Verwenders an der Klausel *selbst* messen könne.

359 In diese Richtung *Hilber*, BB 66 (2011) S. 2691(2696).

360 BGH, Urteil v. 21.9.2005 – VIII ZR 38/05- Flüssiggas I, RdE 2006, S. 52 (52).

361 BGH, Urteil v. 21.9.2005 – VIII ZR 38/05- Flüssiggas I, RdE 2006, S. 52 (52).

362 BGH, Urteil v. 13.12.2006 – VIII ZR 25/06 – Flüssiggas II, RdE 2007, S. 119 (121).

363 BGH, Urteil v. 21.9.2005 – VIII ZR 38/05- Flüssiggas I, RdE 2006, S. 52 (52).

364 BGH, Urteil v. 21.9.2005 – VIII ZR 38/05- Flüssiggas I, RdE 2006, S. 52 (52).

365 Vgl. die Formulierung im BGH-Urteil v. 21.9.2005 – VIII ZR 38/05 – Flüssiggas I, RdE 2006, S. 52 (53): „Wird die Preisanpassung auf der Grundlage der Entwicklung von Kostenelementen herbeigeführt, so darf die Regelung andererseits aber – bei

- Die Klausel darf Kostenänderungen nicht an die Anhebung betriebsinterner Kostenelementen knüpfen, *die die Kunden nicht kennen und auch nicht auf zumutbare Art und Weise in Erfahrung bringen können*[366].
- Die Klausel muss den *Zeitpunkt* einer Preisanapassung festlegen, so dass der Verwender die Klausel nicht willkürlich bestimmen und zulasten des Kunden ungerechtfertigte Gewinne erzielen kann.[367]
- Die Klausel darf es dem Verwender nicht ermöglichen, eine Preiserhöhung vorzunehmen, wenn nur einer der aufgeführten Kostenfaktoren sich nach oben verändert hat, die Gesamtkosten wegen eines Kostenrückgangs in anderen Bereichen aber nicht gestiegen sind[368].
- Die Klausel muss die Voraussetzungen und den Umfang einer Gaspreiserhöhung hinreichend bestimmt regeln, sodass der Vertragspartner die Berechtigung von Preiserhöhungen *verlässlich nachprüfen kann* und dem Beklagten hierdurch die Möglichkeit verwehrt wird, das in dem ursprünglich vereinbarten Gaspreis zum Ausdruck kommende Gleichgewicht von Leistung und Gegenleistung zu seinen Gunsten zu verändern.[369]

Meidung ihrer Unwirksamkeit nach § 307 – nicht zu einer ausschließlichen oder überwiegenden Wahrung der Verwenderinteressen führen. Die Schranke des § 307 BGB wird nicht eingehalten, wenn die Preisanpassungsklausel es dem Verwender ermöglicht, über die Abwälzung konkreter Kostensteigerungen hinaus den zunächst vereinbarten Preis ohne jede Begrenzung anzuheben und so nicht nur eine Gewinnschmälerung zu vermeiden, sondern einen zusätzlichen Gewinn zu erzielen."; in diese Richtung BGH, Urteil v. 13.12.2006 – VIII ZR 25/06 – Flüssiggas II, RdE 2007, S. 119 (121).

366 Vgl. BGH, Urteil v. 21.9.2005 – VIII ZR 38/05- Flüssiggas I, RdE 2006, S. 52 (54); in diese Richtung BGH, Urteil v. 13.12.2006 – VIII ZR 25/06 – Flüssiggas II, RdE 2007, S. 119 (121): „Darüber hinaus kennen die Kunden der Beklagten weder den Einstandspreis noch die sonstigen Kosten der Beklagten und können diese auch nicht in Erfahrung bringen. Ferner fehlt es an einer Gewichtung der in Betracht kommenden Kostenelemente im Hinblick auf ihre Bedeutung für die Kalkulation des Flüssiggaspreises. Für die Kunden ist deshalb weder vorhersehbar, wie sich etwa ein allgemeiner Anstieg der Gaspreise – eines wesentlichen Elements des Einstandspreises der Beklagten – oder sonstiger (welcher?) Kostenfaktoren auf den vereinbarten Flüssiggaspreis auswirken werden, noch haben sie eine realistische Möglichkeit die Preiserhöhungen der Beklagten auf ihre Berechtigung zu überprüfen.".

367 BGH, Urteil v. 21.9.2005 – VIII ZR 38/05- Flüssiggas I, RdE 2006, S. 52 (52).

368 BGH, Urteil v. 21.9.2005 – VIII ZR 38/05- Flüssiggas I, RdE 2006, S. 52 (52).

369 BGH, Urteil v. 21.9.2005 – VIII ZR 38/05 – Flüssiggas I, RdE 2006, S. 52 (53).

cc) „Gewichtung" der einzelnen Kostenelemente

Die Grenzen zulässiger Preisanpassungsklauseln werden noch enger gezogen. Nach dem Bundesgerichtshof sind Preisanpassungsklauseln transparent, wenn sie die Preisänderung an die Entwicklung bestimmter, d.h. konkret beschriebener Betriebskosten koppeln und die Gewichtung der einzelnen Kostenelemente im Hinblick auf ihre Bedeutung für die Kalkulation des Gesamtpreises bestimmen.[370] Fehle eine solche Gewichtung, sei für die Kunden nicht vorhersehbar, wie sich etwa ein allgemeiner Anstieg der Gaspreise – eines wesentlichen Elements der Gestehungskosten – oder eine Erhöhung der Tariflöhne auf den vereinbarten Gaspreis auswirken würden.[371] Dementsprechend sind Preisanpassungsklauseln nur zulässig, wenn die Befugnis des Verwenders zu Preisanhebungen von Kostenerhöhungen abhängig gemacht wird und die einzelnen Kostenelemente sowie deren Gewichtung[372] bei der Kalkulation des Gesamtpreises *offen gelegt* werden, so dass der andere Vertragsteil bei Vertragsschluss die auf ihn zukommenden Preissteigerungen einschätzen kann.[373]

Die Formulierung des Bundesgerichtshofes, wonach die maßgeblichen Kostenelemente sowie ihre Gewichtung „offengelegt" werden müssen, sorgte für Verwirrung und stieß auf kritische Stimmen in der Literatur.[374] Mit Blick auf die rigide BGH-Rechtsprechung zu den Wirksamkeitsgrenzen von Preisanpassungsklauseln,[375] vertritt Graf von Westphalen die Ansicht, dass diese Darlegung aller relevanter Kostenfaktoren nicht nur den Verbraucher, sondern auch den Verwender überfordern, insofern von ihm praktisch die *Offenlegung seiner Kalkulation* erwartet wird.[376] Spiegelt eine Kostenelementklausel die interne Kalkulation des Verwenders nicht voll wider, so ist es durchaus möglich, dass der Verwender zum

---

370 BGH, Urteil v. 21.9.2005 – VIII ZR 38/05- Flüssiggas I, RdE 2006, S. 52 (52); im Ergebnis ebenso BGH, Urteil v. 13.12.2006 – VIII ZR 25/06, RdE 2007, S. 119; BGH, Urteil v. 28.10.2009 – VII ZR 320/07, RdE 2010, S. 99 (99), Tz. 12; BGH, Urteil v. 11.10.2007 – III ZR 63/07, BB 2007, S. 2644 (Internetzugang); BGH, Urteil v. 15.11.2007 – III ZR 247/06, NJW 61 (2008), S. 360 (361); vgl. auch *Hilber*, BB 66 (2011), S. 2691 (2696); *Graf v. Westphalen*, in: FS Westermann, S. 707 (711).

371 BGH, Urteil v. 21.9.2005 – VIII ZR 38/05 – Flüssiggas I, RdE 2006, S. 52 (54).

372 BGH, Urteil v. 21.9.2005 – VIII ZR 38/05- Flüssiggas I, RdE 2006, S. 52 (54).

373 OLG Oldenburg, Urteil v. 5.9.2008–12 U 49/07, RdE 2009, S. 25 (31) m. w. N.; BGH, Urteil v. 21.9.2005 – VIII ZR 38/05 – Flüssiggas I, RdE 2006, S. 52 (54); BGH, Beschluss v. 9.2.2011, ZNER 2011, S. 170; kritisch dazu *Graf v. Westphalen*, in: FS Westermann, S. 707 (713).

374 S. z. B. *Graf von Westphalen*, MDR 62 (2008),, S. 424 (424).

375 *Graf von Westphalen*, MDR 62 (2008), S. 424 (429): „Die Hürden sind viel zu hoch".

376 *Graf von Westphalen*, MDR 62 (2008), S. 424 (429).

Nachteil des Verbrauchers einen zusätzlichen Gewinn realisiert, was die Unwirksamkeit der Preisanpassungsklausel[377] nach § 307 Abs. 1 Satz 1 BGB nach sich zieht.[378] Das bedeutet im Ergebnis, dass das Unternehmen seine gesamte Preiskalkulation offen legen müsste, was dann aber auch betriebsinterne Kalkulationen einschließt,[379] die – bislang jedenfalls – ein wohl gehütetes und auch von der Rechtsprechung geschütztes Betriebsgeheimnis des Lieferanten waren.[380]

Zu unterscheiden ist m. E. zwischen der hinreichend bestimmten Vereinbarung relevanter Kostenelemente und der Möglichkeit, die tatsächliche Entwicklung dieser Kostenelemente in Erfahrung zu bringen; dabei ist es entscheidend, ob Letzteres überhaupt notwendig ist. Für das Transparenzgebot nach § 307 Abs.1 S. 2 BGB ist ausschlaggebend, dass *nur solche Kostenelemente* als Basis für eine Preisanpassungsklausel herangezogen werden dürfen, die der Kunde mit „zumutbaren Mitteln" in Erfahrung bringen und daher auch überprüfen kann[381]. Da Ziel von Anpassungsklauseln die Aufrechterhaltung des vereinbarten Synallagmas von Leistung und Gegenleistung zwischen Energieversorger und dem Kunden ist[382], ist unter Orientierung am Prinzip immanenter Vertragsgerechtigkeit ein Ausgleich der divergierenden Interessen zu finden. In ähnlichem Sinne ist Ausgangspunkt der Überprüfung der Angemessenheit die Forderung des Bundesgerichtshofes, dass sich das Äquivalenzverhältnis nicht zum Nachteil des Vertragspartners ändern darf, d.h. es ist dem Verwender verboten, seinen Gewinn durch eine Preisanpassungsklausel nachträglich zu steigern.[383] Daher ist eine abschließende Auflistung und Gewichtung konkreter Kostenelemente auch sinnvoll und transparent, da es bei einer bloß allgemeinen Umschreibung der Gründe für Preiserhöhungen leicht zu Missverhältnissen kommen kann. Hinzu tritt die sehr wichtige Erwägung,[384] dass der Verwender ein sehr berechtigtes Interesse daran hat, die Grundlagen seiner Kostenkalkulation geheim zu halten.[385]

---

377 BGH, Urteil v. 21.9.2005 – VIII ZR 38/05 – Flüssiggas I, RdE 2006, S. 52.

378 *Graf v. Westphalen*, in: FS Westermann, S. 707 (713).

379 A. A. *Kessel/Schwedler*, BB 2011, S. 585 (586).

380 *Graf v. Westphalen*, in: FS Westermann, S. 707 (713).

381 BGH, Urteil v. 21.9.2005 – VIII ZR 38/05- Flüssiggas I, RdE 2006, S. 52; BGH, Urteil v. 13.12.2006 – VIII ZR 25/06 – Flüssiggas II, RdE 2007, S. 119.

382 *Säcker/Mengering*, BB 32 (2013), S. 1859 (1867).

383 *Hilber*, BB 66 (2011), S. 2691 (2696).

384 *Graf von Westphalen*, Vertragsrecht und AGB-Klauselwerke, Preisanpassungsklauseln, Rn. 35.

385 Im Einzelnen *Graf von Westphalen*, FS für Westermann, Köln 2008, S. 707 (711 ff.).

Diese Auffassung ist aber abzulehnen, da die Preisanpassungsklausel nicht nur transparent, sondern auch inhaltlich verständlich ist,[386] indem der Verwender jedenfalls die wesentlichen Faktoren bzw. *den Anlass* und *den Modus der Änderung der Entgelte*[387] für die zu erbringende Leistung so transparent darstellt, dass der Verbraucher die etwaigen Änderungen dieser Entgelte anhand klarer und verständlicher Kriterien vorhersehen kann, und nicht jedes einzelne Kostenelement[388] in die Klausel einstellt.[389] Dabei geht es nicht um eine abschließende Auflistung und Gewichtung konkreter Kostenelemente; eine detaillierte Auflistung der Kostenelemente und somit einer detailliertere und längere Anpassungsklausel ist nicht notwendig. Es muss vielmehr untersucht werden, welche Faktoren[390] für die Anpassung der Preise aus systematischen und teleologischen Grundlagen herausgestellt werden müssen: Entscheidungserheblich ist, unter welchen *Voraussetzungen*, zu welchen *Zeitpunkten* und in welchem *Umfang* Preise erhöht werden dürfen oder auch wieder gesenkt werden müssen.[391] Diese Voraussetzungen müssen eine freie Entscheidung des Verwenders zulassen und dürfen unternehmensinterne Geheimnisse nicht enthüllen. Der Europäische Gerichtshof führt im Urteil vom 21.3.2013 aus, dass bei einer solchen Änderung dem Verbraucher solche Angaben bereitgestellt werden sollten, aufgrund derer er befähigt wird, auf die neue Situation zu reagieren.[392] Diesbezüglich bietet die hier vorgeschlagene Auffassung durch die Differenzierung zwischen wichtigen

386 Unterschiedliche Ansätze hierzu bei *Graf von Westphalen*, Vertragsrecht und AGB-Klauselwerke, Preisanpassungsklauseln, Rn. 35.

387 EuGH, Urteil v. 21.3.2013–92/11 – RWE Vertrieb, Tz. 55.

388 So *Graf von Westphalen*, Vertragsrecht und AGB-Klauselwerke, Preisanpassungsklauseln, Rn. 35.

389 So auch Büdenbender/Gromm, BB 66 (2011) S. 2883 (2884).

390 S. etwa *Hilber*, BB 66 (2011), S. 2691 (2697).

391 OLG Oldenburg, Urteil v. 5.9.2008–12 U 49/07, RdE, S. 25 (31).

392 EuGH, Urteil v. 21.3.2013 – RWE Vertrieb AG, C-92/11, BB 2013, 852, Tz. 53 und 49: In Bezug auf die Beurteilung einer Klausel, die es dem Gewerbetreibenden erlaubt, die Entgelte für die zu erbringende Leistung einseitig zu ändern, wiederholt der EuGH, Urteil v. 21.3.2013–92/11 – RWE Vertrieb, dass sich aus Art. 3 und 5 sowie den Nrn. 1 Buchst. j und l und 2 Buchst. b und d des Anhangs der Richtlinie 93/13 ergibt, dass dafür von wesentlicher Bedeutung ist, ob zum einen der Vertrag *den Anlass* und *den Modus der Änderung der Entgelte* für die zu erbringende Leistung so transparent darstellt, dass *der Verbraucher die etwaigen Änderungen dieser Entgelte anhand klarer und verständlicher Kriterien vorhersehen kann*, und *ob zum anderen der Verbraucher berechtigt ist, den Vertrag zu beenden*, falls diese Entgelte tatsächlich geändert werden sollten.

Faktoren und unnötigen umfangreichen Kostenelementen, mathematischen Formeln, Gleichungen oder betriebswirtschaftlichen Rechnungsgrößen eine hilfreiche Orientierung für die inhaltliche Konkretisierung einer angemessenen und transparenten Anpassungsklausel.

dd) Wahrung der ursprünglich vereinbarten Gewinnspanne

Außerdem weist zutreffend die Rechtsprechung dem Transparenzgebot eine weitere *„Pflicht“* zu: „Das Transparenzgebot soll verhindern, dass der Verwender durch einen ungenauen Tatbestand oder eine ungenaue Rechtsfolge ungerechtfertigte Beurteilungsspielräume in Anspruch nehmen und das vertragliche Äquivalenzverhältnis zwischen Leistung und Gegenleistung zu seinen Gunsten verschieben kann.“[393] Der Bundesgerichtshof fordert kategorisch, dass die Klausel so gestaltet sein muss, dass es dem Verwender nicht möglich ist, die ursprünglich bei Abschluss des Vertrages *vereinbarte Gewinnspanne* – allein mittels der Klausel – zu erhöhen. Eine Klausel ist missbräuchlich, wenn Preiserhöhungen das Äquivalenzverhältnis verändern und eine zusätzliche Gewinnerzielung ermöglichen.[394] Anlass für die Formulierung dieses Kriteriums war aber seine Anknüpfung an das Transparenzgebot: Obschon die Vorschrift des Art. 5 Satz 1 der Richtlinie 93/13/EWG nicht direkt mit der Inhaltskontrolle zusammenhängt, ermöglicht sie diese in zweierlei Weise: zum Ersten, indem sie die Pflicht des Versorgers zu klarer und verständlicher Formulierung ausdrücklich feststellt, und zum Zweiten, indem sie intransparente Bedingungen als rechtsmissbräuchlich

---

393 Palandt/Grüneberg § 307, Rz. 23; vgl. OLG Oldenburg, Urteil v. 5.9.2008–12 U 49/07, RdE 2009, S. 25 (31 f.) m. w. N.: Die Benachteiligung folge hier daraus, *dass der Verwender durch einen ungenauen Tatbestand oder eine ungenaue Rechtsfolge ungerechtfertigte Beurteilungsspielräume in Anspruch nehme und das vertragliche Äquivalenzverhältnis zwischen Leistung und Gegenleistung zu seinen Gunsten verschieben könne.* Die tatbestandlichen Voraussetzungen und die Rechtsfolgen der Klausel müssten deshalb für den anderen Vertragsteil *aus der Sicht eines aufmerksamen und sorgfältigen Betrachters* nachprüfbar sein und *dürften keine Irreführung bewirken.* Selbst der juristisch vorgebildete Kunde könne § 4 AVBGasV sowie § 5 Abs. 2 GasGVV nicht mit erforderlicher Sicherheit entnehmen, dass der Versorger hiermit ein einseitiges Preisanpassungsrecht zu seinen Gunsten begründen wolle. Zum anderen sagten die Bestimmungen nichts darüber aus, nach welchen Regeln eine Preisanpassung vollzogen werden solle.

394 S. zunächst *Rott*, VuR 21 (2006), S. 2 und danach in st. Rspr., repräsentativ etwa BGH, Urteil v. 21.9.2005 – VIII ZR 38/05 – Flüssiggas I, RdE 2006, S. 52 (52); BGH, Urteil v. 13.12.2006 – VIII ZR 25/06 – Flüssiggas II, RdE 2007, S. 119; BGH, Urteil v. 15.11.2007 – III ZR 247/06, NJW 61 (2008), S. 360 (361).

benennt.[395] Das Erfordernis transparenter Vertragsklauseln im Energieversorgungsbereich dient der besseren Information und Aufklärung von Verbrauchern und verhindert somit, dass der Verwender durch einen ungenauen Tatbestand oder eine ungenaue Rechtsfolge ungerechtfertigte Beurteilungsspielräume in Anspruch nehmen und das vertragliche Äquivalenzverhältnis zwischen Leistung und Gegenleistung zu seinen Gunsten verschieben kann.[396]

b) Erkenntnismöglichkeiten eines durchschnittlichen Vertragspartners

Nicht zuletzt ist die Auseinandersetzung mit der Frage der transparenten Klauseln durch eine beträchtliche Unsicherheit bezüglich der Erwartungen und Erkenntnismöglichkeiten eines durchschnittlichen Vertragspartners gekennzeichnet. Denn das erforderliche Maß an Transparenz hängt von den Erwartungen und Erkenntnismöglichkeiten eines durchschnittlichen Vertragspartners ab.[397]

Allerdings wurde darauf hingewiesen, dass der ausschlaggebende, bereits angedeutete *Einwand* gegen ein so verstandenes Transparenzerfordernis letztlich auf anderer Ebene liegt: „Es geht um die realistische Einschätzung eines durchschnittlichen Verbrauchers".[398] Insbesondere Graf von Westphalen hat diesen Umstand hervorgehoben:[399] „denn der Bundesgerichtshof[400] weist dem Verbraucher bei Preisanpassungsklauseln eine Überprüfungskompetenz zu, die erhebliche mathematische Fähigkeiten voraussetzt;[401] die vom Bundesgerichtshof geforderte Gewichtung nachzurechnen und auch nachzuvollziehen, ist für einen Verbraucher nicht machbar, wenn er nur die einfachen Grundrechnenarten beherrschen darf.[402] Die Preisanpassungsklausel im *Flüssiggas I*-Urteil[403] wies immerhin neben den „Gestehungspreisen" noch sechs weitere – ungewichtete – Kostenelemente auf[404], die Eingang in die neue Preisfestsetzung finden sollten.

---

395 Vgl. *Kapnopoulou*, S. 144, 145: „Diese Pflicht zur Klarheit und Verständlichkeit ... wirkt sich insofern auf den Abwägungsprozeß aus, als bei Intransparenten Klauseln eine Vermutung dafür besteht, dass sie gegen das Gebot von Treu und Glauben verstoßen".

396 BGH, Urteil v. 21.9.2005 – VIII ZR 38/05- Flüssiggas I, RdE 2006, S. 52 (54).

397 *Hilber*, BB 66 (2011), S. 2691 (2697).

398 Mit Nachdruck *Graf v. Westphalen*, in: FS Westermann, S. 707 (714).

399 Dazu und zum Folgenden *Graf v. Westphalen*, in: FS Westermann, S. 707 (714).

400 BGH, Urteil v. 21.9.2005 – VIII ZR 38/05 – Flüssiggas I, RdE 2006, S. 52.

401 *Graf v. Wetsphalen*, a. a. O., S. 707 (714).

402 *Graf v. Westphalen*, a. a. O., S. 707 (715).

403 BGH, Urteil v. 21.9.2005 – VIII ZR 38/05 – Flüssiggas I, RdE 2006, S. 52.

404 „Material-, Lohn-, Transport- und Lagerkosten oder die Mineralöl- bzw. Mehrwertsteuersätze".

Die Preisfestsetzung in einer Klausel begründet nur dann keine unangemessene Benachteiligung,[405] wenn sie durch Kostenfaktoren und entsprechend gewichtete Kostenelementklauseln so gestaltet ist, dass der Verbraucher sie überprüfen kann. Nur dann nützt ihm die vom Bundesgerichtshof geforderte Transparenz.[406] Selbst ein Hochschulstudent dürfte nicht in der Lage sein, eine solche Aufgabe zu bewältigen, es sei denn, er hat Betriebswirtschaft studiert und ist bereits in die Geheimnisse betriebswirtschaftlicher Kostenkalkulation eingeweiht."[407]

Insgesamt kann das Transparenzgebot als Erscheinungsform des vom Europäischen Gerichtshof favorisierten und auch sonst im EU-Recht verankerten Informationsmodells verstanden werden.[408] Letzteres stellt auf die Eigenverantwortung des Verbrauchers ab, indem es Verbraucherschutz nicht durch zwingend vorgegebene Inhalte, sondern durch die Information des Verbrauchers erreichen will,[409] die „einen Grundpfeiler funktionierenden Wettbewerbs bildet"[410]. Nach dem Bundesgesetzgeber stellt das Leitbild des mündigen Verbrauchers einen unentbehrlichen Bestandteil der modernen Verbraucherpolitik dar.[411]

Allgemeine Geschäftsbedingungen sind zutreffend nach ihrem objektiven Inhalt und typischen Sinn einheitlich so auszulegen,[412] wie sie von verständigen und redlichen Vertragspartnern unter Abwägung der Interessen der normalweise beteiligten Verkehrskreise verstanden werden, wobei die Verständnismöglichkeiten des durchschnittlichen Vertragspartners des Verwenders zugrunde zu legen sind.[413] Mit unterschiedlichen Formulierungen wird in der Rechtsprechung immer wieder auf den Verbraucher als durchschnittlichen, rechtlich nicht vorgebildeten Verbraucher hingewiesen:

---

405 BGH, Urteil v. 21.9.2005 – VIII ZR 38/05 – Flüssiggas I, RdE 2006, S. 52.

406 *Graf v. Wetsphalen*, a. a. O., S. 707 (714).

407 *Graf v. Westphalen*, a. a. O., S. 707 (715).

408 *Wolf*, in: Wolf/Lindacher/Pfeiffer, AGB-Recht, 5. Auflage, RL Art. 5, Rn. 1, m. w. N.

409 *Wolf*, in: Wolf/Lindacher/Pfeiffer, AGB-Recht, 5. Auflage, RL Art. 5, Rn. 1, m. w. N.; vgl. auch *Δέλλιος*, in: Ελληνική Δικαιοσύνη, 42 (2001), S. 1495 (1516) m. w. N.

410 *Säcker/Timmermann*, in: BerlKommEnR, Band 1, 3. Auflage, § 1 EnWG Rn. 17.

411 *Säcker/Timmermann*, in: BerlKommEnR, Band 1, 3. Auflage, § 1 EnWG Rn. 17. Demgegenüber ist aber festzuhalten, dass der Bundesgerichtshof den Verbraucher immer als rechtlich *nicht vorgebildet* bezeichnet (vgl. schon BGH, Urteil v. 3.6.1998 – VIII ZR 317/97, NJW 51, 4 (1998), S. 3114 (3116)).

412 *Hilber*, BB 66 (2011), S. 2691 (2697).

413 BGH, Urteil v. 29.4.2008 – KZR 02/07, BGHZ 176, S. 244 (250); BGH, Urteil v. 17.12.2008 VIII ZR 274/06, RdE 2009, S. 95 (96), Tz. 14.

- Die tatbestandlichen Voraussetzungen und die Rechtsfolgen der Klausel müssten deshalb für den anderen Vertragsteil *aus der Sicht eines aufmerksamen und sorgfältigen Betrachters* nachprüfbar sein und dürften keine Irreführung bewirken.[414]
- Die von der Beklagten verwendeten Bestimmungen seien unwirksam, weil sie gegen das Transparenzgebot verstießen. Selbst der juristisch vorgebildete Kunde könne § 4 AVBGasV sowie § 5 Abs. 2 GasGVV nicht mit erforderlicher Sicherheit entnehmen, dass der Versorger hiermit ein einseitiges Preisanpassungsrecht zu seinen Gunsten begründen wolle.[415]

4. Kündigungsmöglichkeit und Überprüfung einer Preiserhöhung mittels § 315 BGB

Der Europäische Gerichtshof hat abermals deutlich gemacht, dass das Ausbleiben der betreffenden Information vor Vertragsabschluss, obschon das erforderliche Informationsniveau je nach den Fallumständen und den betroffenen Produkten oder Leistungen unterschiedlich sein mag, grundsätzlich nicht allein dadurch ausgeglichen werden kann, dass der Verbraucher während der Durchführung des Vertrags mit angemessener Frist im Voraus über die Änderung der Entgelte und über sein Recht, den Vertrag zu kündigen, unterrichtet wird.[416] Was allerdings dieses Recht des Verbrauchers anbelangt, ist es von wesentlicher Bedeutung, dass die Kündigungsmöglichkeit dem Verbraucher nicht nur formal eingeräumt wird, sondern auch *tatsächlich wahrgenommen werden kann.*[417] Dies wäre zutreffend nicht der Fall, wenn der Verbraucher aus Gründen, die mit den Modalitäten der Ausübung des

---

414 OLG Oldenburg, Urteil v. 05.09.2008–12 U 49/07 , RdE 2009, S. 25 (31).

415 OLG Oldenburg, Urteil v. 05.09.2008–12 U 49/07 , RdE 2009, S. 25 (31).

416 EuGH, Urteil v. 21.3.2013 - C-92/11 - RWE Vertrieb, a. a. O., Tz. 51: „Auch wenn es nämlich mit Blick auf Nr. 2 Buchst. b des Anhangs der Richtlinie 93/13 und Anhang A Buchst. b der Richtlinie 2003/55 dem Versorgungsunternehmen obliegt, den Verbraucher rechtzeitig über jede Tariferhöhung und über sein Recht zur Kündigung des Vertrags zu unterrichten, so kommt diese Verpflichtung, die für den Fall vorgesehen ist, dass das Unternehmen tatsächlich von dem Recht zur Änderung der Tarife, das es sich vorbehalten hat, Gebrauch machen möchte, zu der Verpflichtung hinzu, den Verbraucher vor Vertragsabschluss klar und verständlich über die grundlegenden Voraussetzungen der Ausübung eines solchen Rechts zur einseitigen Änderung zu informieren“; vgl. auch Schlussanträge der Generalanwältin Verica Trstenjak – Rechtssache C-92/11, RWE Vertrieb, Tz. 84.

417 Vgl. dazu auch Schlussanträge der Generalanwältin Verica Trstenjak vom 13. September 2012, Rechtssache C-92/11, (2011/C 211/17), a. a. O., Tz. 85 und 86; vgl. auch *Rosin /Mätzig*, RdE 2008, S. 225 (227).

Kündigungsrechts oder mit den auf dem betroffenen Markt herrschenden Bedingungen zusammenhängen, nicht über eine wirkliche Möglichkeit zum Wechsel des Lieferanten verfügte oder wenn er nicht angemessen und rechtzeitig von der künftigen Änderung benachrichtigt würde und dadurch nicht die Möglichkeit hätte, zu überprüfen, wie sich die Änderung berechnet. Dabei ist insbesondere zu berücksichtigen, ob auf dem betreffenden Markt Wettbewerb herrscht, welche Kosten für den Verbraucher etwa mit der Kündigung des Vertrags verbunden sind,[418] wie viel Zeit zwischen der Mitteilung und dem Inkrafttreten der neuen Tarife liegt[419], welche Informationen zum Zeitpunkt der Mitteilung gegeben werden[420] und welchen Kosten- und Zeitaufwand[421] ein Wechsel des Lieferanten erfordert.[422]

In der Rechtsprechung des Bundesgerichtshofes – dem EuGH folgend – ist das den Kunden *eingeräumte Recht* zur vorzeitigen Vertragslösung bei Preiserhöhungen *nicht als geeignet* angesehen worden, um die durch eine den genannten Anforderungen nicht entsprechende Preisanpassungsklausel verursachte unangemessene Kundenbenachteiligung auszugleichen.[423] Auf der anderen Seite wird in der Literatur wegen der hohen Anforderungen an wirksame Preisanpassungsklauseln unterstützt, dass die Klauseln nur auf dem Wege einer Änderungskündigung ersetzt werden können.[424] Dabei könnten die Nachteile, die ein Abnehmer durch eine Preisänderungsklausel erleide, so abgemildert

418 Vgl. aus dem deutschen Schrifttum *Hilber*, BB 66 (2011), S. 2691 (2698).

419 In diese Richtung auch *Hilber*, BB 66 (2011), S. 2691 (2698).

420 Soweit zu Recht *Tonner*, in: Tamm/Tonner, Verbraucherrecht, § 15, A. Rn. 74.

421 Vgl. auch *Tonner*, in: Tamm/Tonner, Verbraucherrecht, § 15, A. Rn. 74; BGHZ 182, 59; in diese Richtung auch *Schöne* in: Graf von Westphalen, Rn. 83 f.

422 EuGH, Urteil v. 21.3.2013 – C-92/11 – RWE Vertrieb, a. a. O., Tz. 54; vgl. dazu Schlussanträge der Generalanwältin Verica Trstenjak vom 13. September 2012, Rechtssache C-92/11, (2011/C 211/17), a. a. O., Tz. 85; Gestaltungsmöglichkeiten – *Hilber*, BB 66 (2011), S. 2691 (2698).

423 BGH, Urteil v. 15.7.2009 – VIII ZR 56/08, BGHZ 182, 41 (55), Tz. 30; BGH, Urteil v. 15.7.2009 – VIII ZR 225/07, BGHZ 182, 59 (73), Tz. 31; BGH, Urteil v. 15.7.2009 – VIII ZR 56/08, BGHZ 182, 41 (55), Tz. 30: *„Die unangemessene Benachteiligung der Kunden der Beklagten wird nicht durch die Einräumung eines Rechts zur Lösung vom Vertrag ausgeglichen.“*; BGH, Urteil v. 29.4.2008 – KZR 02/07, BGHZ 176, S. 244; ebenso BGH, Urteil v. 17.12.2008 – VIII ZR 274/06, RdE 2009, S. 95.

424 *Derleder*, KJ 2010, 292, 304; *Tonner*, in: Tamm/Tonner, Verbraucherrecht, § 15, A. Rn. 79; vgl. auch Schlussanträge – 13. September 2012 – RWE Vertrieb – C-92/11, Tz. 81: „Das vorlegende Gericht zieht aufgrund von Art. 3 Abs. 1 und 3 der Richtlinie 93/13 in Verbindung mit den Nrn. 1 Buchst. j und 2 Buchst. b des Anhangs in Betracht, dass ein Verstoß gegen das Transparenzgebot durch eine Kündigungsmöglichkeit des Verbrauchers kompensiert werden könnte.“; a. A. *Markert*, ZNER 2011, 274 (275).

werden, dass im Ergebnis keine unangemessene Benachteiligung anzunehmen sei, etwa, wenn der Kunde aufgrund einer Benachrichtigung sich vom Vertrag lösen könne, ehe die Preiserhöhung wirksam werde.

Die Argumentation, das Kündigungsrecht sei doch ein ausreichender Schutz gegenüber dieser konturenlosen Preisänderungsklausel, greift nicht, da ein Sonderkündigungsrecht entspricht dem Kontrollinstrumentarium der Richtlinie nicht voll.[425] Die in Anhang A Buchstabe b) geforderten Voraussetzungen, nach denen Preisanpassungsklauseln eine vorherige Kundeninformation und ein daran anschließendes Sonderkündigungsrecht beinhalten müssen, reichen nämlich nicht allein für die Wirksamkeit von Preisanpassungsklauseln aus.[426] Hierfür bietet ein Sonderkündigungsrecht allein kein hinreichendes, die Richtlinienvorgaben erreichendes Schutzniveau[427] für den Verbraucher.[428]

Der Bundesgerichtshof gibt zwar dem Kunden das Recht, eine Preiserhöhung im Einzelfall gerichtlich anhand von § 315 BGB überprüfen zu lassen, § 307 Abs. 1 Satz 2 verlangt aber die Transparenz der Klausel selbst. Der Verbraucher kann weder die Preiserhöhung überprüfen, noch einen anderen Anbieter auswählen, wenn die Preisanpassungsklausel aufgrund der fehlenden inhaltlichen Konkretisierung nicht inhaltlich transparent ist.[429]

Ebenfalls ist der Verweis auf ein Kündigungsrecht gerade im Bereich der Energieversorgung ein Recht, von dem der Verbraucher nur höchst ungern Gebrauch macht. Daher kann das Ausbleiben der betreffenden Information vor Vertragsabschluss grundsätzlich nicht allein dadurch ausgeglichen werden, dass der Verbraucher während der Durchführung des Vertrags mit angemessener Frist im Voraus über die Änderung der Entgelte und über sein Recht, den Vertrag zu kündigen, unterrichtet wird. Die europarechtlich geforderte inhaltliche Konkretisierung von Vertragsbedingungen muss somit auch auf Preisänderungen Anwendung finden und der Verbraucher muss in der Lage sein, von der

---

425 *Säcker/Mengering*, BB 32 (2013), S. 1859 (1860).

426 *Säcker/Mengering*, a. a. O., S. 1859 (1866); so aber *Reimann/Garbotz*, VW 2008, S. 201 (205).

427 Vgl. hierzu den Erwägungsgrund 44 der RL 2009/73/EG, in dem das Ziel der Stärkung des Verbraucherschutzes an erster Stelle steht, und Erwägungsgrund 51 S. 2 der RL 2009/72/EG, in dem es heißt: „Die bestehenden Verbraucherrechte müssen gestärkt und abgesichert werden und sollten auf mehr Transparenz ausgerichtet sein".

428 Vgl *Säcker/Mengering*, a. a. O., S. 1859 (1866).

429 Vgl. *Säcker/Mengering*, BB 32 (2013), S. 1859 (1860); Vgl. die Ausführungen der EU-Kommission, Stellungnahme vom 13.9.2012 – C-92/11 – RWE Vertrieb, Tz. 7 und EuGH, Urteil v. 21.3.2013 C- 92/11 – RWE Vertrieb, BB 2013, 852, Rn. 40 ff.

ihm eingeräumten Kündigungsmöglichkeit unter den gegebenen Bedingungen tatsächlich Gebrauch zu machen.[430]

Anhand dieser Grundsätze hat der Bundesgerichtshof in den letzten Jahren eine Vielzahl von Entscheidungen mit strengen Maßstäben getroffen,[431] die in nahezu allen Fällen zu einer Verwerfung der Preisanpassungsklauseln als rechtswidrig wegen Verstoßes gegen § 307 BGB geführt haben.[432] Dass die Anforderungen der Rechtsprechung an die Ausgestaltung einer Preisanpassungsklausel hoch angesetzt wurden[433], wird auch von der Energiewirtschaft nahe stehenden Autoren so gesehen.[434]

Der Europäische Gerichtshof hat seinerseits in der bisherigen Rechtsprechung zum Transparenzgebot[435] gefordert, dass dem Verbraucher bei Vertragsschluss

---

430 EuGH, Urteil v. 21.3.2013 - C-92/11 - RWE Vertrieb, Tz. 55; s. etwa *Kunth/Tüngler*, RdE 2006, S. 257, (263); vgl. auch die Nachweise in *Börner*, VW 2008, 207 ff.; *Rosin/Mätzig*, RdE 2008, S. 225 (227 ff.); *Reimann/Garbotz*, VW 2008, 201, 206 f.; im Ergebnis a. A. *Halfmeier*, VuR 2006, 417, 419; *Mogwitz/Wagner*, RdE 2008, S. 118 (119).

431 In diese Richtung *Graf von Westphalen*, MDR 62 (2008), S. 424 (429).

432 *Büdenbender*, Kurzkommentar-Anmerkung zum Beschluss des BGH vom 9.2.2011, Az. VIII ZR 162/09 - Zur Zulässigkeit von Preisanpassungsklauseln in Gaslieferungsverträgen, EWiR 2011, S. 401 (402).

433 So etwa *Gleim/Malirsch*, ZNER 14 (2010), S. 228 (230).

434 *Tonner*, in: Tamm/Tonner, Verbraucherrecht, § 15, A. Rn. 74 m. w. N.; *Wurmest* in: MünchKommBGB, § 309 Nr. 1, Rn. 28; vgl. auch *Gleim/Malirsch*, ZNER 14 (2010), S. 228 (230).

435 Überblick u. a. bei *Δέλλιος*, in: Ελληνική Δικαιοσύνη, 42 (2001), S. 1495 (1518) m. w. N.: „Im Rahmen dieser Klauseln gliedert sich das gemeinschaftliche Transparenzgebot der AGB, das sich auf den Preis, die Leistung sowie die allgemeine Rechtsklarheit für den Verbraucher, bezieht, in drei Vorgaben: die klare und verständliche Formulierung (Verständlichkeitsgebot), den bestimmten oder bestimmbaren Inhalt (Bestimmtheitsgebot) und die Vorhersehbarkeit der Existenz von Bedingungen (nicht unbedingt ihres konkreten Inhalts), die mit dem Verbot von unerwarteten, überraschenden oder irreführenden Bedingungen identisch ist (Täuschungs- oder Irreführungsverbot). Die gesetzlichen Grundlagen dieser Gebote sind auf das AGBG zurückzuführen, und zwar nicht nur auf die Bestimmungen über die Kontrolle der Integration oder Auslegung der AGB, sondern auch – nach herrschender Meinung, vgl. dazu *Δέλλιος*, in: Ελληνική Δικαιοσύνη, 42 (2001), S. 1495 (1518), mit Fn. 230.) – über die Gültigkeitskontrolle der Bestimmungen. Somit wurde die Transparenz des Inhalts oder dessen Intransparenz deren ein die Gültigkeit der Bestimmungen beeinflussender Parameter anerkannt.

Diese Ansätze der deutschen Gesetzgebung wurden zunächst in den Art. 22 II-IV, 23 (Integration) und 24 II (Auslegung) des griechischen Ges. 1961/1991 umgesetzt und von da an in den entsprechenden Bestimmungen von Art. 2 Abs. 1–3 und 5 S. b Ges. 2251/1994. (*Δέλλιος*, in: Ελληνική Δικαιοσύνη, 42 (2001), S. 1495 (1518) m. w. N.). Der griechischen Literatur sowie der Entscheidung des Obersten Gerichtshofes

alle Angaben zur Verfügung stehen müssen, die Auswirkungen auf den Umfang seiner Verpflichtung haben können.[436] Nur so kann eine Transparenz des Marktes hergestellt werden, die es dem Verbraucher ermöglicht, Angebote zu vergleichen und den Umfang seiner Verpflichtung einzuschätzen.[437] Die Klauseln müssen also inhaltlich soweit konkretisiert sein, dass der Verbraucher umfassend über die maßgeblichen Einzelheiten der Vertragserfüllung im Bilde ist.[438] Der Verbraucher muss über die Vertragsbedingungen und die Folgen des Vertragsschlusses vor Abschluss eines Vertrags informiert sein; mit Rücksicht auf diese Information entscheidet er nämlich, ob er sich durch die vom Gewerbetreibenden vorformulierten Bedingungen binden möchte.[439]

1219/2001 zufolge wird das AGB-Transparenzgebot in den Bestimmungen der nicht abschließenden Liste von missbräuchlichen Klauseln konkretisiert, die in Art. 2 § 7 G. 2251/1994 aufgeführt werden (So *Μεντής*, ΓΟΣ, 2000, 68 unter 5.), besonders in den Fällen e, f, g, ia), die Klauseln beschreiben, die den Verbraucher daran hindern, sich einen Überblick über wichtige Vertragselemente oder die Höhe der Leistung bzw. Gegenleistung zu verschaffen. Mit dem neuen Anpassungsakt der griechischen Gesetzgebung, durch den Abs. 10 in den Art. 2 Ges. 2251/1994 (Art. 10 § 24 G. 2741/1999) eingefügt wurde, werden nunmehr die oben genannten Wertungen des AGB-Rechts – gemäß Art. 3 I der RL – auf die Gesamtheit der Geschäftsbedingungen erweitert, „die nicht privat ausgehandelt wurden". Letztendlich sind aber Ausformungen des Transparenzgebots der Geschäftsbedingungen bereits im klassischen Vertragsrecht aufzufinden, vor allem in der Literatur der ZGB 371–373, nach der eine vollständig unbestimmte – nicht einmal bestimmbare – Leistung als ungültig angesehen wird, aber auch in anderen Bereichen, wie etwa dem Gebot der bestimmten oder bestimmbaren abgetretenen Forderung, dessen Nichtbeachtung den Abtretungsvertrag auch ungültig macht. (Im Abtretungsrecht sieht *Μεντής* (in: ΓΟΣ, 2000, 65/66) eine erste Ausformung des Transparenzgebots.)."

436 EuGH, Beschluss v. 4.3.2004 – Cofinoga, C-264/01, Slg. 2004, I-2157, Rn. 26; EuGH, Beschluss vom 16.11.2010, Rs C-76/10 Verbraucherkreditvertrag, ABl EU 2011, Nr. C 30, 12, Rn 68, m. w. N.

437 EuGH, Beschluss v. 4.3.2004 – Cofinoga, C-264/02, Slg. 2004, I-2157, Rn. 26.

438 EuGH, Urteil v. 23. März 2000 – Berliner Kindl Brauerei, C-208/98, Slg. 2000, I-1741, Rn. 23.

439 EuGH, Urteil v. 21.3.2013 – RWE Vertrieb AG, C-92/11, a. a. O., Tz. 44; im Übrigen hat der Unionsgesetzgeber dieser Information des Verbrauchers auch im Rahmen der Richtlinie 2003/55 und damit konkret in Bezug auf Gaslieferungsverträge eine besondere Bedeutung beigemessen. So müssen die Mitgliedstaaten nach Art. 3 Abs. 3 dieser Richtlinie in Bezug auf die Transparenz der allgemeinen Vertragsbedingungen einen hohen Verbraucherschutz gewährleisten. Dazu ergibt sich aus Anhang A Buchst. a, c und d der Richtlinie 2003/55, dass sie u. a. Maßnahmen erlassen müssen, mit denen sichergestellt wird, dass diese Bedingungen gerecht und transparent sowie klar und

Aufgrund der Art. 3 und 5 sowie der Nrn. 1 Buchstabe j und l und 2 Buchstabe b und d des Anhangs zur Richtlinie 93/13/EWG soll zum einen der Vertrag den Anlass und Modus der Änderung der Entgelte für die zu erbringende Leistung so transparent darstellen, dass der Verbraucher die etwaigen Änderungen dieser Entgelte anhand klarer und verständlicher Kriterien vorhersehen kann.[440] Zum anderen soll der Verbraucher berechtigt sein, den Vertrag zu beenden, falls diese Entgelte tatsächlich geändert werden.[441]

Dabei ist festzuhalten, dass die Anforderungen des BGH inhaltlich mit denjenigen der Richtlinien geforderten[442] und mit den geforderten erhöhten Verbraucherschutzstandards im Energieversorgungsbereich übereinstimmen.[443]

---

verständlich abgefasst sind, dass die Bedingungen vor Vertragsabschluss für die Verbraucher bereitgestellt werden und dass die Verbraucher transparente Informationen über geltende Preise und Tarife sowie über die anwendbaren Standardbedingungen erhalten. Außerdem stellt dieser Anhang klar, dass die darin genannten Maßnahmen unbeschadet der Richtlinie 93/13 gelten.

440 Vgl. auch EuGH, Urteil v. 21.3.2013 – RWE Vertrieb AG, C-92/11, Tz. 55; Die Auffassung des Europäischen Gerichtshofes mit Blick auf das Transparenzgebot wurde im Urteil des Europäischen Gerichtshofes aus dem Jahr 2013 in dem Fall *RWE Vertrieb AG gegen Verbraucherzentrale Nordhein-Westfalen e.V.* bestätigt. Das Urteil betraf Fragen des Verbraucherschutzes im Zusammenhang mit Gasversorgungsverträgen. Der Europäische Gerichtshof stellt eine typische Unterlegenheit des Verbrauchers fest, der sich gegenüber dem Gewerbetreibenden in einer schwächeren Verhandlungsposition befindet und einen geringeren Informationsstand besitzt, was dazu führt, dass er den vom Gewerbetreibenden vorformulierten Bedingungen zustimmt, ohne auf deren Inhalt Einfluss nehmen zu können. Im Hinblick darauf verweist der Gerichtshof zum einen auf Art. 3 Abs. 1 Richtlinie 93/13/EWG, in dem das Verbot von Standardklauseln aufgestellt wird, die entgegen dem Gebot von Treu und Glauben zum Nachteil des Verbrauchers ein erhebliches Missverhältnis der vertraglichen Rechte und Pflichten der Vertragspartner verursachen, und zum anderen auf Art. 5 Richtlinie 93/13/EWG, wo die Pflicht der Gewerbetreibenden zu einer klaren und verständlichen Formulierung der Klauseln eingeführt wird.

441 EuGH, Urteil v. 21.3.2013 – RWE Vertrieb AG, C-92/11, a. a. O., Tz. 49 m. w. N.; vgl. auch EuGH, Urteil v. 21.3.2013 – RWE Vertrieb AG, C-92/11, Tz. 47.

442 S. hierzu Erwägungsgründe 44, 47, 48 und 49, Art. 3 Abs. 4 und Anhang A Buchst. b), c) und d) der RL 2009/73 EG, in denen jeweils auf transparente Vertragsbedingungen Bezug genommen wird, die Erwägungsgründe 51 und 52 der RL 2009/72/EG, Art. 3 S. 2, Abs. 7 S. 5 laut denen ebenfalls ein hoher Verbraucherschutz durch die Transparenz der Vertragsbedingungen sichergestellt werden soll. Siehe hierzu auch *Fricke*, ZNER 2011, S. 130 (133): „Die deutschen und europäischen Regelungen (3. Energiepaket und EnWG) dienen dem Verbraucherschutz."

443 *Säcker/Mengering*, BB 32 (2013), S. 1859 (1869).

III. Annäherungslösung

Die Preisanpassungsklausel muss einerseits klar und verständlich sein, andererseits aber all jene Informationen bereithalten, die dem Verbraucher die Prüfung, Nachvollziehbarkeit und Vorhersehbarkeit des Umfangs der Preisänderungen ermöglichen.[444] Nach den vorstehend geschilderten Anforderungen der Rechtsprechung in Bezug auf die Angemessenheit von Preisanpassungsklauseln, die die Preisanpassung von der Erhöhung einzelner Kostenelemente abhängig machen, wird deutlich, dass ein analytisches Kostenmodell[445] praktisch nicht schwierig und streitbar ist.[446] Die Preisanpassungsklausel ist transparent und inhaltlich verständlich, indem der Verwender jedenfalls die wesentlichen Faktoren bzw. *den Anlass* und *den Modus der Änderung der Entgelte*[447] für die zu erbringende Leistung so transparent darstellt, dass der Verbraucher die etwaigen Änderungen dieser Entgelte anhand klarer und verständlicher Kriterien vorhersehen kann, und nicht jedes einzelne Kostenelement in die Klausel einstellt. Eine detaillierte Auflistung der Kostenelemente und somit einer detailliertere und längere Anpassungsklausel ist nicht notwendig.

Vor diesem Hintergrund könnte folgende Äquivalenzsicherungsklausel, wie sie Säcker und Mengering formuliert haben, als Beispiel einer Preisanpassungsklausel aufgefasst werden.[448]

Äquivalenzsicherungsklausel als Preisanpassungsklausel

(1) Energieversorgungsunternehmen steht das Recht zu, im Rahmen der Billigkeit nach Vertragsschluss Preisanpassungen vorzunehmen. Der Kunde kann diese Preiserhöhungen gerichtlich auf ihre Billigkeit überprüfen lassen. Kunden steht ebenfalls bei jeder angekündigten Preisanpassung des Versorgers ein Sonderkündigungsrecht vom Versorgungsvertrag zu.

(2) Soweit nach Vertragsschluss die Beschaffung, die Übertragung oder die Verteilung von elektrischer Energie (Gas) mit Steuern, Abgaben oder Umlagen irgendwelcher Art belastet werden sollte, werden diese durch eine Anpassung der Versorgungspreise an den Kunden weitergegeben, soweit das Gesetz nichts anderes bestimmt.

---

444 EuGH, 21.3.2012 - C-92 - RWE Vertrieb, Tz. 53.

445 Vgl. *Hilber*, BB 66 (2011), S. 2691 (2697).

446 A.A. *Graf von Westphalen*, Vertragsrecht und AGB-Klauselwerke, Preisanpassungsklauseln, Rn. 32.

447 EuGH, Urteil v. 21.3.2013–92/11 - RWE Vertrieb, Tz. 55.

448 *Säcker/Mengering*, a. a. O., S. 1859 (1868).

(3) Sonstige einseitige Preisanpassungen richten sich nach der Entwicklung der Bezugs- und Vertriebskosten von Strom (Gas). Preiserhöhungen erfolgen, wenn sich die Beschaffungs- und Vertriebskosten für Strom (Gas) im abgelaufenen Quartal erhöht haben, ohne dass Einsparungen im Unternehmen möglich waren. Preissenkungen erfolgen, wenn sich die Beschaffungs- oder Vertriebskosten im abgelaufenen Quartal reduziert haben. Die Preisanpassungen erfolgen am ersten Tag des neuen Quartals.

(4) Das Energieversorgungsunternehmen muss seine Kunden vier Wochen vor dem Termin der Preisanpassung schriftlich informieren und diese gleichzeitig öffentlich bekannt machen. In der schriftlichen Information müssen die maßgeblichen Berechnungsfaktoren in allgemein verständlicher Form ausgewiesen werden. Bei einer Preisänderung ist der prozentuale Anteil des die Beschaffungskosten abdeckenden Preisfaktors an der jeweiligen Preisänderung geordert auszuweisen. Die Information muss ausdrücklich auf das dem Kunden zustehende Sonderkündigungsrecht hinweisen.

Demgemäß soll in erster Linie der Verbraucher durch eine transparente Klausel vor einer nachträglichen Erhöhung der Gewinne des Versorgers durch Preisanpassungen geschützt werden, indem letzterer nur von ihm nicht beeinflussbare Steigerungen der Netznutzungsentgelte an die Kunden weitergeben darf, während er Einsparungen bei den beeinflussbaren Kosten (z.B. Personal-, Miet- und Transportkosten) abziehen muss.[449] Ebenso kann die Bewahrung der ursprünglich vereinbarten Gewinnspanne ohne die Preissenkungspflicht keine sichere Lösung bieten; es muss vielmehr ausdrücklich genannt werden, dass die ursprünglich vereinbarte Gewinnspanne nicht zu überschreiten ist. Zusätzlich ist der Kunde in der aus Transparenzgründen als „Preisanpassungsklausel" zu bezeichnenden Klausel auf seine Rechte (Sonderkündigung und gerichtliche Billigkeitskontrolle) hinzuweisen.[450] Das Beispiel erweist sich als besonders geeignet zur EuGH-Auffassung bezüglich der darzustellenden Faktoren. Hinzu kommt, dass die Anforderungen des Bundesgerichtshofs für Bestimmtheit, Nachvollziehbarkeit und Überprüfbarkeit mit dieser Klausel erfüllt sind.

Nicht zuletzt ist darauf hinzuweisen, dass die Gewährleistung des Äquivalenzprinzips nicht dazu nötigt, bei vorformulierten Abweichungen von der Gesetzeslage *einen absoluten Gleichlauf* der Rechte des Verwenders und der Rechte der anderen Vertragspartei zu gewährleisten. Ebenso handelt es sich nicht um eine

449 *Säcker/Mengering*, a. a. O., S. 1859 (1868).
450 *Säcker/Mengering*, a. a. O., S. 1859 (1868).

feste Größe, die eindeutig festgelegt werden kann (als wäre sie eine mathematische Größe);[451] auch wenn die Vertragspartner innerhalb der vertraglichen Freiheit über einen Freiraum verfügen, in dem sie zur (ausgewogenen) Gestaltung ihrer Rechte, Pflichten und Kosten in einem einigermaßen flexiblen Rahmen sich bewegen dürfen.[452] Eine unausgewogene Gestaltung des Vertragsinhaltes ergibt sich nur im Falle, dass die Grenzen dieses Toleranzrahmens überschritten werden.[453] Es ist also nicht erforderlich, dass die Rechte, Pflichten und Kosten der beiden Seiten objektiv und absolut (quasi mathematisch) zugeordnet werden, um von einer ausgewogenen Gestaltung des Vertragsinhaltes zu reden.[454] Dabei geht es um von die fundamentalen langfristigen Risiken eines Energieliefervertrages, die vom Käufer mitgetragen werden müssen; der Verkäufer/Lieferant kann solche Verträge nach ihrem Zweck und ihrer Rechtsnatur als Dauerschuldverhältnis nur dann abschließen, wenn der Kunde bereit ist, die immanenten Risiken eines solchen Vertrages mitzutragen.[455] In diesen Fällen ist keine einzige Lösung zu erwarten.

Im Ergebnis wird man also nur mit beträchtlicher Zurückhaltung feststellen dürfen, dass es dem Verwender nicht zumutbar und daher unmöglich ist, den Erfordernissen der Judikatur exakt zu entsprechen.[456] Mit dem Kriterium der Äquivalenzsicherungsklausel als Preisanpassungsklausel nimmt die aktuelle Rechtsprechung ganzheitlich und systematisch auf einen Vertragspartner Rücksicht, der typischerweise ein vereinbarungsschwacher Vertragspartner ist.[457] Ein auf diese wesentlichen Faktoren beschränktes analytisches Kostenmodell zur Wahrung des subjektiven Äquivalenzverhältnisses von Leistung und Gegenleistung kann deshalb eine den EU-rechtlichen Transparenzanforderungen entsprechende inhaltliche Konkretisierung darstellen. In der Tat verwirklicht es sowohl die Verbraucher- als auch die Unternehmerinteressen.[458] Die von Säcker und Mengering vorgebrachte Klausel trägt den Anforderungen der Rechtsprechung des Bundesgerichtshofes Rechnung.

---

451 Vgl. *Δωρής*, in: NoB 48, S. 738 (749).

452 *Δωρής*, in: NoB 48, S. 738 (749).

453 *Δωρής*, in: NoB 48, S. 738 (749).

454 *Δωρής*, in: NoB 48, S. 738 (749); vgl. auch *Wurmnest*, in: MükoBGB, § 307 Rn. 52.

455 *Säcker/Mengering*, a. a. O., S. 1859 (1863).

456 *Graf von Westphalen*, Vertragsrecht und AGB-Klauselwerke, Preisanpassungsklauseln, Rn. 36.

457 *Δωρής*, NoB 48 S. 738 (743).

458 Als Alternative zu kostenbasierten Preisanpassungsklauseln scheint der BGH Preiserhöhungsklauseln zu sehen, die auf die Entwicklung des Marktpreises abstellen. *Rott*, VuR 21 (2006), S. 1 (3); *Hilber*, BB 66 (2011), S. 2691 (2698).

D. Die Kontrolle einseitiger Gestaltungsmacht (§ 315 BGB) bei abgeschlossenen Verträgen

Für den Grundversorgungsbereich wird ein Preisbestimmungsrecht aus §§ 5 StromGVV/GasGVV abgeleitet. Die Verordnungsermächtigung des § 39 Abs. 1 bezieht sich auf die Gestaltung der Allgemeinen Preise des Grundversorgers im Bereich der Grundversorgung (§ 36) und der Ersatzversorgung (§ 38). Für den Sonderversorgungsbereich besteht ein Preisbestimmungsrecht kraft vertraglicher Regelung. Ist eine Klausel nach den §§ 305 ff. wirksam, ist die Ermessenausübung im Einzelfall nach § 315 BGB zu überprüfen.

Gemäß § 315 BGB[459] ist eine Vertragspartei in der Lage, den Preis als solchen oder einzelne Preisbestanteile unabhängig vom Willen des Vertragsgegners festzusetzen,[460] wenn diese ihr ein einseitiges Preisbestimmungsrecht eingeräumt hat oder wenn dieser eine solche Befugnis durch Rechtsnorm verliehen wird.[461] Der Leistungsbestimmungsberechtigte kann jedoch die ihm eingeräumten Gestaltungsbefugnisse nicht schrankenlos ausüben; er hat vielmehr die Grenzen billigen Ermessens (arbitrium boni viri) einzuhalten.[462] Wird diese Grenze überschritten, so hat das erkennende Gericht anstelle der Vertragsparteien eine billige Ermessensentscheidung gemäß § 315 Abs. 3 BGB zu treffen.[463] Ratio legis

459 § 315 BGB entspricht Art. 371 ZGB im griechischen Recht; Darauffolgend haben sich Verbraucherverbände aktiv dafür eingesetzt, sich gegen unbillige Preiserhöhungen mit dem Einwand der Unbilligkeit gemäß § 315 BGB zur Wehr zu setzen. Einzelne Verbraucher stellten ihre Zahlungen sogar ein, weil sie die Preiserhöhungen für unbillig hielten. Vgl. *Fricke*, WM 58 (2005), S. 547 (547).

460 *Busche*, in: BerlKommEnR, Band 1, 2. Auflage, § 39 Anh. B EnWG Rn. 1; Entstehungsgesichte und Anwendungsbereich des § 315 BGB bei *Säcker*, RdE 2006, S. 65 (68 f).

461 Derartige Rechtsnormen bilden – nach der ständigen Rechtsprechung des BGH – § AVBEltV, § 4 AVBGasV, § StromGVV und GasGVV; vgl. *Grüneberg* in: Palandt/BGB, 72 Auflage, § 315 Rn. 4; *Wolf* in: Soergel/BGB, Band 2, 12. Auflage, § 315 Rn. 29; vgl. ferner dazu Kapitel. B.

462 *Fricke*, WM 58 (2005), S. 547 (547); ähnlich *Dreher*, ZNER 10/11 (2007), S. 103; *Büdenbender*, NJW 60 (2007), S. 2945 (2945); vgl. auch *Tonner*, in: Tamm/Tonner, Verbraucherrecht, § 15, A. Rn. 87.

463 *Fricke*, WM 58 (2005), S. 547 (547).

für diese Norm ist nicht das wirtschaftliches Ungleichgewicht zwischen den Parteien, sondern das durch die fehlende Zustimmung des Vertragspartners zum späteren Inhalt der Leistungsbestimmung ausgelöste rechtliche Ungleichgewicht i.S. fehlender Partizipation am Inhalt dieser Regelung.[464]

Bereits im Jahr 1925 bejahte das Reichsgericht die Anwendbarkeit des § 315 BGB zugunsten des Abnehmers eines städtischen Elektrizitätswerks und lieferte dabei auch gleich eine Definition der Billigkeit:[465] „Die Feststellung, dass die Betreiberin einerseits zwar das Werk vor Verlusten habe schützen, andererseits aber die Abnehmer nicht habe überteuern wollen, reiche schon aus, um die Preisfestsetzung nicht als unbillig erscheinen zu lassen."[466]

I. Analoge Anwendung des § 315 BGB auf Energiepreiserhöhungen auf der Grundlage der „Monopolpreisrechtsprechung" des Bundesgerichtshofes

Mit Rücksicht auf die Monopolstellung der Versorgungsunternehmen hat die Rechtsprechung seit langem § 315 BGB auf Entgeltänderungen bei monopolartig erbrachten Versorgungsleistungen analog angewandt, die jedoch mit der Liberalisierung der Versorgungsmärkte auf dem Prüfstand steht.[467]

Aufgrund der Generalklauseln des Privatrechts zur Bekämpfung von Monopolmissbräuchen entwickelte das Reichsgericht aus § 826 BGB, zuweilen auch § 138 BGB, seine Lehre vom allgemeinen Kontrahierungszwang als Folge eines in der Monopolausnutzung zu sehenden Sittenverstoßes[468]: „Wo der Einzelne ein ihm tatsächlich zustehendes Monopol oder den Ausschluss einer Konkurrenzmöglichkeit dazu missbraucht, dem allgemeinen Verkehr unbillige und unverhältnismäßige Bedingungen vorzuschreiben, da können dieselben rechtliche Anerkennung nicht finden".[469] Im Anschluss an das Urteil des Reichsgerichts

---

464 *Säcker*, RdE 2006, S. 65 ff.

465 *Ambrosius,* ZNER 10/11 (2007), S. 95 (95).

466 RG, Urteil v. 29.9.1925 – VI 182/25, RGZ 111, S. 310 ff.

467 Vgl. *Derleder/Rott*, WM 58 (2005), S. 423 (424).

468 Vgl. dazu *Rittner,* Wirtschaftsrecht, § 13 Rn. 13; umfassend dazu *Busche*, Privatautonomie und Kontrahierungszwang, S. 162 ff.

469 *Säcker,* Materialien zum deutschen und europäischen Wettbewerbsrecht, W/S 2013/14, S. 73.

vom 29.9.1925[470] hat der Bundesgerichtshof die gerichtliche Kontrolle von Energiepreisen in analoger Anwendung des § 315 Abs. 3 BGB schon früh im Stromsektor eingesetzt[471] und sie nachfolgend über den Strombereich hinaus auf die Kontrolle behördlich genehmigter Tarifpreise in anderen Daseinsvorsorgebereichen (z.B. Krankenhauspflegesätze, Wasser- und Abwasserentgelte)[472] ausgeweitet und zu einem allgemeinen Rechtsprinzip erhoben.[473]

Vor diesem Hintergrund findet nunmehr in den Fällen, wo eine Seite faktisch eine einseitige Bestimmungsmacht bei Gütern der Daseinsvorsorge[474] als Folge einer Monopolstellung am Markt innehat[475], eine Kontrolle von Preiserhöhungen sowohl analog § 315 BGB als auch gemäß § 19 GWB, Art. 102 AEUV statt.[476] Anknüpfungspunkte für die Ungleichheit der Verhandlungsmacht sind zum einen die Monopolstellung der einen Partei und die Angewiesenheit der anderen.[477] Um sich zu dieser Rechtsprechung nicht in einen Widerspruch zu setzen, hat der Kartellsenat seinerseits die Angemessenheitskontrolle des Preises

---

470 RGZ 11, 310 ff. (313).

471 Überblick hierzu u. a *Kühne*, RdE 2005, S. 241 (242); Gesamtüberblick zur Rechtsprechung des Bundesgerichtshofs seit 2003 bei *Ambrosius*, ZNER 10/11 (2007), S. 95, (95 ff.); *Mogwitz/Wagner*, RdE 2008, S. 118 (119) m. w. N.; *Held*, NZM 7 (2004), S. 169 (170) m. w. N.; Der Bundesgerichtshof hat seit 1971 § 315 BGB auf die vertragliche Preisbestimmungsrechte von Versorgungsunternehmen angewandt (vgl. dazu *Ambrosius*, ZNER 10/11 (2007), S. 95 (S. 95 mit Fn. 5). Später bezog der Bundesgerichtshof auch Tarifkunden in den Schutz des § 315 BGB ein (vgl. *Ambrosius*, ZNER 10/11 (2007), S. 95 (S. 95 mit Fn. 6).

472 S. Nachweise *Derleder/Rott*, WM 58 (2005), S. 423 (424).

473 *Kühne*, RdE 2005, S. 241 (242).

474 St. Rspr. des BGH, z. B. BGH Urteil v. 13.6.2007 - VIII ZR 36/06, RdE 2007, S. 258 (259), Tz.33.

475 *Säcker*, Materialien zum deutschen und europäischen Wettbewerbsrecht, W/S 2013/14, S. 73 m. w. N.

476 A. A. *Kühne*, RdE 2005, S. 241 ff. der § 315 BGB als durch § 19 GWB verdrängt ansieht; kritisch dazu *Säcker*, RdE 2006, S. 65 (68 ff.).

477 *Fricke*, WM 58 (2005), S. 547 (548); kritisch zum Kriterium der Angewiesenheitslage *Derleder/Rott*, WM 58 (2005), S. 423 (425); s. auch *Tonner*, in: Tamm/Tonner, Verbraucherrecht, § 15, A. Rn. 88; vgl. auch *Markert*, ZMR 62 (2009), S. 898 (898); *Held*, NZM 7 (2004), S. 169 ff.; *Salje*, et 2005, S. 278 ff.; *Kunth/Tüngler*, NJW 58 (2005), S. 1313.

mit dem Argument auf § 315 BGB gestützt, indem er das im Wettbewerbs- und Regulierungsrecht statuierte Diskriminierungsverbot als ein gesetzliches Preisbestimmungsrecht[478] des Netzbetreibers interpretierte.[479]

Der VIII. Senat hatte dies im Urteil vom 13. Juni 2007[480] *bei der Versorgung von Haushaltskunden mit Gas* nur deshalb verneint,[481] weil es einen einheitlichen Wärmemarkt gebe und der Kunde auf Heizöl[482] und Fernwärme „umsteigen" könne.[483] Diese Rechtsprechung sei aber indessen nicht einschlägig, weil inzwischen auf den örtlichen Märkten kein Versorger mehr über die erforderliche Monopolstellung verfügt[484] und der beklagte Kunde nicht auf die Klägerin angewiesen gewesen sei, sondern Strom auch von einem anderen Anbieter seiner Wahl hätte beziehen können.[485]

---

478 Nach h. L. ist § 315 BGB auch auf gesetzliche Leistungsbestimmungsrechte anwendbar; vgl. *Säcker,* Materialien zum deutschen und europäischen Wettbewerbsrecht, W/S 2013/14, S. 74 mit Fn. 223.

479 BGH v. 4.3.2008 – KZR 29/06 – Stromnetznutzungsentgelt III, BGH NJW 61 (2008), S. 2175, (2177), Tz. 24.

480 Mit Urteil vom 13. Juni 2007 hatte der VIII. Zivilsenat über die Wirksamkeit einer von dem beklagten Gasversorgungsunternehmen vorgenommenen Erhöhung der Gaspreise zu entscheiden, welche mit einer Kostensteigerung beim Bezug von Erdgas begründet worden war.

481 Das Berufungsgericht hat im Urteil v. 13.6.2007 ausgeführt, dass es an einer Monopolstellung der Klage als Grundlage einer entsprechenden Anwendung des § 315 BGB fehlt. Eine analoge Anwendung des § 315 BGB komme aber gleichwohl nicht in Betracht. Denn die Monopolstellung der Stromversorgungsunternehmen, mit der die analoge Anwendung des § 315 BGB begründet worden sei, sei durch die Liberalisierung des Strommarktes im Jahr 1998 weggefallen, so dass für eine gerichtliche Kontrolle der (genehmigten) Tarife kein Raum sei. Der Beklagte habe die Möglichkeit gehabt, Strom von einem anderen Anbieter zu beziehen, und sei auf die Belieferung durch die Klage nicht angewiesen gewesen.

482 So zuletzt *Kunth/Tüngler,* NJW 58 (2005), S. 1313 (1315); *Ehricke,* JZ 60 (2005), S. 599; *Zenke/Thomale,* WuW 2005, S. 28; a. A. *Markert,* ZMR 62 (2009), S. 898.

483 S. dazu insbesondere *Kunth/Tüngler,* NJW 58 (2005), S. 1313 (1314); s. Kritik *Markert,* ZNER 12–14 (2008), S. 44, (46); *ders.* RdE 2007, S. 263 ff.; *ders.,* Anmerkung zum BGH Urteil v. 19.11.2008, RdE 2009, S. 60 (62).

484 *Markert,* ZMR 62 (2009), S. 898 (902).

485 *Ambrosius,* ZNER 10/11 (2007), S. 95, (insb. S. 97 und 98); *Markert,* ZMR 62 (2009), 898 (902).

Abbildung 12: Prozentualer Anteil der Netzgebiete, in denen die dargestellte Anzahl Lieferanten tätig ist[486]

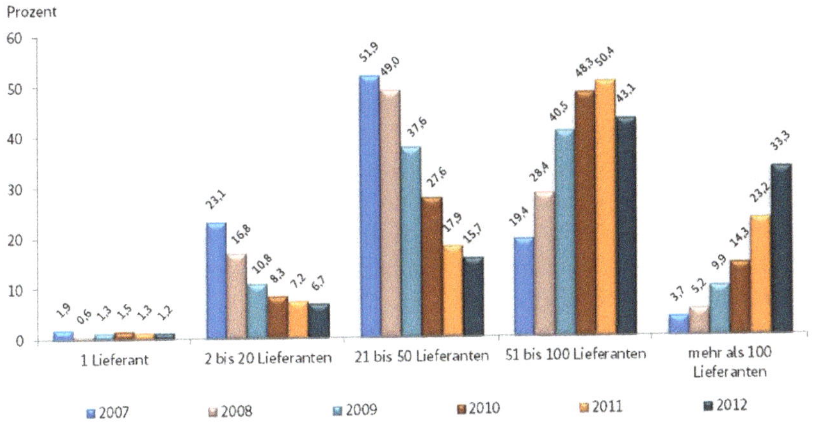

Dem Monitoringbericht 2013 zufolge haben sich die Möglichkeiten für Elektrizitätskunden, zwischen einer Vielzahl von Lieferanten wählen zu können, gegenüber dem Vorjahr 2011 nochmals verbessert. In über drei Viertel aller Netzgebiete waren 2012 mehr als 50 Anbieter aktiv. Im bundesweiten Durchschnitt kann ein Letztverbraucher in seinem Netzgebiet zwischen 88 Anbietern (2011: 80) wählen, für Haushaltskunden liegt der Wert bei 72 Anbietern (2011: 65).

Die sogenannte *Wärmemarktthese des VIII. Zivilsenats* ist nicht nur aus dem oben erwähnten Grunde problematisch, dass sie auf einer prozessrechtlich anfechtbaren Tatsachengrundlage beruht, sondern auch deshalb, weil es in der Rechtsprechung des OLG Düsseldorf sowie der ständigen Verwaltungspraxis des Bundeskartellamtes und des Landeskartellsenats des BGH vom 9. Juli 2002[487] unmissverständlich heißt: „Ein einheitlicher Markt für Wärmeenergie besteht nicht, weil für die Marktgegenseite, also die Hausbesitzer, die sich entweder für Fernwärme oder für eine Ölheizung entschieden haben, die beiden Formen der Wärmeenergie nicht austauschbar sind.“[488] Für das Kartellrecht – § 19 GWB und Art. 102 AEUV – ist unstreitig, dass die Annahme einer marktbeherrschenden

---

486 Abbildung 64: Prozentualer Anteil der Netzgebiete, in denen die dargestellte Anzahl Lieferanten tätig ist, BNetzA/BKartA, Monitorbericht 2013, S. 124.

487 BGH, Urteil v. 9.7.2002, RdE 2003, S. 35 (38).

488 *Markert*, ZNER 12–14 (2008), S. 44, (47); *Markert*, Anmerkung zum BGH Urteil v. 19.11.2008, RdE 2009, S. 62, (63).

Stellung, wozu insbesondere der Fall des Monopols gehört,[489] die Abgrenzung des sachlich und räumlich relevanten Marktes erfordert und dass es sich dabei um eine Tatfrage handelt.[490] Sowohl die Kartellbehörden als auch die Kartellgerichte vertreten die Ansicht, dass das Gasangebot an Haushalts- und Kleingewerbekunden einen sachlich relevanten Markt darstellt und nicht etwa nur Teil eines größeren „Wärmemarktes" unter Einschluss aller übrigen für die „Wärmeerzeugung" geeigneten Energieträger ist.[491]

Diese Ansicht hat allerdings in dem Maße an praktischer Bedeutung verloren, seit immer häufiger neue Gasanbieter auf den örtlichen Märkten aufgetreten sind und dadurch die Monopolstellung des früheren Gebietsversorgers entfallen ist.[492] In diesem Sinne ist heute eine analoge Anwendung des § 315 BGB auf vereinbarte Energiepreise überflüssig.[493]

II. Das Verhältnis von § 315 BGB zu preisrelevanten Regelungen der §§ 19 und 29 GWB

1. Das Instrument der Preismissbrauchskontrolle aus §§ 19 und 29 GWB

Daraus ist auch zu folgern, dass §§ 19 und 29 GWB – auf der lokalen Ebene jedenfalls – im Strom- und Gasbereich nicht mehr relevant sind, da die Marktbeherrschungsvoraussetzungen nicht mehr erfüllt sind. Neben den § 315 BGB, die die Vertragsfreiheit gewährleistet, kann ergänzend die kartellrechtliche Preismissbrauchsaufsicht (Art. 102 AEUV[494], §§ 19, 29 GWB) eingreifen.[495] Das setzt allerdings voraus, dass die Vertragspartei, die einseitig zur Preissetzung in der

489 *Markert,* ZMR 62 (2009), S. 898.

490 Ausführlich zur Funktion der Marktabgrenzung im gerichtlichen Verfahren z. B. BGH-Kartellsenat v. 5.10.2004, WuW/E DE-R S. 1355, (1356 ff.).

491 Die Nachweise dafür hat *Markert* in RdE 2007, S. 163, Fn. 18 genannt.

492 *Markert,* ZMR 2009, S. 898, (898); *Tonner,* in: Tamm/Tonner, Verbraucherrecht, § 15, A. Rn. 88; kritisch dazu *Derleder/Rott,* WM 58 (2005), S. 423 (425); die Situation war vor 3 Jahren ganz anders. Siehe dazu Sondergutachten 34 der Monopolkommission, S. 56 ff.; s. auch für die Struktur im Gasversorgungsmarkt *Derleder/Rott,* WM 58 (2005), S. 423 (425).

493 *Säcker,* ZNER 10/11 (2007), S. 114 (116).

494 Auf das in Art. 102 AEVU geregelte Verbot des Missbrauchs einer beherrschenden Stellung wird hier nicht eingegangen.

495 Vgl. *Busche,* in: BerlKommEnR, Band 1, 3. Auflage, Anhang zu § 39 EnWG, Rn. 1.

Lage ist, eine marktbeherrschende Stellung missbräuchlich ausnutzt, was sowohl für den Grundversorgungs- als auch für den Sonderabnehmerbereich gilt.

Gemäß § 19 Abs. 4 Nr. 2 GWB verhalten sich marktbeherrschende Unternehmen missbräuchlich, wenn sie Entgelte fordern, die von denjenigen abweichen, die sich bei wirksamem Wettbewerb mit hoher Wahrscheinlichkeit ergeben würden.[496] Als Maßstab gilt somit ein Als-Ob-Wettbewerbspreis, d.h. ein hypothetischer Preis, der sich bei wirksamem Wettbewerb auf dem beherrschten Markt einstellen würde.[497]

Speziell für Energieversorgungsunternehmen mit einer marktbeherrschenden Stellung wurde § 19 GWB sogar noch verschärft, und zwar durch den § 29 GWB.[498] § 29 GWB zur Energiewirtschaft wurde mit dem „*Gesetz zur Bekämpfung von Preismissbrauch im Bereich der Energieversorgung und des Lebensmittelhandels*“ am 18.12.2007[499] in das GWB eingefügt und gilt gemäß § 131 Abs. 1 GWB bis einschließlich 31.12.2012[500]. Nach der Begründung des Gesetzentwurfs der Bundesregierung soll § 29 GWB die Effektivität kartellbehördlicher Eingriffsmöglichkeiten steigern und den Kartellbehörden die Durchsetzung des in § 19 GWB festgelegten Missbrauchsverbots erleichtern.[501]

---

496 Im Rahmen von Lieferverträgen geltend gemachte Forderungen von Preisen, die nach den Vorschriften des § 19 Abs. 4 Nrn. 2 und 3 und dem § 29 GWB missbräuchlich überhöht sind, sind nach § 134 BGB im Umfang der Überhöhung nichtig. Eine Zahlungsverpflichtung des Kunden besteht daher insoweit nicht. Der Kunde ist außerdem nach § 33 Abs.1 und 3 GWB berechtigt, soweit die dreijährige Verjährung nach den §§ 195 und 199 BGB noch nicht eingetreten ist, die überzahlten Beträge zurückzufordern, und zwar unabhängig davon, ob die Zahlung nur unter Vorbehalt oder vorbehaltslos erfolgte.

497 Vgl. *Busche*, in: BerlKommEnR/*Busche*, Band 1, 3. Auflage, Anhang zu § 39 EnWG Rn. 15; unter welchen Voraussetzungen nach diesen Vorschriften ein verbotener Missbrauch durch das Fordern überhöhter Preise angenommen werden kann, wird in der vorliegenden Arbeit nicht dargelegt. Nur wird es auf die Ergebnisse von *Markert* [Gutachten im Auftrag des Bundes der Energieverbraucher e.V., abrufbar unter: http://www.energieverbraucher.de/files_db/dl_mg_1196269074.pdf S. 10 ff. (insb. S. 12, 13, 14 und 15) m. w. N.] hingewiesen.

498 Kritisch über die Aufnahme von Vorschrift § 29 in das GWB Monopolokommission, Sondergutachten 59, Tz. 715.

499 Gesetz zur Bekämpfung von Preismissbrauch im Bereich der Energieversorgung und des Lebensmittelhandels vom 18.12.2007, BGB1. I S. 2966 vom 21.12.2007.

500 Zur Entstehungsgesichte *Bruhn* in: BerlKommEnR, Band 2, 2. Auflage, § 29 GWB Rn. 10 und 11.

501 *Bruhn*, in: BerKommEnR, Band 2, 2. Auflage, § 29 GWB Rn. 1.

Insbesondere führt § 29 GWB[502] zwei neue Missbrauchstatbestände ein: während § 29 Nr. 1 GWB wettbewerbsanaloge Energiepreise fordert, verbietet § 29 Nr. 2 GWB unangemessene Kostenüberschreitungen.[503] Der vorrangige Maßstab für die Beurteilung, ob dieser Preis missbräuchlich im Sinne des Gesetzes ist, ist jedoch nicht das Preisverhalten anderer Anbieter auf vergleichbaren Märkten, sondern die Kostensituation des jeweiligen Versorgungsunternehmens selbst.[504] Von Bedeutung ist vor allem, dass gemäß § 29 Satz 1 Nr. 1 GWB die Beweislast für die strukturelle Vergleichbarkeit der betrachteten Unternehmen umgekehrt wird.

Die Prüfung, ob auf dem Markt die gesetzlichen Marktbeherrschungsvoraussetzungen erfüllt sind, setzt zunächst die Bestimmung des in dem zu beurteilenden Einzelfall sachlich und räumlich relevanten Marktes voraus:[505] Die sachliche und räumliche Marktabgrenzung des Bundeskartellamtes im Strom- und Gassektor ist höchstrichterlich bestätigt worden[506], hat sich in der Praxis bewahrt und wurde

---

502 Der Vorschrift liegt die Annahme des Gesetzgebers zugrunde, dass der Wettbewerb im Bereich der leitungsgebundenen Versorgung mit Elektrizität und Gas in einem überdurchschnittlichen Ausmaß beeinträchtigt ist. Hieraus ergibt sich der Gesetzesweck der gesteigerten Intensität der kartellrechtlichen Preismissbrauchsaufsicht. Die Aufnahme der Vorschrift in das GWB wurde damit begründet, dass sich seit der Marktöffnung auf den Energieversorgungsnetzen vor- und nachgelagerten Energiemärkten ein funktionierender Wettbewerb noch nicht in ausreichendem Ausmaß entwickelt habe. Vgl. dazu *Bruhn*, in: BerKommEnR, Band 2, 2. Auflage, § 29 GWB Rn. 2.

503 Zur Anwendung eines Gewinnbegrenzungskonzeptes bei der Prüfung nach Art. 102 AEUV zusammenfassend *Bruhn*, in: BerlKommEnR, Band 2, 2. Auflage, § 29 GWB Rn. 61–64; vgl. auch zur Anwendung eines Gewinnbegrenzungskonzeptes bei der Prüfung nach dem § 19 GWB *Bruhn*, in: BerlKommEnR, Band 2, 2. Auflage, § 29 GWB Rn. 65–68.

504 *Bruhn*, in: BerlKommEnR, Band 2, 2. Auflage, § 29 GWB Rn. 5; vgl. auch ausführlich zu den Wirkungen des § 29 GWB Monopolkommission, Preiskontrollen in Energiewirtschaft und Handel?, Sondergutachten 47, Baden-Baden 2007, Tz. 14 ff.; BKartA- Die Wettbewerbsaufsicht des Bundeskartellamtes, Schwerpunkte 2007/2008, S.25, abrufbar unter: http://www.bundeskartellamt.de/SharedDocs/Publikation/DE/Taetigkeitsberichte/Bundeskartellamt%20-%20T%C3%A4tigkeitsbericht%202008_KURZ.pdf?__blob=publicationFile&v=2 zuletzt besucht am 24.3.2014.

505 Zu der gesetzlichen Anforderungen an eine solche Stellung vgl. umfassend *Markert*, Gutachten im Auftrag des Bundes der Energieverbraucher e.V., abrufbar unter: http://www.energieverbraucher.de/files_db/dl_mg_1196269074.pdf S. 2 ff. m. w. N. zuletzt besucht am 6.7.2013; über eine Kritische Würdigung der Marktabgrenzung vgl. Monopolkommission Sonder 59, Tz. 148 ff.

506 Vgl. BGH, Beschluss vom 10. Dezember 2008, KVR 2/08, WuW/E DE-R 2538 „Stadtwerke Uelzen“.

von der Monopolkommission bereits mehrfach als angemessen beurteilt.[507] Das Angebot von *Strom* an Haushaltskunden ist nach einhelliger Ansicht aller Kartellbehörden und -gerichte einschließlich des Bundesgerichtshofes innerhalb des Gesamtspektrums des Stromangebots *ein eigener sachlich relevanter Markt.*[508] Dass Strom in einzelnen Verwendungsarten, z.B. für Kraft- oder Heizzwecke, durch andere Energieträger substituierbar ist, wird übereinstimmend nicht als Grund für eine erweiterte sachliche Marktabgrenzung angesehen.[509] Die Belieferung von Haushaltskunden mit *Erdgas* ist ebenfalls innerhalb des Gesamtspektrums des Gasangebots ein eigener sachlich relevanter Markt.[510] Dies wird durch die folgende Feststellung im BGH-Urteil im Fall Fernwärme für Börsen bestätigt: „Ein einheitlicher Markt für Wärmeenergie … besteht nicht, weil für die Marktgegenseite, also die Hausbesitzer, die sich entweder für Fernwärme oder für eine Ölheizung entschieden haben, die beiden Formen der Wärmeenergie nicht austauschbar sind."[511] Die Annahme eines eigenen sachlich relevanten Marktes für die Belieferung von Haushaltskunden mit Erdgas entspricht schließlich auch der ständigen Verwaltungspraxis des Bundeskartellamtes.[512]

Die im Strom- und Gassektor in sachlicher Hinsicht abgegrenzten Märkte sind auch im Hinblick *auf ihre räumliche Ausdehnung* zu bestimmen.[513] Dabei umfasst der räumlich relevante Markt das Gebiet, in dem die beteiligten

507 Vgl. Monopolkommission, Sondergutachten 59, Energie 2011, Tz. 148.

508 So z.B. BGH v. 4.11.2003, WuW/E DE-R 1206, (1207) – Strom und Telefon I; ebenso und die ständige Verwaltungspraxis des Bundeskartellamtes, z.B. Beschluss v. 12.3.2007, WuW/E DE-V 1357, 1363 – RWE/Saar Ferngas; vgl. auch BKartA-Tätigkeitsbericht 2005/2006, BT-Drucks. 16/5710, S.125.

509 Über die Differenzierungen des Bundeskartellamtes der sachlich relevanten Märkten im Stromsektor vgl. Monopolkommission, Sondergutachten 59, Energie 2011, Tz. 143.

510 Bestätigt in Monopolkommission, Sondergutachten 59, Energie 2011: Wettbewerbsentwicklung im Licht und Schatten, S. 85 ff. insb. Tz. 161 ff. und 164; vgl. auch die Kritische Würdigung der Marktabgrenzung in Monopolkommission Sonder 59, Tz. 148 ff. (insb. 161, 162 163 und 164); Monopolkommission, Sondergutachten 54, Tz. 70 und 71.

511 BGH, Urteil v. 9.7.2002, RdE 2003, S. 35 (38); vgl. auch *Klaue*, EWeRK 2009, S. 9.

512 Z.B. Beschluss v. 12.3.2007, WuW/E DE-V 1357, (1361) – RWE/Saar Ferngas; materialreich zur Rechtsprechung *Markert*, Gutachten im Auftrag des Bundes der Energieverbraucher e.V., abrufbar unter: http://www.energieverbraucher.de/files_db/dl_mg_1196269074.pdf S. 5 ff. m. w. N. zuletzt besucht am 6.7.2013.

513 Ausführlich dazu Monopolkommission, Sondergutachten 59, Energie 2011: Wettbewerbsentwicklung im Licht und Schatten, Tz. 145; vgl. auch die Kritik der Monopolkommission Sondergutachten 59, Energie 2011: Wettbewerbsentwicklung im Licht und Schatten, in Tz. 172 unter dem Titel „*Netzbezogene oder weitere räumliche*

Unternehmen die relevanten Produkte bzw. Dienstleistungen anbieten, in dem die Wettbewerbsbedingungen hinreichend homogen sind und das sich von den benachbarten Gebieten durch spürbar unterschiedliche Wettbewerbsbedingungen unterscheidet.[514] Der Endabnehmermarkt bildet die unterste Marktstufe.[515]

In der Vergangenheit verfügte eine Vielzahl von Unternehmen auf unterschiedlichen Märkten im Energiesektor über Marktmacht,[516] die jedoch im Laufe der Liberalisierung und durch sukzessive Reduzierung struktureller Marktzutrittsbarrieren nach und nach durch den Marktzutritt von Wettbewerbern zurückgedrängt wurde und weiter zurückgedrängt wird.[517] *Die Gasbranche* stand schon in den Jahren 2009/2010 unter dem Eindruck eines in diesem Ausmaß bisher unbekannten Angebotsüberschusses.[518] Seit der Marktöffnung und Schaffung einer rechtlichen Grundlage für einen funktionierenden Lieferantenwechsel hat sich die Zahl der aktiven Gaslieferanten in den verschiedenen

---

Marktabgrenzung der Endkundenmärkte?"; vgl. auch Monopolkommission, Sondergutachten 54, Tz. 72.

514 Monopolkommission, Sondergutachten 59, Energie 2011: Wettbewerbsentwicklung im Licht und Schatten, Tz. 145; über die Marktabgrenzung im Energiesektor vgl. auch *Säcker*, in: BerlKommEnR, Band 2, § 19 GWB Rn. 4 ff.

515 Ausführlich dazu *Säcker*, in: BerlKommEnR, Band 2, 2. Auflage, § 19 GWB Rn. 13 m. w. N.

516 Ausführlich dazu *Säcker/Wolf*, in: BerlKommEnR, Art. 101 AEUV, VII. Vertikale Vereinbarungen im Energiesektor, Rn. 4 m. w. N.; BKartA-Tätigkeitsbericht 2005/2006, Kurzfassung, S. 38 ff. abrufbar unter: http://www.bundeskartellamt.de/SharedDocs/Publikation/DE/Taetigkeitsberichte/Bundeskartellamt%20-%20T%C3%A4tigkeitsbericht%202006_KURZ.pdf?__blob=publicationFile&v=2 zuletzt besucht am 24.3.2014; vgl. auch *Becker*, Kartellrechtliche Kontrolle von Strompreisen, S. 4 ff. (insb. 7, 8 und 9) m. w. N. ; *Markert*, Gutachten im Auftrag des Bundes der Energieverbraucher e.V. abrufbar unter: http://www.energieverbraucher.de/files_db/dl_mg_1196269074.pdf S. 5 ff. m. w. N.

517 Monopolkommission, Sondergutachten 59, Kapitel, 6.5.1. Tz. 710, S. 296; vgl. auch Marktbeherrschende Elektrizitätsanbieter und Marktbeherrschende Gasanbieter bei *Becker/Blau*, in: Schneider/Theobald, EnWR, § 12 Rn. 30–37.

518 Bericht des Bundeskartellamtes über seine Tätigkeit in den Jahren 2009/2010 sowie über die Lage und Entwicklung auf seinem Aufgabengebiet und Stellungnahme der Bundesregierung, Drucksache 17/6640, SS. 33–34, abrufbar unter: http://www.bundeskartellamt.de/SharedDocs/Publikation/DE/Taetigkeitsberichte/Bundeskartellamt%20-%20T%C3%A4tigkeitsbericht%202010.pdf?__blob=publicationFile&v=3 zuletzt besucht am 24.3.2014., S. 34.

Netzgebieten stets positiv entwickelt. Im Berichtsjahr 2012 hat sich der Trend zu mehr Vielfalt weiterhin verfestigt.[519]

Tabelle 1: Anzahl der Lieferantenwechsel sowie Anzahl der Lieferantenwechsel in 2012 nach Kategorien der Letztverbraucher gemäß Abfrage FNB und VNB Gas[520]

Kategorie	Anzahl Letztverbraucher VNB und FNB	Anzahl Lieferantenwechsel VNB und FNB	Anteil der Lieferantenwechsel an der Anzahl Letztverbraucher in Prozent
≤ 300 MWh/a	13.542.688	1.021.793	7,54
<300 MWh/a ≤ 100.000 MWh/a	153.482	17.459	11,38
> 100.000 MWh/a	1.678	189	11,26
Gaskraftwerke	932	30	3,22
Gesamt	13.698.780	1.039.471	7,59

In knapp 86% der Netzgebiete beliefern 31 oder mehr Gaslieferanten Letztverbraucher. Mittlerweile stehen in fast 60% der Netze sogar mehr als 50 Gaslieferanten zur Verfügung.[521] Andererseits hat sich auch die Lieferantenwechselquote unter den Letztverbrauchern vervielfacht.[522] Dazu ist Tabelle 1 mit dem Titel „Anzahl der Letztverbraucher sowie Anzahl der Lieferantenwechsel in 2012 nach Kategorien der Letztverbraucher gemäß Abfrage FNB und VNB Gas" besonders erhellend.

519 BNetzA/BkartA, Monitoringbericht 2013, Kapitel II. G. 4.

520 Tabelle 51: Anzahl der Lieferantenwechsel sowie Anzahl der Lieferantenwechsel in 2012 nach Kategorien der Letztverbraucher gemäß Abfrage FNB und VNB Gas BNetzA/BKartA, Monitoringbericht 2013, Kapitel II. H. 5. 1.

521 Überblick des Prozentualen Anteils der Netzgebiete, in denen die dargestellte Anzahl von Lieferanten tätig ist (alle Letztverbraucher) gemäß Abfrage VNB 2008–2012160 siehe Abbildung 133 BNetzA/BkartA, Monitoringbericht 2013, Kapitel II. G. 4.

522 Bericht des Bundeskartellamtes über seine Tätigkeit in den Jahren 2009/2010 sowie über die Lage und Entwicklung auf seinem Aufgabengebiet und Stellungnahme der Bundesregierung, Drucksache 17/6640, S. 34, abrufbar unter: http://www.bundeskartellamt.de/SharedDocs/Publikation/DE/Taetigkeitsberichte/Bundeskartellamt%20-%20T%C3%A4tigkeitsbericht%202010.pdf?__blob=publicationFile&v=3 zuletzt besucht am 24.3.2014.

Der Endkundenmarkt *Strom* war auch durch eine große Dynamik geprägt; eine immer größere Zahl von Anbietern drängte in den Markt[523] und der Trend zu einem vermehrten Lieferantenwechsel hat sich insgesamt verfestigt, was folgender Abbildung zu entnehmen ist:

Abbildung 13: Anzahl der Lieferantenwechsel von Letztverbrauchern (inkl. Ein-, Aus- und Umzüge)[524]

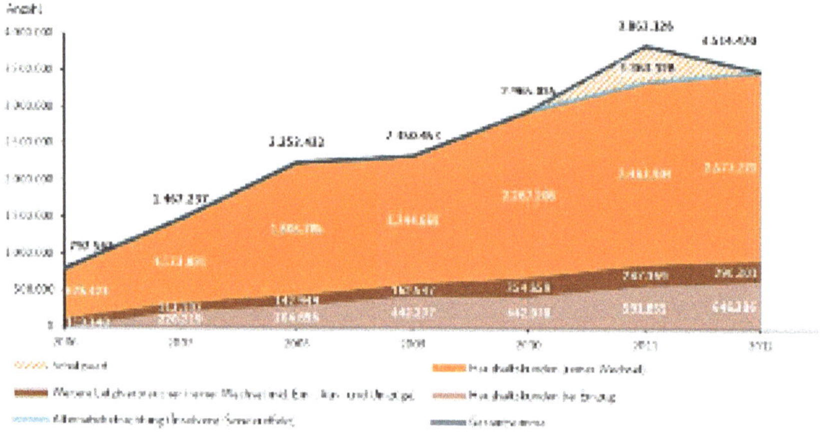

In dem Sinne kann es keine Preiskontrolle nach §§ 19 und 29 GWB geben, was auch für die Preiserhöhung gilt. Bei einem Oligopol könnte zwar § 19 GWB relevant sein, aber nur soweit eins vorliegt.

523 Monopolkommission, Sondergutachten 59, Energie 2011: Wettbewerbsentwicklung im Licht und Schatten, Kapitel 6.4.1. Tz. 673, S. 285.

524 Abbildung 65: Anzahl der Lieferantenwechsel von Letztverbrauchern (inkl. Ein-, Aus- und Umzüge), BNetzA/BKartA, Monitoringbericht 2013, Kapitel I. H. 5. 1.; zur Ermittlung der Lieferantenwechsel wurden die ÜNB und VNB nach Menge und Anzahl der Wechsel an den Zählpunkten in ihrem Netzbereich befragt. Die Ergebnisse dieser reinen Lieferantenwechsel sind als Gesamtwert und für die jeweiligen drei Kundenkategorien von Letztverbrauchern angegeben. In die Letztverbraucherkategorie ≤ 10 MWh/Jahr fallen dabei typische Haushaltskunden, in die Kategorie > 10 MWh/Jahr ≤ 2 GWh/Jahr Gewerbe- und kleinere Industriekunden und in die Kategorie > 2 GWh/Jahr reine Industriekunden.

2. Konkurrenzrechtliches Verhältnis von § 315 BGB zu § 19 GWB

Wird von der Kontrolle der Strom und Gaspreiserhöhung nach den kartellrechtlichen Vorschriften ausgegangen, so lassen sich deutliche Parallelen zwischen dem Maßstab des § 315 BGB und 19 GWB skizzieren. Daher ist zu klären, ob die Preismissbrauchskontrolle des allgemeinen Kartellrechts die richterliche Billigkeitskontrolle des § 315 Abs. 3 BGB vollständig verdränge (1.). Vor diesem Hintergrund ist im Folgenden in einem zweiten Schritt der Kontrollmaßstab des § 315 Abs. 3 BGB und das Verhältnis bzw. die inhaltliche Gleichheit zum Kontrollmaßstab des § 19 GWB zu erörtern (2.).

Einerseits stellt sich die Frage, ob die kartellrechtliche und die zivilrechtliche Preiskontrolle voneinander unabhängig sind und sich nicht ausschließen.

Der Bundesgerichtshof hat früh darauf – auch nach der VI. GWB-Novelle 1999 – hingewiesen, dass die Grenzen der zivilrechtlichen Billigkeitskontrolle, der kartellrechtlichen Preismissbrauchskontrolle und des kartellrechtlichen Diskriminierungsverbotes nicht zusammenfallen;[525] Der Kartellsenat hat seinerseits im Urteil vom 18. Oktober 2005[526] auch abschließend gesagt, das Berufungsgericht müsse außer § 315 BGB auch § 19 GWB prüfen.

Demgemäß besteht in der Literatur ganz überwiegend Konsens darüber, dass die kartellrechtliche und die zivilrechtliche Preiskontrolle voneinander unabhängig sind und sich nicht ausschließen.[527] Hingewiesen worden ist ferner darauf, dass das kartellrechtliche Instrumentarium als quasi-deliktsrechtliche Regelung die für Verträge erfolgende Billigkeitskontrolle nach § 315 BGB nicht

---

525 BGH, Urteil v. 18.10.2005 – KZR 36/04, NJW 59 (2006), 684, 687 unter III 4; BGH, Urteil v. 13.6.2007, – VIII ZR 36/06, RdE 2007, S. 258; vgl. auch *Fricke*, WM 58 (2005), S. 547 (548); *Hanau*, ZIP 27 (2006), S. 1281, (1282) insb. Fn. 15 zu weiteren Nachweise;; umfassend dazu: *Braband*, Strompreise zwischen Privatautonomie und staatlicher Kontrolle, Diss. Jena 2001, S.198 f.; a. A. *Kühne*, RdE 2005, S. 241 (241 ff.); *ders.*, NJW 59 (2006), S. 654 (655); *ders.*, NJW 59 (2006), S. 2520 ff. und *Ehricke*, JZ 60 (2005), S. 599, (602).

526 BGH, Urteil v. 18.10.2005 – KZR 36/04, NJW 59 (2006), S. 684.

527 Mit Nachdruck *Säcker*, RdE 2006, S. 65 (70); *Bork*, JZ 61 (2006), S. 682 (685); u. a. *Markert* RdE 2006, 84 (85); *von Hammerstein*, ZNER 8/9 (2005), S. 9 (13); *Büdenbender*, Zulässigkeit der Preiskontrolle von Fernwärmeversorgungsverträgen, 2005, S. 64; *Braband*, Strompreise zwischen Privatautonomie und staatlicher Kontrolle (2003), S. 169 ff. m. w. N.; *Fricke*, WM 58 (2005), S. 547 (548); immer noch lesenswert *Hanau*, ZIP 27 (2006), S. 1281, (1282); besonders kritisch *Derleder/Rott*, WM 58 (2005), S. 423 (425); a. A. *Kühne*, NJW 59 (2006), S. 654 (655 f.); *Ehricke*, JZ 60 (2005), S. 599 (602); *Hempel*, in: FS G. Kühne, S. 129 (131).

verdrängt.[528] Das zeigt bereits ein Blick auf die Rechtsnatur der Ansprüche: Während § 315 GWB Teil des allgemeinen Schuldvertragsrechts ist, sind die §§ 19, 20, 29, 33 GWB[529] ihrem Ursprung nach deliktsrechtlicher Natur.[530] Es gibt weder de lege lata noch de lege ferenda einen Grund, das private Vertragsrecht durch Vorschriften des allgemeinen oder besonderen Deliktsrechts – dazu gehört § 19 GWB – als verdrängt anzusehen;[531] daher kann es kein „logischer Vorrang" der kartellrechtlichen Vorschriften bestehen.[532]

Hinzu kommt, dass die Missbrauchsaufsicht gegenüber marktbeherrschenden Unternehmen unbillige Behinderung des Wettbewerbs bekämpft, während eine am Vertragsrecht orientierte Kontrolle sich am Äquivalenzverhältnis zwischen den Vertragsparteien bei der Bestimmung der Grenzen einer Anpassung in laufenden Dauerschuldverhältnissen ausrichten muss.[533] In jedwedem schuldrechtlichen Vertragsverhältnis, in welchem einem Vertragsteil ein einseitiges Leistungsbestimmungsrecht zufällt und diesem dabei ein Ermessen eingeräumt ist, muss das Gestaltungsrecht durch den Bestimmungsberechtigten gemäß § 315 BGB im Zweifel in den Grenzen des „billigen Ermessens" ausgeübt werden. Der Gesetzgeber knüpft die Billigkeitskontrolle allein an rechtsgeschäftlich eingeräumte einseitige Gestaltungsmacht[534], und es ist dabei ohne Belang, ob der Leistungsbestimmungsberechtigte seinerseits etwa in einem Wettbewerb mit Dritten steht oder nicht.[535] Hier besteht privatrechtsdogmatisch die Notwendigkeit, eine richterliche Kontrolle des einseitig ausgeübten leistungsbestimmenden Gestaltungsrechts zu installieren, die die notwendige Kompensation für die

---

528 *Büdenbender*, NJW 60 (2007), S. 2945 (2947); *Markert*, Gutachten im Auftrag des Bundes der Energieverbraucher e.V., abrufbar unter: http://www.energieverbraucher.de/files_db/dl_mg_1196269074.pdf S. 23, zuletzt besucht am 9.7.2014.

529 Die in § 33 GWB aufgeführten Normen sind dogmatisch auch als Schutzgesetze i.S. von § 823 Abs. 2 BGB einzuordnen, die bei kartellierten oder missbräuchlich überhöhten Preisen dem Betroffenen Schadensersatzansprüche gegen das Unternehmen gewähren, das gegen das Schutzgesetz schuldhaft-rechtswidrig verstoßen hat.

530 *Busche*, in: BerlKommEnR, Band 1, 3. Auflage, Anhang zu § 39 EnWG Rn. 6.

531 So *Säcker*, ZNER 10/11 (2007), S. 114 (115).

532 *Busche*, in: BerlKommEnR, Band 1, 3. Auflage, Anhang zu § 39 EnWG Rn. 6 mit Fn. 14; grundlegend hierzu *Säcker*, ZNER 10/11 (2007), S. 114 (115).

533 *Derleder/Rott*, WM 58 (2005), S. 423 (424); *Fricke*, WM 58 (2005), S. 547 (548); *Busche*, in: BerlKommEnR, Band 1, 3. Auflage, Anhang zu § 39 EnWG Rn. 1.

534 *Säcker*, RdE (2006), S. 65 (70).

535 *Fricke*, WM 58 (2005), S. 547 (547); *Held*, NZM 7 (2004), S. 169, (171); Pointiert *Säcker*, RdE (2006), S. 65 (insb. S. 69, 70); vgl. auch Hanau, ZIP, 2006, S. 1281 (1282) m. w. N.; a. A. *Ehricke*, JZ 60 (2005), S. 599; *Kühne*, RdE 2005, S. 241 ff.

fehlende Mitwirkung des Vertragspartners an der nachträglichen Umgestaltung des Vertragsinhalts darstellt.[536] Ziel ist die Gewährleistung ausgleichender Gerechtigkeit; dabei handelt es sich nicht um Marktmacht, sondern um Rechtsmacht.[537] Die wettbewerbsrechtliche Missbrauchsaufsicht kann somit nicht gegen die Billigkeitskontrolle nach § 315 BGB ausgespielt werden.[538]

Allerdings ist das Ergebnis der parallelen Anwendung von § 19 GWB und § 315 BGB auf denselben Sachverhalt identisch:[539] Ist die Preiserhöhung nach § 315 Abs. 1 BGB unangemessen, so ist die Gestaltungserklärung nach § 315 Abs. 3 S. 1 BGB unwirksam; die richterliche Gestaltung ersetzt die unwirksame Regelung. Genauso ist bei Anwendung des § 19 GWB; § 19 GWB ist nicht nur Schutzgesetz im Sinne der §§ 33 GWB, 823 Abs. 2 BGB, sondern konsequenterweise auch Verbotsgesetz im Sinne von § 134 BGB; denn § 19 Abs. 1 GWB verbietet dem Marktbeherrscher, seine Stellung dazu auszunutzen, um gegenüber seinem Vertragspartner missbräuchliche Bedingungen durchzusetzen. Der Vertrag ist, soweit das Entgelt überhöht, d.h. nicht wettbewerbsanalog ist, unwirksam.[540] An die Stelle des missbräuchlichen Preises tritt der wettbewerbsanaloge Preis als Vertragspreis.[541]

---

536 *Säcker*, RdE (2006), S. 65 (insb. S. 70).

537 *Büdenbender*, NJW 60 (2007), S. 2945 (2947); *Ambrosius*, ZNER 10/11 (2007), S. 95, (98).

538 *Derleder/Rott*, WM 58 (2005), S. 423 (424).

539 *Säcker*, RdE 2006, S. 65 (70); „Die Bedeutung von Doppelkontrolle vertraglich vereinbarter Preise und Konditionen durch vertragsrechtliche und wettbewerbsrechtliche (sonderdeliktsrechtliche) Kontrollmechanismen zeigt sich, die Folge der Anerkennung des Schutz- und Verbotsgesetzcharakters der kartellrechtlichen Normen in einem modernen kompetitiven Privatrecht ist, gerade an der Beseitigung der Disharmonien zwischen Zivilrecht (§§ 134, 138, 823 BGB) und Wettbewerbsrecht (Art. 101 f. AEVU, §§ 19 f. GWB)". Dazu ausführlich *Säcker*, Die privatrechtliche Dimension des Wettbewerbsrechts – Zur systematischen Verankerung des private enforcement im Zivilrecht, (veröffentlicht auf Griechisch: Το δίκαιο του ανταγωνισμού από τη σκοπιά του ιδιωτικού δικαίου – προς μια συστηματική κατοχύρωση των ιδιωτικών μέσων επιβολής στο αστικό δίκαιο) in: Τιμητικός Τόμος για τον καθηγητή Μιχάλη Σταθόπουλο, Αθήνα 2010, S. 2615 (2628 f., insb. S. 2637).

540 *Säcker*, RdE 2006, S. 65 (70).

541 Näher dazu *Säcker*, Die privatrechtliche Dimension des Wettbewerbsrechts – Zur systematischen Verankerung des private enforcement im Zivilrecht, (veröffentlicht auf Griechisch: Το δίκαιο του ανταγωνισμού από τη σκοπιά του ιδιωτικού δικαίου – προς μια συστηματική κατοχύρωση των ιδιωτικών μέσων επιβολής στο αστικό δίκαιο) in: Τιμητικός Τόμος για τον καθηγητή Μιχάλη Σταθόπουλο, S. 2615 (2623, 2624).

Im Ergebnis kommt also die zivilrechtliche Billigkeitskontrolle nach § 315 BGB ohne Weiteres neben der kartellrechtlichen Missbrauchsaufsicht zur Anwendung, und zwar unabhängig davon, ob der Bestimmungsberechtigte über eine marktbeherrschende Stellung verfügt oder nicht.[542]

3. Inhaltliche Gleichheit der Kontrollmaßstäbe von §§ 315 BGB, 19 GWB

Ob andererseits der Maßstab der Billigkeit des § 315 BGB mit dem Maßstab des § 19 Abs. 4 GWB und des § 20 Abs. 1 und 2 GWB sowie den energiewirtschaftlichen Kriterien für die Bestimmung der Netzentgelte identisch sind, wird unterschiedlich[543] beurteilt.[544] Damit hängt insbesondere die Frage zusammen, inwieweit sich die Maßstäbe des § 315 BGB dem Missbrauchsverbot bei Marktmacht ähneln bzw. ähneln können, insbesondere dem Preismissbrauchsverbot des § 19 GWB.

In diesem Zusammenhang betrachtet Säcker den Preis, der im Sinne der §§ 19 Abs. 1 und 4 GWB missbräuchlich überhöht ist bzw. eine unbillige Behinderung darstellt, als unbillig auch im Sinne von § 315 BGB. Aber auch umgekehrt gilt: Fordert ein marktbeherrschendes Unternehmen einen im Sinne von § 315 BGB unangemessen Preis, so ist dies zugleich missbräuchlich im Sinne von § 19 Abs. 1 GWB. Auf einen billigeren als den wettbewerbsanalogen Preis hat im Privatrecht niemand Anspruch.[545] Bei beiden Normen ist unabhängig von ihrer unterschiedlichen Schutzrichtung (während § 315 Abs., 3 Individualinteressen schützt, verfolgt § 19 GWB den objektiven Schutz des Wettbewerbs an sich) stets auf die konkreten wirtschaftlichen Gegebenheiten abzustellen, da nur diese ein objektives Abbild über die jeweils „billigen" oder „missbräuchlichen" Preise geben können. Hieraus folgt, dass ein Preis, der missbräuchlich nach § 19 GWB ist, immer auch als unbillig im Sinne von § 315 Abs. 3 BGB zu qualifizieren ist.

---

542 *Busche*, in: BerlKommEnR, Band 1, 3. Auflage, Anhang zu § 39 EnWG Rn. 6.

543 *Kühne*, NJW 59 (2006), S. 654 (insb. S. 655 f.); *Ehricke*, JZ 60 (2005), S. 599 (602); a. A. *Säcker*, RdE 2006, S. 65 (70); *Büdenbender*, NJW 60 (2007), S. 2945 (2947).

544 *Bruhn*, in: BerlKommEnR, Band 2, 2. Auflage, § 29 GWB Rn. 70; Zum grundsätzlichen Verhältnis der Anwendung von § 19 GWB und § 315 BGB siehe auch *Bruhn*, BerlKommEnR, Band 1, 3. Auflage, § 41, EnWG Rn. 32.

545 *Säcker*, RdE 2006, S. 65 (70); *Säcker*, ZNER 10/11 (2007), S. 114 (115); *Büdenbender*, NJW 60 (2007), S. 2945 (2947); in diese Richtung *Busche*, in: BerlKommEnR, Band 1. 3. Auflage, Anhang zu § 39 EnWG Rn. 16.

Der Hinweis, die Maßstäbe der Kontrolle nach §§ 315 BGB und 19 GWB unterschieden sich, vermag dabei wenig zu überzeugen; genauso wenig die Ansicht mancher Energierechtler, dass § 19 GWB als Spezialvorschrift § 315 BGB verdränge[546].

III. Unmittelbare Anwendung des § 315 BGB auf die Energiepreiserhöhungen von Versorgungsunternehmen nach Vertragsschluss

Bei § 19 GWB unterliegt auch der Anfangspreis der Kontrolle. Bei der unmittelbaren Anwendung des § 315 BGB auf die Energiepreiserhöhungen von Versorgungsunternehmen nach Vertragsschluss, hat der VIII. Senat getrennt zwischen dem beiderseits vereinbarten Anfangspreis, der nicht der Billigkeitskontrolle unterliegt, und dem einseitig abänderbaren Folgepreis, der der Billigkeitskontrolle des § 315 BGB unterliegt.

Die unmittelbare Anwendung des § 315 Abs. 1 Halbs. 1 BGB setzt voraus, dass die Parteien bei Vertragsschluss die Leistung noch nicht vollständig bestimmt haben und diese erst nachträglich einseitig festgelegt wird.[547] Umgekehrt ist für die unmittelbare Anwendung des § 315 BGB kein Raum, wenn die Vertragsschließenden den Preis oder Preisbestandteilen vereinbart haben.[548] Dieses Prinzip gilt auch für Energiepreise, wenn der vereinbarte Preis bis zum Ende des Vertragsverhältnisses unveränderlich ist.[549] Fricke hält darüberhinaus § 315 BGB ist aber auch dann unanwendbar, wenn der ursprünglich vereinbarte Preis (Anfangspreis) während der Vertragslaufzeit geändert werden kann (Folgepreis)[550] weil der Folgepreis durch Anwendung eines beiderseits vereinbarten Maßstabs (Spannungsklausel) eindeutig bestimmt ist. In diesem Fall ist der Folgepreis von Anfang an vereinbart. Nur wenn einer Partei die Befugnis eingeräumt sei den Folgepreis unter Nutzung eines Gestaltungsspielraums einseitig zu bestimmen, greift § 315 ein; denn der auf diese Weise gefundene Preis sei nicht (voll) vom Konsens der Vertragspartner getragen.[551]

---

546 *Kühne*, NJW 59 (2006), S. 654 (insb. S. 655 f.); *Ehricke*, JZ 60 (2005), S. 599 (602).

547 *Gottwald* in: MünchKommBGB, § 315 Rn. 9; vgl. auch *Fricke*, Die gerichtliche Kontrolle von Entgelten der Energiewirtschaft, S. 317.

548 *Fricke*, Die gerichtliche Kontrolle von Entgelten der Energiewirtschaft, S. 317.

549 *Fricke*, a .a. O., S. 317.

550 *Fricke*, a. a. O., S. 317.

551 *Fricke*, a. a. O., S. 317.

Der Bundesgerichtshof hatte die Gelegenheit, in eine Vielzahl von Entscheidungen zur Wirksamkeit nachträglichen Preiserhöhungen im Bereich der Fernwärme-[552], Gas-[553] und Stromversorgung[554] Stellung zu nehmen und dabei Prüfungsmaßstäbe zu entwickeln. Nach der Rechtsprechung des VIII. Zivilsenats des BGH[555] unterliegen vom Versorger vereinbarte nachträglich einseitig bestimmte Erhöhungen der gerichtlichen Billigkeitskontrolle nach § 315 Abs. 3 BGB. Dies gilt auch für die auf die gesetzlichen Preisanpassungsklauseln gestützten Erhöhungen der Preise für Tarifkunden.[556] Der 8. Zivilsenat des BGH trennt zwischen dem beiderseits vereinbarten Anfangspreis, der nicht der Billigkeitskontrolle unterliegt, und dem einseitig abänderbaren Folgepreis, der der Billigkeitskontrolle des § 315 BGB unterliegt.[557] Der VIII. Zivilsenat begründete dies mit der Preissockel – Theorie, wonach nicht die im Ursprungsvertrag vereinbarten Gesamtpreise für Strom oder Gas, sondern nur die Preiserhöhungen der Billigkeitsprüfung unterliegen. Der Preissockel ist der bei Vertragsschluss vereinbarte Preis.

Im Folgenden wird auf die Preissockeltheorie des BGH eingegangen.

1. Entwicklung der Preissockel – Theorie zu § 315 BGB

a) Gaspreis-Urteil VIII ZR 138/07 vom 19.11.2008

Im Gaspreis-Urteil VIII ZR 138/07 vom 19.11.2008 wird die Preissockel – Theorie erstmals ausformuliert. Im Verfahren VIII ZR 138/07 ging es um Erdgaspreise zwischen einem Privatverbraucher als Kläger und den Stadtwerken Dinslaken GmbH als Beklagte.[558] Die Gasentgelte betrafen die Grundversorgung mit Erdgas, also das Vertragsverhältnis mit einem Tarifkunden. Streitgegenstand war nur die Tariferhöhung, nicht der Gesamtpreis des gelieferten Erdgases. Der Preissockel sei der Billigkeitskontrolle nach § 315 BGB entzogen, der durch den vertraglich vereinbarten Preis bis zum 31. Dezember 2004 gebildet werde, und zwar

---

552 BGH, NJW 60 (2007), S. 210; s. dazu *Büdenbender*, NJW 60 (2007), S. 2945 (2945).

553 BGH, Urteil v. 28.3.2007 – VIII ZR 144/06, RdE 2007, S. 158.

554 BGH, Urteil v. 13.6.2007 – VIII ZR 36/06, – VIII ZR 36/06, RdE 2007, S. 258.

555 BGH, Urteil v. 13.6.2007 – VIII ZR 36/06, RdE 2007, S. 258 (260), Tz. 13–17; BGH, Urteil v. 8.7.2009 – VIII.ZR 314/07, ZMR 62 (2009), S. 903 (903) – Stadtwerke Delmenhorst. Diese Kontrolle ist auch nicht gegenüber der kartellrechtlichen Preishöhenkontrolle subsidiär.

556 S. z.B. BGH, Urteil v. 15.7.2009 – VIII.ZR 56/08, BGHZ 182, S. 41 (52), Tz. 27.

557 *Fricke*, Die gerichtliche Kontrolle von Entgelten der Energiewirtschaft, S. 318.

558 *Gutsche*, a. a. O., S. 5.

wenn der Kläger mit seiner Klage und sodann auch gegenüber der Widerklage den Tarif ab dem 1. Januar 2005 insgesamt als unbillig beanstandet habe. Habe der Abnehmer den Preis im Wege einer vertraglichen Vereinbarung akzeptiert, könne er gegenüber dem neuen Tarif nicht einwenden, schon der alte Preis sei unbillig überhöht gewesen. Denn mit dem in dem alten Preis zum Ausdruck kommenden Äquivalenzverhältnis zwischen Leistung und Gegenleistung habe er sich einverstanden erklärt. Einseitig festgesetzt werde von dem Gasversorger nur der Erhöhungsbetrag.

b) Strompreis-Urteil VIII ZR 144/06 vom 28.3.2007

Im zweiten Urteil vom 28.3.2007 - VIII ZR 144/06[559] entschied der VIII. Zivilsenat, dass bei Zustandekommen eines Stromliefervertrages zwischen dem Stromlieferunternehmen und dem Kunden - ob ausdrücklich oder konkludent durch Entnahme von Elektrizität - der von dem Kunden zu zahlende Preis durch den zuvor von dem Stromversorgungsunternehmen gemäß § 10 Abs. 1 Satz 1 EnWG 1998 veröffentlichten Tarif als vereinbart[560] gilt. Da der Preissockel der

---

559 BGH, Urteil v. 28.3.2007- VIII ZR 144/06, RdE 2007, S. 158. Im Verfahren VIII ZR 144/06 vom 28.3.2007 ging es um Strompreise zwischen einem Privatkunden und dem Versorger E.ON edis AG in Bergholz-Rehbrücke bei Potsdam. In dem Rechtstreit forderte das klagende EVU von dem Beklagten die Zahlung von Entgelten aus einem Stromliefervertrag. Der Beklagte wurde zu einem Sondertarif mit Strom beliefert, der erhöht wurde. Der Beklagte widersprach dieser Tariferhöhung und das EVU beendete den Vertrag und versorgte den Beklagten zu dem (teureren) allgemeinen Tarif weiter.

560 In der Urteilsbegründung heißt es in Rn. 13: „Denn selbst wenn es sich bei dem Tarif „local plus" um den zum Zeitpunkt des Vertragsabschlusses geltenden Allgemeinen Tarif handeln sollte (§ 10 Abs. 1 EnWG 1998, § 4 Abs. 1 AVBEltV), wäre für eine Billigkeitsüberprüfung gemäß § 315 Abs. 3 BGB *mangels einer einseitigen Leistungsbestimmung* von vornherein kein Raum. Kommt zwischen dem Stromlieferungsunternehmen und dem Kunden - ob ausdrücklich oder konkludent durch Entnahme von Elektrizität aus einem Verteilnetz eines Versorgungsunternehmens - ein Stromlieferungsvertrag *zu den jeweiligen allgemeinen Tarifen zustande*, so ist der von dem Kunden zu zahlende Preis durch den zuvor von dem Stromversorgungsunternehmen gemäß § 10 Abs. 1 Satz 1 EnWG 1998 veröffentlichten *Tarif eindeutig bestimmt und als solcher mit dem Abschluss des Vertrags zwischen den Parteien vereinbart.*"; in Rn. 15 fasst der VIII. BGH-Senat seine Auffassung nochmals zusammen; In diese Richtung *Ehricke*, JZ 60 (2005), S. 599 (601); vgl. auch *Mogwitz/Wagner*, RdE (2008), S. 118 (120) m. w. N.; a. A. *Markert*, RdE (2007), S. 137 (138); *ders.*, ZNER 12-14 (2008), S. 44 (47); *Hanau*, ZIP 27 (2006), S. 1281 (1282).

bei Vertragsschluss gültige Preis ist, ist der veröffentliche Tarif auch hier einer Billigkeitsprüfung nach § 315 BGB entzogen. Der Bundesgerichtshof verneinte zu Recht die unmittelbare Anwendung des § 315 BGB, weil der Preis vereinbart sei und es deshalb an einem einseitigen Leistungsbestimmungsrecht fehle.[561] Dass dem Kunden die Kalkulation nicht bekannt sei, ändere daran nichts. Dem Kunden sei die Kalkulation der Preise in aller Regel nicht bekannt.[562]

Auf den anfänglich vereinbarten Strompreis sei § 315 BGB auch nicht entsprechend anwendbar.[563] Reichsgericht und Bundesgerichtshof gingen zwar in ständiger Rechtsprechung davon aus, dass Monopolpreise für Leistungen der Daseinsvorsorge, auf deren Inanspruchnahme der andere Vertragsteil angewiesen ist, nach billigem Ermessen festzustellen seien und einer Billigkeitskontrolle entsprechend § 315 BGB zu unterworfen seien. Der Kunde könne den Strom angesichts der geschlossenen Versorgungsgebiete von einem anderen Anbieter seiner Wahl beziehen.[564] Diese Rechtsprechung ist aber im Bereich von Gas- und Strompreisen obsolet, weil nach der wettbewerblichen Öffnung der Märkte heute keine Monopolsituation mehr vorliegt und heute bei Monopolsituationen eine sachnähere Abhilfe der §§ 19, 33 GWB besteht. Bei § 19 GWB unterliegt auch der Anfangspreis der Kontrolle. In der Tat hatte die alte Monopolpreisrechtsprechung hier die Funktion, die heute die kartellrechtlichen Vorschriften einschließlich der Möglichkeit zum private enforcement (§ 33 GWB) übernommen habe. Ich stimme dem Bundesgerichtshof deshalb zu, wenn er der Auffassung ist, dass nur, was in Zukunft einseitig abgeändert werden kann, der Kontrolle des § 315 BGB unterliegt. Für von Machtmissbrauch geprägte Verträge gilt allein die Inhaltskontrolle nach §§ 19 und 29 GWB, soweit nicht in gravierenden Fällen § 138 BGB eingreift.

Der Gesetzgeber hat in § 30 Abs. 1 S. 2 Nr. 5, Abs. 2 EnWG[565] die behördliche Entscheidung einer Überprüfung im Rahmen eines Missbrauchsverfahrens nach § 19 GWB ausgeschlossen (§ 111 Abs. 3 EnWG).[566] Der Stromkunde kann

---

561 *Mogwitz/Wagner*, RdE 2008, S. 118 (120).

562 BGH, Urteil v. 28.3.2007– VIII ZR 144/06, RdE 2007, S. 158, Rn. 15; ähnlich *Mogwitz/Wagner*, RdE 2008, S. 118 (120); vgl. auch *Bork*, Urteilsanmerkung, JZ 61 (2006), S. 682 (683); *Dreher* ZNER 10/11 (2007), S. 103 (107).

563 Vgl. *Ambrosius,* ZNER 10/11 (2007), S. 95 (97).

564 Vgl. *Ambrosius,* ZNER 10/11 (2007), S. 95 (97).

565 § 30 Abs. 1 S. 2 Nr. 5 betrifft einen möglichen Ausbeutungsmissbrauch allein hinsichtlich der Entgelte oder sonstigen Geschäftsbedingungen für den Netzzugang.

566 *Säcker*, Materialien zum deutschen und europäischen Wettbewerbsrecht, WS 2013/14, S. 75.

selber, wenn er das von der Bundesnetzagentur festgesetzte Entgelt für zu hoch hält, jederzeit die Einleitung eines behördlichen Missbrauchsverfahrens bei der Behörde nach § 31 EnWG beantragen und dadurch Rechtsschutz suchen. § 30 Abs. 1 S. 2 Nr. 5 EnWG stellt aber ausdrücklich fest, dass kein Missbrauch vorliegt, wenn die für die Netznutzung geforderten Entgelte die Obergrenzen einer dem betroffenen Unternehmen erteilten Genehmigung nach § 23a EnWG nicht überschreiten, und im Falle der Durchführung einer Anreizregulierung nach § 21a EnWG die Entgelte die für das betroffene Unternehmen für eine Regulierungsperiode vorgegebene Obergrenze nicht überschreiten. Die Bundesnetzagentur muss nach den Vorschriften zum Missbrauchsverfahren (§ 31 Abs. 1 S. 3 EnWG) ihre Genehmigung anerkannter Netzkosten einschließlich der Netzkosten der Systemwende aufheben, wenn die Voraussetzungen einer Aufhebung der Genehmigung, die nach § 23a EnWG erteilt wurde, vorliegen (§ 31 Abs. 1 S 3 und § 23a EnWG). Dann sind die Entgelte sachlich gerechtfertigt[567] und wird der Preis in Form einer Obergrenze durch die Genehmigungspflicht gemäß § 23a EnWG verbindlich festgelegt.

c) Gaspreis-Urteil VIII ZR 36/06 vom 13.6.2007

Das BGH – Urteil vom 13.6.2007, setzt sich mit der Frage auseinander, ob der einseitig erhöhte Tarif zum vereinbarten Preis wird, wenn er nicht „in angemessener Zeit" gemäß § 315 BGB als unbillig beanstandet wird.[568] *Zunächst* stellt der Bundesgerichtshof klar, dass das dem Gasversorgungsunternehmen nach § 4 Abs. 1 und 2 AVBGasV (jetzt § 5 Abs. 2 GasGVV) zustehende Recht, nach Vertragsschluss die allgemeinen Tarife einseitig zu ändern, *ein gesetzliches Leistungsbestimmungsrecht darstelle,* das § 315 BGB unterliege.[569] Da aber auch in diesem Fall der von dem Kunden zu zahlende Preis durch den zuvor von dem Gasversorgungsunternehmen gemäß § 10 Abs. 1 Satz 1 EnWG 1998 veröffentlichten Tarif eindeutig bei Vertragsabschluss bestimmt gewesen sei, komme § 315 BGB nicht in Betracht.[570] Eine Anwendung des § 315 BGB würde voraussetzen, dass

---

567 Über das Verhältnis des § 30 EnWG zu anderen Vorschriften bzw. §§ 19, 20 29 GWB, Art. 102 AEUV und § 315 BGB vgl. *Weyer*, in BerlKommEnR, Band 1, 3. Auflage, § 31 EnWG Rn. 50–53.

568 Vgl. auch BGH, Urteil v. 8.7.2009 – VIII.ZR 314/07, ZMR 62 (2009), S. 903 (903) – Stadtwerke Delmenhorst.

569 *Mogwitz/Wagner*, RdE 2008, S. 118 (120).

570 Vgl. BGH, Urteil v. 28.3.2007– VIII ZR 144/06, RdE 2007, S. 158 (159).

die Parteien vereinbart hatten, eine von ihnen solle die Leistung bestimmen.[571] Demnach gilt also der bei Vertragsbeginn gültige Tarif oder Preis („Anfangspreis“) auch dann als zwischen den Vertragsparteien vereinbart und damit der Billigkeitskontrolle nach § 315 Abs. 3 BGB entzogen, wenn der Vertrag konkludent durch Entnahme von Strom oder Gas aus dem Netz zustande kommt.[572] Diese differenzierte Sicht ist seitdem ständige Rechtsprechung.[573]

d) KZR 36/04 vom 18.10.2005 zu Stromnetznutzungsentgelten

Demgegenüber hatte der Kartellsenat in einem älteren Urteil entschieden,[574] dass § 315 BGB anwendbar sei, wenn der Stromanbieter mit dem Netzbetreiber einen Vertrag abschließe, wonach dieser für die Durchleitung ein Entgelt „gemäß der jeweils geltenden Anlage 3“ zahlen solle; diese Anlage[575] war *ein Preisblatt*.[576] Der Kartellsenat sah darin ein einseitiges Leistungsbestimmungsrecht der Beklagten

---

571 BGH, Urteil v. 13.6.2007 – VIII ZR 36/06, RdE 2007, S. 258, Rn. 32; in Randnummer 36 bekräftigt der VIII. Zivilsenat die Auffassung aus Randnummer 32 nochmals: *„Der Berücksichtigung der etwaigen Unbilligkeit vergangener Preiserhöhungen im Rahmen der Überprüfung der hier streitgegenständlichen Preiserhöhung zum 1. Oktober 2004 steht aber entgegen, dass der Kläger die auf diesen Tarifen basierenden Jahresabrechnungen (vgl. § 24 Abs. 1 AVBGasV) unbeanstandet hingenommen hat. Kommt zwischen dem Versorgungsunternehmen und dem Kunden – ob ausdrücklich oder konkludent gemäß § 2 Abs. 2 AVBGasV durch Entnahme von Gas aus einem Verteilungsnetz eines Versorgungsunternehmens – ein Gaslieferungsvertrag zu den jeweiligen allgemeinen Tarifen zustande, so ist der von dem Kunden zu zahlende Preis durch den zuvor von dem Gasversorgungsunternehmen gemäß § 10 Abs. 1 Satz 1 EnWG 1998 veröffentlichten Tarif eindeutig bestimmt und als solcher mit dem Abschluss des Vertrags zwischen den Parteien vereinbart.“*

572 Vgl. BGH, Senatsurteil v. 28.3.2007– VIII ZR 144/06, RdE 2007, S. 158 (159) Rn. 13, m. Anm. *Markert*; ebenso BGH, Urteil v. 13.6.2007 – VIII ZR 36/06, RdE 2007, S. 258 (263), Rn. 36; vgl. auch BGH, Urteil v. 8.7.2009 – VIII.ZR 314/07, ZMR 62 (2009), S. 903 (903) – Stadtwerke Delmenhorst. Kritisch dazu *Markert* in RdE 2009, S. 61 f.

573 *Fricke*, Die gerichtliche Kontrolle von Entgelten der Energiewirtschaft, S. 323, m. w. N.

574 BGH, Urteil v. 18.10.2005 – KZR 36/04, NJW 59 (2006), S. 684. Die Entscheidung wird v. BGH selbst als „Stromnetznutzungsentgelt I“ bezeichnet.

575 Im BGH, Urteil v. 18.10.2005 – KZR 36/04 geht es nicht um eine Anlage der „Verbändevereinbarung Strom II plus“, wie die Randnummern 1 und 9 der Urteilsgründe zu KZR 36/04 zeigen, sondern um das Preisblatt des Netzbetreibers, das dem Netznutzungsvertrag als Anlage beigefügt war.

576 Vgl. *Ambrosius*, ZNER 10/11 (2007), S. 95 (97).

im Sinne von § 315 BGB,[577] und zwar nicht nur für künftige Preisänderungen, *sondern auch für den Anfangspreis.*[578]

Auch wenn der Anfangspreis bei Vertragsschluss bereits feststellbar sei, werde trotzdem nicht dieser Betrag als Preis vereinbart.[579] Der Betrag gebe lediglich das für einen bestimmten Zeitpunkt ermittelte Ergebnis eines Preisbestimmungsverfahrens wieder, das dem Netzbetreiber auch für die Zukunft zustehen solle.[580] Der Anfangspreis sei daher *nicht weniger einseitig bestimmt als die künftige Höhe des Entgelts.*[581] *Dies sei eine künstliche Aufspaltung* der einheitlichen Preisvereinbarung und würde zu Zufallsergebnissen führen, wollte man einen vereinbarten Anfangspreis von einseitig bestimmten Folgepreisen unterscheiden.[582] Darüber hinaus bezweifelt der Kartellsenat, dass es beim Erstabschluss überhaupt zu einer Preisvereinbarung kommt; denn der Senat stellt fest, das geforderte Entgelt sei regelmäßig ein nach dem Willen der Vertragsparteien einseitig bestimmtes Entgelt, „das der Netzbetreiber zu bestimmten Zeitpunkten ermittelt und das – schon zur Vermeidung einer sachlich nicht zu rechtfertigenden Ungleichbehandlung – für eine bestimmte Zeitdauer sämtlichen Vertragsbeziehungen mit gleichen Nutzungsprofilen unabhängig davon zugrunde liegen soll, wann der Vertrag geschlossen wird“.[583]

Der Kartellsenat entwickelte die These zum Netzentgelt, das nach dem Konzept des sog. verhandelten Netzzugangs (§ 6 Abs. 1 EnWG 1998) von Netzbetreiber und Netznutzer gemeinsam vertraglich zu vereinbaren war.[584] In der Praxis setzte sich anstelle individueller Preisverhandlungen ein durch Verbände kollektiv verhandeltes Preisfindungsverfahren durch.[585] Mit diesen sog. Verbandsvereinbarungen wurden einheitliche Kriterien für die Findung der Netzentgelte

---

577 In einem Fall, wo die Parteien sich überhaupt nicht über das Stromnutzungsentgelt geeinigt haben, nahm der Kartellsenat eine Vertragslücke an, die durch Anwendung des § 315 BGB zu schließen sei (BGH, Urteil v. 7.2.2006 – KZR 8/05, NJW – RR 21 (2006), S. 915 ff. – Stromnutzungsentgelt II.)

578 Diese Wertung wurde von Markert als „überraschend“ bezeichnet. S. dazu *Markert*, RdE 2006, S. 81 ff.; S. auch *Fricke*, Die gerichtliche Kontrolle von Entgelten der Energiewirtschaft, S. 318, m. w. N.

579 Vgl. *Hanau*, ZIP 27 (2006), S. 1281, (1282).

580 *Ambrosius*, ZNER 10/11 (2007), S. 95, (97).

581 BGH, Urteil v. 18.10.2005 – KZR 36/04, NJW 59 (2006), S. 684, 685 unter II 1 a.

582 Vgl. *Ambrosius*, ZNER 10/11 (2007), S. 95, (97).

583 Kritisch dazu *Fricke*, Die gerichtliche Kontrolle von Entgelten der Energiewirtschaft, S. 319 f.

584 *Fricke*, Die gerichtliche Kontrolle von Entgelten der Energiewirtschaft, S. 319.

585 *Fricke*, Die gerichtliche Kontrolle von Entgelten der Energiewirtschaft, S. 320.

etabliert. Unter diesen Umständen habe der Netznutzer keinen Einfluss auf die Ausfüllung der Spielräume durch den Netzbetreiber.[586] Dem Netznutzer seien weder die konkreten preisbestimmenden Faktoren bekannt noch könne er das vom Netzbetreiber gefundene Ergebnis nachvollziehen oder gar beeinflussen. Darum gebe der Anfangspreis, auch wenn vertraglich eindeutig bestimmt, nur das Ergebnis des einseitigen Preisbestimmungsverfahrens wieder.[587]

2. Kritik an der Übernahme der Preissockel – Theorie

a) *Die Einbeziehung des Preissockels in die Billigkeitskontrolle*

Von dem Urteil des Kartellsenats leitete ein Teil der Literatur ab, dass der sog. Preissockel, der durch den Anfangspreis gebildet wird, in die Billigkeitskontrolle des einseitig geänderten Folgepreis einzubeziehen sei,[588] und dass der Preissockel ungeachtet einer vertraglichen Vereinbarung einer Billigkeitskontrolle unterzogen werden müsse.[589] Die Billigkeit des Folgepreises könne nämlich nur dann richtig beurteilt werden, wenn der Preis als Ganzes betrachtet werde.[590] Das schließt auch die Prüfung des Preissockels ein.

Wäre der Preissockel der Überprüfung entzogen, würde dies die Preiskontrolle künstlich aufspalten und im Ergebnis zu einer unzulässigen Teilung der allgemeinen Preise i.S.d. § 36 EnWG in die Kundengruppen Alt- und Neukunden führen.[591] In seinem Urteil vom 18.10.2005 hat der Kartellsenat ausgeführt, dass die Aufspaltung des Gesamtpreises in einen Preissockel und spätere Preiserhöhungen *zu willkürlichen Ergebnissen führe.*[592] Der Preissockel setze sich aus veränderlichen Kostenbestandteilen zusammen, die Einfluss auf die Preiserhöhung haben könnten. In der Begründung des BGH-Urteils vom 13.6.2007[593] wurde anerkannt, dass *„eine auf eine Bezugskostenerhöhung gestützte Preiserhöhung allerdings unbillig sein kann, wenn und soweit der Anstieg durch rückläufige*

586 *Fricke*, Die gerichtliche Kontrolle von Entgelten der Energiewirtschaft, S. 320.

587 *Fricke*, a. a. O., S. 318.

588 *Fricke*, a. a. O., S. 318, m. w. N. (Fn. 1431).

589 *Fricke*, a. a. O., S. 341 m. w. N. (Insb. Fn. 1585).

590 *Held*, NZM 2004, S. 169 (172); *Halfmeier*, VuR 2006, S. 417 (420); *Mogwitz/Wagner*, RdE 2008, S. 118 (121); *Zimmerlin*, ZNER 2014, S. 158 (159); *Th. Fricke*, WM 58 (2005), S. 547 (551); *Becker/Blau*, in: Schneider/Theobald, EnWR, § 12 Rn. 91.

591 *Fricke*, Die gerichtliche Kontrolle von Entgelten der Energiewirtschaft, S. 342.

592 BGH, Urteil v. 18.10.2005 – KZR 36/04, NJW 59 (2006), S. 684, Rn. 10.

593 BGH, Urteil v. 13.6.2007 – VIII ZR 36/06, RdE 2007, S. 258 (261), Tz. 26.

Kosten in anderen Bereichen [nach Vertragsschluss]ausgeglichen wird."[594] Gehe man davon aus, dass spätere niedrigere Kostenbestandteile in die Beurteilung der Billigkeit der Preiserhöhung einzubeziehen seien, so akzeptiere man, dass der Preis als Einheit zu betrachten sei. Der „Anfangspreis" als „Bestandteil" des Gesamtpreises könne nicht davon ausgenommen werden. Die vom Bundesgerichtshof vorgenommene „künstliche Aufspaltung" des Folgepreises in einen der Billigkeitskontrolle nicht zugänglichen Preissockel und einen der Kontrolle zugänglichen Preisüberbau sei daher nicht überzeugend.[595]

Insbesondere beinhalte der Wortlaut von § 315 BGB auch keine Aufspaltung des Gesamtpreises in einen Preissockel und spätere Preiserhöhungen. Nach den Motiven des Gesetzgebers[596] zu § 315 BGB, (im ursprünglichen Gesetzentwurf § 353) könne die Bestimmung der Leistung nicht der Willkür des Schuldners überlassen werden. Es fehle in einem solchen Fall an der Verpflichtung des Schuldners, einer Essentiale des Vertrages. Wohl aber könne durch den Vertrag die Bestimmung einer Vertragsleistung in das Ermessen eines der Kontrahierenden gestellt werden. Im Interesse der Aufrechthaltung derartiger Verträge und der vermutlichen Parteiintention entsprechend stelle § 315 Abs. 1 BGB die Interpretationsregel auf, dass, falls nach dem Inhalt des Vertrages eine Leistung von einem der Vertragschließenden bestimmt werden solle, er die Bestimmung nach billigem Ermessen (arbitrium boni viri) zu treffen habe.[597]

---

594 Ähnlich wurde im Urteil VIII ZR 138/07 vom 19.11.2008 nicht nur die Preissockel-Theorie vollendet, sondern es findet sich in Abschnitt II 3. c) der Urteilsgründe unter Rn. 39 auch ein Hinweis auf die „Kostenbestandteile des Preissockels" in der Billigkeitsprüfung. In Rn. 39 heißt es: „Eine auf eine Bezugskostensteigerung gestützte Preiserhöhung kann allerdings – wie die Revisionserwiderung zu Recht einwendet – unbillig sein, wenn und soweit der Anstieg durch rückläufige Kosten in anderen Bereichen ausgeglichen wird. Unter diesem Gesichtspunkt müssen jedenfalls die Kostenbestandteile des Preissockels in die Beurteilung der Billigkeit der Preiserhöhung einbezogen werden, *auch wenn dieser in seiner Gesamtheit* einer Billigkeitskontrolle entzogen ist."

595 *Dreher*, ZNER 10/11 (2007), S. 103 (107).

596 *Mugdan*: Die gesamten Materialien zum Bürgerlichen Gesetzbuch für das Deutsche Reich, II. Band, Recht der Schuldverhältnisse, S. 105 (106); s. unter: http://www.baurechtsexperte.de/315-bgb-motive-des-gesetzgebers-db30504.html zuletzt besucht am 21.5.2014.

597 S. unter: http://www.baurechtsexperte.de/XPDF/315_BGB_Motive_des_Gesetzgebers.pdf

Folglich wäre eine Preisanpassung unbillig, wenn schon der Anfangspreis nicht der Billigkeit entspricht.[598] Beispielsweise könne eine Preiserhöhung für sich betrachtet zwar moderat sein; trotzdem wäre diese Erhöhung unter Berücksichtigung des Preissockels unbillig, wenn der Preissockel bereits (hoch-) profitabel ist.[599] Wenn die Preise bei einem langfristigen Dauerschuldverhältnis normale Kostensteigerungen nach Abschluss des Vertrages von Anfang an miteinkalkulieren, ist es dann nicht gerechtfertigt, wenn das Unternehmen versucht, im Ausgangspreis bereits berücksichtigte spätere Kostensteigerungen zu nutzen, um die Preise anzuheben.[600] So wird etwa hervorgehoben, dass später eintretende Kostensteigerungen schon bei Vertragsschluss vom EVU vorausbedacht sind und in die Preisvereinbarung stillschweigend einbezogen wurden.[601] Ein Eingriff in das ausgehandelte Verhältnis von Leistung und Gegenleistung durch eine Preiserhöhung i.S. von § 315 BGB sei daher unbillig.[602] Ein erhellendes Beispiel: Ist in einem langfristigen Stromliefervertrag mit einem industriellen Sonderkunden ein üppiger Ausgangspreis vereinbart, der deutlich höher liegt als der Preis, der mit einem anderen Unternehmen mit gleichen Abnahmebedingungen früher vereinbart wurde, so kann die Billigkeitskontrolle einer Strompreiserhöhung aufgrund eines in beiden Verträgen gleich formulierten einseitigen Leistungsbestimmungsrechts durchaus dazu führen, dass der jüngere Vertrag noch nicht, der alte Vertrag dagegen an die Kostensteigerungen angepasst werden muss.[603] Je kurzfristiger ein Vertrag abgeschlossen wird, umso weniger dürfte die Rentabilitätsvermutung durch vorhersehbare Kostensteigerungen erschüttert werden können.[604]

Damit hängt die Frage zusammen, ob der ursprünglich vereinbarte Preis die Kosten zuzüglich eines angemessenen Gewinns deckt bzw. ob der Preissockel auf seine Vereinbarkeit mit dem Kostenmaßstab überprüft wird, obwohl der Preissockel wegen seiner beiderseitigen Vereinbarung der gerichtlichen Kontrolle nicht zugänglich ist. Nach § 315 BGB überprüfbar ist nur derjenige Preis, der auf der Ausübung eines einseitiges Bestimmungsrechts beruht. Das ist der einseitig angepasste Folgepreis, nicht aber der beiderseits vereinbarten Anfangspreis.

598 *Fricke*, Die gerichtliche Kontrolle von Entgelten der Energiewirtschaft, S. 341.
599 *Fricke*, Die gerichtliche Kontrolle von Entgelten der Energiewirtschaft, S. 341 m. w. N.
600 *Säcker*, RdE 2006, S. 65 (73).
601 *Säcker*, RdE 2006, S. 65 (73).
602 *Säcker*, ZNER 10/11 (2006/2007), (2007), S. 114 (115); *Säcker*, RdE 2006, S. 65 (73).
603 *Säcker*, ZNER 10/11 (2006/2007), (2007), S. 114 (115).
604 *Säcker*, a. a. O., S. 114 (115).

b) Stellungnahme

Es ist bisher deutlich geworden, mit welchen Argumenten der Preissockel einer Billigkeitskontrolle nach § 315 BGB entzogen wurde: *Zum einen*, weil der bei Vertragsbeginn gültige Preis („Anfangspreis“) als vereinbart gilt, wenn sich der bei Abschluss des Lieferungsvertrags von dem Versorgungsunternehmen geforderte Preis aus dem jeweiligen allgemeinen Tarif für die leitungsgebundene Versorgung mit Gas[605] ergibt. Teile der Literatur stimmen der Auffassung des 8. Zivilsenats zu.[606] *Th. Fricke*– später auch *Markert*– begründet die Anwendung des § 315 BGB auf Anfangspreise mit einem gesetzlichen Leistungsbestimmungsrecht.[607] Ihm zufolge enthalte § 36 Abs. 1 EnWG eine gesetzliche Verpflichtung des Grundversorgers, sämtliche allgemeinen Preise - damit auch den Anfangspreis - nach billigem Ermessen zu bestimmen.[608]

Zum anderen war das zweite Argument, aufgrund dessen der Bundesgerichtshof den Preissockel einer Billigkeitskontrolle nach § 315 BGB entzog, folgendes: Der „Preissockel“, auf dem die vom Kunden später beanstandeten Preiserhöhungen aufbauen, sei vereinbart. Biete ein Vertragspartner einen Vertrag zu einem eindeutig bezifferten Preis an und nehme der andere Teil dieses Angebot an, vereinbarten sie den Preis einvernehmlich.[609] Unerheblich sei, wie die Einigung zustande komme.[610] Der zivilrechtliche Vertragsschluss beruhe auf dem formellen Konsensprinzip, wonach ein Vertrag seine Legitimation im Grundsatz aus dem Umstand ziehe, dass sich die Vertragspartner einig seien.[611] Entscheidend sei allein, dass ein Vertragsschließender das Angebot des anderen ohne Änderung i.S.d. § 150 Abs. 2 BGB annehme.[612] Nur wenn der

---

605 Es handelt sich um den damaligen § 4 Abs. 1 AVBGasV. Die entsprechende Vorschrift findet sich jetzt in § 5 Abs. 2, 3 GasGVV.

606 So auch *Markert*, RdE 2007, S. 263 (265); s. auch *Markert*, ZNER 2008, S. 44 (47).

607 *Fricke*, Die gerichtliche Kontrolle von Entgelten der Energiewirtschaft, S. 331.

608 *Fricke*, Die gerichtliche Kontrolle von Entgelten der Energiewirtschaft, S. 331 m. w. N.

609 *Fricke*, a. a. O., S. 331.

610 *Fricke*, a. a. O., S. 332.

611 *Fricke*, a. a. O., S. 332.

612 Vgl. *Fricke*, Die gerichtliche Kontrolle von Entgelten der Energiewirtschaft, S. 332, wonach die folgenden Aspekte keine notwendige Voraussetzung einer formellen Einigung sind. Erstens ist es grundsätzlich ohne Belang, ob die Vertragspartner über den Preis verhandeln. Preisverhandlungen als solche genießen im bürgerlichen Recht keine besondere Dignität. Entscheidend ist, dass sich die Vertragspartner einigen. Zweitens führt der Widerspruch bzw. Protest des Nachfragers gegen ein Preisangebot nicht zur Vereinbarung eines Bestimmungsrechts, wenn der Protestierende die

formelle Konsens durch eine Irrtumsanfechtung aufgelöst werde, (§ 142 BGB), sei die Einigung ungültig.

Die vom Bundesgerichtshof vertretene Preissockeltheorie basiert auf einem formellen Verständnis der Einigung. So wird die einmal abgeschlossene Einigung bei einer einseitigen späteren Preiserhöhung nicht hinterfragt, sondern gilt als immun. Bei Dauerschuldverhältnissen gibt es keinen Rechtschutz, dass das einmal bei Vertragsschluss vereinbarte Verhältnis von Leistung und Gegenleistung uneingeschränkt für die gesamte Laufzeit des Vertrages gilt. Das Schrifttum[613] wies aber schon früh darauf hin, dass eine Partei bei langfristigen Verträgen nicht alle nach Abschluss des Vertrages auftretenden Marktrisiken auf die Gegenseite abwälzen kann, sondern selber aushalten muss:[614] In diesem System kann eine Preisänderungsklausel nur dann eingreifen, wenn die Kosten des Unternehmens, die bei Vertragsschluss vorhanden waren, so gestiegen sind, dass sie von dem vereinbarten Preis nicht mehr gedeckt werden können. Zu den Kosten gehören allerdings auch die marktüblichen angemessenen Fremd- und Eigenkapitalzinsen.[615] Der BGH hat in Entscheidungen[616] über die Ermessensausübung gem. § 315 BGB

angebotene Leistung in Empfang nimmt. Drittens ist es unerheblich, ob der Nachfrager einer Leistung Einblick darin hat, warum der Anbieter die Leistung zu einem bestimmten Preis anbietet. Sodann ist unerheblich, ob der Nachfrager das konkrete Preisangebot des Anbieters tatsächlich kennt und ob das Preisangebot unmittelbar im Vertragsdokument fixiert ist oder ob es sich aus einem separaten Preisblatt ergibt, auf das der Vertrag verweist. Schließlich ist unerheblich, ob der Anbieter berechtigt ist, den ursprünglich vereinbarten Preis später einseitig zu ändern.

613 *Säcker/Mengering*, a. a. O., S. 1859, (1863).

614 Vgl. *Säcker/Mengering*, a. a. O., S. 1859 (1863): „Denn es geht hier nicht um ein begrenztes Beschaffungsrisiko, das der Verkäufer wie bei einem punktuellen Gattungskaufvertrag zu tragen hat, sondern um die fundamentalen langfristigen Risiken eines Energieliefervertrages, die vom Käufer mitgetragen werden müssen. Der Verkäufer/Lieferant kann solche Verträge nach ihrem Zweck und ihrer Rechtsnatur als Dauerschuldverhältnis nur dann abschließen, wenn der Kunde bereit ist, die immanenten Risiken eines solchen Vertrages mitzutragen. Auf der anderen Seite wissen auch die Verbraucher und akzeptieren bei Abschluss eines langfristigen Energieversorgungsvertrages, dass sich die der Bemessung des Strom- und Gaspreises zugrunde liegenden tatsächlichen und rechtlichen Verhältnisse während der Laufzeit des bis weit in die Zukunft hineinragenden Vertrages ändern können und die Preise darauf reagieren müssen."

615 *Hern, Shuttleworth, Kraus, Haug,* Die kalkulatorischen Eigenkapitalzinsätze für Strom- und Gasnetze in Deutschland, Gutachten, S. 6 und 7.

616 Materialreich zur Rechtsprechung *Säcker*, ZNER 10/11 (2006/2007), (2007), S. 114 (115).

sich immer auf den Grundsatz bezogen, dass die Energieversorgung so preisgünstig wie möglich zu gestalten ist. Dabei sei dem EVU zur Finanzierung seiner Investitionen und Verzinsung des Eigenkapitals ein angemessener Gewinn zuzubilligen (§ 21 EnWG).[617] Wenn dieser aus den vereinbarten Preisen nicht mehr erwirtschaftet werden kann, weil die Kosten nachträglich gestiegen sind, kann eine Preiserhöhung mit Hilfe der Preisanpassungsklausel durchgesetzt werden. Darum ist nicht lediglich zu prüfen, ob die Preiserhöhung durch gestiegene Kosten gegenüber dem Zeitpunkt des Abschlusses des Vertrages gerechtfertigt ist, sondern es ist zu prüfen, ob das EVU auf Grund der Kosten- und Erlössituation, die durch den konkreten Vertrag definiert ist, d.h. auf Grund des Kostendeckungsbeitrages dieses Vertrages gezwungen ist, den Vertragspreis zu erhöhen.[618]

Der Preissockel ist zu Recht der Billigkeitskontrolle entzogen, weil sich der Kunde mit dem im Ausgangspreis zum Ausdruck kommenden Äquivalenzverhältnis zwischen Leistung und Gegenleistung einverstanden erklärt hat. Nur der einseitig festgesetzte Erhöhungsbetrag kann auf seine Billigkeit überprüft werden. Die Auffassung von Fricke, es sei nicht zu untersuchen, welche Gewinnspanne im Preis enthalten sei und ob dies billigem Ermessen entspreche, weil anderenfalls in das bisher bestehende Preisgefüge eingegriffen und ein ursprünglich für den Lieferanten besonders vorteilhafter Vertrag in einen Vertrag mit einem anderen Interessenausgleich verwandelt werde, überzeugt nicht. Da bei einem Austauschvertrag eine Rentabilitätsvermutung besteht,[619] müsste bei der Prüfung der Billigkeit des einseitig festgesetzten Erhöhungsbetrags auch überprüft werden, ob die ursprünglich vereinbarte Gewinnspanne beibehalten wird. Die Gewinnspanne des Anfangspreises ist wegen der formellen Einigung nicht überprüfbar, die Gewinnspanne des Folgepreises ist m.E. aber überprüfbar und soll nach der Anwendung des Cost-plus-Prinzips die ursprünglich vereinbarte Gewinnspanne gewähren. Dadurch ergibt sich die „Richtigkeit“ der Gewinnspanne des Folgepreises. Es soll das ursprünglich vereinbarte Synallagma von Preis und Leistung aufrecht erhalten werden.[620]

Die „Richtigkeit“ der Gewinnspanne des Folgepreises ergibt sich nicht aus einem absoluten Maßstab, nämlich der durch das Cost-plus-Prinzip definierten Gewinnspanne. Gemäß Fricke ist die Debatte um den Preissockel in Wirklichkeit

---

617 *Säcker*, ZNER 10/11 (2006/2007), (2007), S. 114 (115).

618 *Säcker*, RdE 2006, S. 65 (73).

619 *Säcker*, in FS P. Westermann, S. 617 (622), m. w. N.

620 A.A. *Fricke*, Die gerichtliche Kontrolle von Entgelten der Energiewirtschaft, S. 344 (346 f., 607 ff., 681 f., 693 f.).

ein verdeckter Streit um den Prüfmaßstab. Die Frage um die Überprüfung des Preissockels stelle sich nämlich nur unter der Voraussetzung, dass der Maßstab des billigen Ermessens i.S.d. § 315 BGB als Kostenmaßstab verstanden werde.[621] Der Kostenmaßstab sei ein Prüfmaßstab, nach dem ein Preis dann „richtig" sei, wenn er die erforderlichen Kosten der Herstellung des Guts einschließlich eines angemessen Gewinns decke. Der zu überprüfende Preis wird nach dem Cost-plus-Prinzip darauf überprüft, ob er die Kosten zuzüglich eines angemessenen Gewinns deckt. In diesem Fall, würde die ursprünglich vereinbarte Gewinnspanne bei einer Kostenerhöhung (in Höhe von 16 €) mit festem Gewinn (8,89 €) senken, wie es an folgendem Beispiel zu erkennen ist:

80 € (**Kosten**) + 8,89 € (Gewinn) = 88,89 € (10% Gewinnspanne)

96 € (Kosten + **20% Erhöhung**) + 8,89 € (Gewinn) = 104,89 €**:** Gewinnspanne 8,890/104,89 € = 8,48 % Gewinnspanne < 10%

120 (Kosten + **50% Erhöhung**) + 8,89 € (Gewinn) = 128,89 €**:** Gewinnspanne 8,89/128,89 = 6,9 % Gewinnspanne < 10%.

Aus betriebswirtschaftlicher Sicht muss die „Richtigkeit" der Gewinnspanne des Folgepreises prozentual ermittelt werden, damit die ursprünglich vereinbarte Gewinnspanne nicht „aufgefressen" wird. Wenn die Kosten um 16 € (d.h. 20% = 0,2 x 80) anzuheben sind, so wäre auch der Gewinn um denselben Prozentsatz anzuheben, d.h. 1,78 € (8,89 x 0,2 = 1,78).
Somit bleibt die ursprünglich vereinbarte Gewinnspanne erhalten:

80 (Kosten) + 16 (Kostenerhöhung 20%) + 8,89 € (Gewinn) + 1,78 € (Gewinnerhöhung 20%) = 106,67 € Gewinnspanne 10,67/106, 67 = 10%

So wird der Folgepreis anhand folgender Formel berechnet:
[(Kosten) + Gewinn] x (100%+ prozentuale Kostenerhöhung) = Folgepreis

Andernfalls würde der Austauschvertrag bei höherer Inflation oder bei gravierender Verschiebung der Bezugspreise sehr schnell notleidend. In einem auf realen Größen basierenden, an den Verbraucherpreisindex geknüpften Regulierungssystem,

621 *Fricke* a. a. O. S. 344, der der Meinung ist, dass das Kostenprinzip nicht zur Ausfüllung des Maßstabs des billigen Ermessens taugt, wenn Preise im Wettbewerb gebildet werden.

erfordert die Vorhersage der Steuerbelastung eine Prognose der erwarteten Inflationsrate[622]. Die Bestimmung der Erlösobergrenzen muss den Unternehmen zudem ausreichend hohe Einnahmen ermöglichen, damit diese den Forderungen der Körperschafts- und Gewerbesteuer nachkommen können.[623]

Der Steueransatz für die Körperschaftsteuer wird normalerweise auf der Basis eines Finanzmodells der voraussichtlichen Steuerzahlungen über die Regulierungsperiode ermittelt. Dieses Modell kann äußerst komplex ausfallen und Faktoren wie Nutzungsdauer, Abschreibung, Zeitpunkt neuer Investitionen, Finanzierungsannahmen (z.B. Fremdkapital und Zinsen, Leasingkosten) sowie die Auswirkungen von Steuerreformen berücksichtigen.[624] Die für die Deckung der Steuerbelastung zulässigen Einnahmen müssen dann um die erwartete Inflationsrate bereinigt werden.[625]

Außerdem könnten Zinsen z.B. für Investitionen nicht mehr bedient werden. Die Unternehmen in einem anreizregulierten Umfeld[626] tendieren dazu, höhere systematische Risiken zu zeigen als Unternehmen in einem kostenorientierten System.[627] So wird gewährleistet, dass die Eigenkapitalzinssätze ausreichend hoch sind, um Kapital für Investitionen anzuziehen.

Die Verordnungen geben Hinweise auf die einzuhaltende Vorgehensweise bei der Berechnung der kalkulatorischen Eigenkapitalzinssätze.[628] Gemäß § 4 Abs. (2) StromNEV ist ausgehend von den Gewinn- und Verlustrechnungen für

---

622 Die jährliche Inflationsrate beträgt annahmegemäß konstant 2 % für den gesamten Planungshorizont. (*Ballwieser*, Investitionsrechnungen für Netze im Rahmen der Anreizregulierung, S. 22.)

623 *Hern, Shuttleworth, Kraus, Haug,* Die kalkulatorischen Eigenkapitalzinsätze für Strom- und Gasnetze in Deutschland, Gutachten, S. 45.

624 *Hern, Shuttleworth, Kraus, Haug,* Die kalkulatorischen Eigenkapitalzinsätze für Strom- und Gasnetze in Deutschland, Gutachten, S. 46.

625 *Hern, Shuttleworth, Kraus, Haug,* Die kalkulatorischen Eigenkapitalzinsätze für Strom- und Gasnetze in Deutschland, Gutachten, S. 46.

626 Die Anreizregulierung wurde im Januar 2009 für Strom und Gas eingeführt. Investoren in anreizregulierten Systemen sahen sich potenziell größeren Unsicherheiten in Bezug auf die Rendite ihrer Investitionen ausgesetzt als Investoren in einem kostenorientierten Regulierungssystem.

627 *Hern, Shuttleworth, Kraus, Haug,* Die kalkulatorischen Eigenkapitalzinssätze für Strom- und Gasnetze in Deutschland, Gutachten, S. 2.

628 Die kalkulatorischen Eigenkapitalzinssätze der kostenorientierten Entgeltregulierung waren Zinssätze vor Körperschaftssteuer und nach Gewerbesteuer. Bei der Anreizregulierung werden die Sätze ebenfalls vor Körperschaftssteuer und nach Gewerbesteuer festgelegt.

die Elektrizitätsübertragung und Elektrizitätsverteilung des letzten abgeschlossenen Geschäftsjahres nach § 10 Abs. 3 des Energiewirtschaftsgesetzes zur Bestimmung der Netzkosten eine kalkulatorische Rechnung zu erstellen.[629] Neben aufwandsgleichen (bilanziellen) Kosten (§ 5 StromNEV) sind die kalkulatorischen Kostenpositionen zu berücksichtigen.[630] Letztere umfassen die kalkulatorische Eigenkapitalverzinsung, die kalkulatorische Abschreibung und die kalkulatorischen Steuern (§§ 6 bis 8 StromNEV).[631] Etwaige Erlöse und Erträge (§ 9 StromNEV) sind kostenmindernd zu berücksichtigen. Für Stromnetzbetreiber sind zusätzlich die Kosten für die Beschaffung von Verlustenergie einzubeziehen, § 10 StromNEV.[632] Sowohl für bilanzielle als auch für kalkulatorische Kosten gilt auch im Rahmen der Netzentgeltverordnungen, dass nur solche Kosten berücksichtigungsfähig sind, die den Kosten eines effizienten und strukturell vergleichbaren Netzbetreibers entsprechen. Das stellt § 4 der StromNEV ausdrücklich klar.[633]

Das zu verzinsende betriebsnotwendige Eigenkapital ergibt sich als Summe der Restwerte der Sachanlagen abzüglich des verzinslichen Fremdkapitals und des Abzugskapitals (§ 7 Abs. 1 StromNEV). Unter anderem sind erhaltene Baukostenzuschüsse als Abzugskapital zu erfassen. Der § 7 (4) StromNEV besagt, dass der zulässige Eigenkapitalzinssatz (i) dem risikofreien Zinssatz zuzüglich (ii) eines Zuschlags zur Abdeckung des spezifischen Geschäftsrisikos von Netzbetreibern entsprechen muss: (4) Der auf das betriebsnotwendige Eigenkapital, das auf Neuanlagen entfällt, anzuwendende Eigenkapitalzinssatz darf den auf die letzten zehn abgeschlossenen Kalenderjahre bezogenen Durchschnitt der von der Deutschen Bundesbank veröffentlichten Umlaufrenditen festverzinslicher Wertpapiere inländischer Emittenten zuzüglich eines angemessenen Zuschlags zur Abdeckung netzbetriebsspezifischer unternehmerischer Wagnisse nach Absatz 5 nicht überschreiten.[634]

Gemäß den Verordnungen ist der Eigenkapitalzinssatz durch Addition eines Zuschlags zur Abdeckung netzbetriebsspezifischer unternehmerischer Wagnisse auf den risikofreien Zinssatz zu ermitteln. Nach § 7 (5) StromNEV sind die

---

629 Vgl. *Säcker*, in: BerlKommEnR, EnWG, Band 1, 3. Auflage, § 21 Rn. 77.

630 *Säcker*, in: BerlKommEnR, EnWG, Band 1, 3. Auflage, § 21 Rn. 77.

631 *Säcker*, in: BerlKommEnR, EnWG, Band 1, 3. Auflage, § 21 Rn. 77.

632 *Säcker*, in: BerlKommEnR, EnWG, Band 1, 3. Auflage, § 21 Rn. 77.

633 *Säcker*, in: BerlKommEnR, EnWG, Band 1, 3. Auflage, § 21 Rn. 77.

634 Der auf das betriebsnotwendige Eigenkapital, das auf Altanlagen entfällt, anzuwendende Eigenkapitalzinssatz ist zusätzlich um den auf die letzten zehn abgeschlossenen Kalenderjahre bezogenen Durchschnitt der Preisänderungsrate gemäß dem vom Statistischen Bundesamt veröffentlichten Verbraucherpreisgesamtindex zu ermäßigen.

folgenden Umstände bei der Ermittlung des Risikozuschlags der Netzbetreiber heranzuziehen:

1. Verhältnisse auf den nationalen und internationalen Kapitalmärkten und die Bewertung von Betreibern von Elektrizitätsversorgungsnetzen auf diesen Märkten;
2. durchschnittliche Verzinsung des Eigenkapitals von Betreibern von Elektrizitätsversorgungsnetzen auf ausländischen Märkten;
3. beobachtete und quantifizierbare unternehmerische Wagnisse.

§ 7 StromNEV konkretisiert die Vorgabe in § 21 Abs. 2 S. 1, eine angemessene, wettbewerbliche und risikoangepasste Verzinsung für das eingesetzte (Eigen-) Kapital sicherzustellen.[635] Die kalkulatorische Eigenkapitalverzinsung hat insbesondere den Zweck, die Investitionsfähigkeit der Netzbetreiber zu gewährleisten und Investitionsanreize für externe Investoren zu setzen.[636] § 21 Abs. 2 S. 1 Hs. 2 fordert eine angemessene, wettbewerbliche und risikoangepasste Verzinsung des eingesetzten Kapitals.[637] Am Wortlaut der Norm wird bereits deutlich, dass sowohl das eingesetzte Kapital als auch dessen Verzinsung am Maßstab effizienter Kosten zu beurteilen sind.[638] Eine Konkretisierung erfolgt darüber hinaus in den Netzentgeltverordnungen, die für den fremdfinanzierten Anteil des eingesetzten Kapitals gemäß § 5 Abs. 2 StromNEV eine Verzinsung in tatsächlicher Höhe, höchstens jedoch in Höhe kapitalmarktüblicher Zinsen für vergleichbare Kreditaufnahmen vorsehen.[639] Die Höhe des Eigenkapitalzinssatzes ist gemäß § 7 StromNEV für die Netzbetreiber von entscheidender Bedeutung, da die Eigenkapitalrendite die für die Unternehmenserhaltung notwendige Investitionsfähigkeit sicherstellt und zudem Investitionsanreize für externe Kapitalgeber setzt.[640]

Gemäß diesem Verordnungstext ist ein kapitalorientierter Ansatz für die Bestimmung der kalkulatorischen Eigenkapitalzinssätze erforderlich. Nur ein solcher Ansatz kann gewährleisten, dass das regulierte Unternehmen von Investoren ausreichend Kapital für notwendige Investitionen erhalten kann.[641]

---

635 *Säcker*, in: BerlKommEnR, EnWG, Band 1, 3. Auflage, § 21 Rn. 96.
636 *Säcker*, in: BerlKommEnR, EnWG, Band 1, 3. Auflage, § 21 Rn. 96.
637 *Säcker*, in: BerlKommEnR, EnWG, Band 1, 3. Auflage, § 21 Rn. 161; *Säcker*, RdE 2009, S. 1 ff.
638 *Säcker*, in: BerlKommEnR, EnWG, Band 1, 3. Auflage, § 21 Rn. 161.
639 *Säcker*, in: BerlKommEnR, EnWG, Band 1, 3. Auflage, § 21 Rn. 161.
640 *Säcker*, in: BerlKommEnR, EnWG, Band 1, 3. Auflage, § 21 Rn. 161.
641 *Hern, Shuttleworth, Kraus, Haug*, Die kalkulatorischen Eigenkapitalzinsätze für Strom- und Gasnetze in Deutschland, Gutachten, S. 7.

Die Eigenkapitalzinssätze werden dem übergeordneten Grundsatz entsprechen, demzufolge die Eigenkapitalverzinsung hoch genug sein muss, damit ausreichend Kapital für effiziente Netzinvestitionen zur Verfügung gestellt wird.[642] EVU haben einerseits die öffentliche Aufgabe, Versorgungssicherheit zu gewährleisten, müssen andererseits unter privatwirtschaftlichen Gesichtspunkten mit ihren Investitionen die Kapitalkosten decken.[643] Rationale Investoren werden Netzinvestitionen durchführen, wenn die damit erzielten erwarteten Renditen ihre Kapitalkosten mindestens decken.[644] Die in den Vergleich einbezogenen Kapitalkosten wurden hier unter Rückgriff auf die in der StromNEV oder GasNEV festgesetzten Eigen- und Fremdkapitalzinssätze und Finanzierungsquoten abgeleitet.[645] Die derart ermittelten Kapitalkosten würden lediglich im Idealfall einer sofortigen und vollständigen Überwälzbarkeit der tatsächlichen Kosten in Netzentgelt gedeckt oder übertroffen.[646]

Weiterhin wird gefordert, ein positives Verhältnis zwischen Fremdkapitalanteil und Eigenkapitalkosten festzulegen.[647] Um die tatsächliche Höhe der Fremdkapitalzinsen zu ermitteln, wäre auf die Kapitalmarktverhältnisse am Stichtag abzustellen, wobei insbesondere die branchentypische Langfristigkeit der zu finanzierenden Investition zu berücksichtigen wäre.[648] Wenn der Anteil des Fremdkapitals und somit die Höhe der vorrangigen Forderungen ansteigt, weist der Eigenkapitalzinssatz eine höhere Volatilität auf, ist also risikoreicher. Aktienanleger von Unternehmen mit hohem Fremdkapitalanteil verlangen daher für ihre Investitionen eine höhere Rendite.[649] Fremdkapitalzinsen dürfen gemäß § 5 Abs. 2 StromNEV in ihrer tatsächlichen Höhe, höchstens jedoch in der Höhe kapitalmarktüblicher Zinsen für vergleichbare Kreditaufnahmen angesetzt werden.[650] Die Höhe des Fremdkapitalzinssatzes kann darüber hinaus

---

642 *Hern, Shuttleworth, Kraus, Haug,* Die kalkulatorischen Eigenkapitalzinsätze für Strom- und Gasnetze in Deutschland, Gutachten, S. 8.

643 *Ballwieser,* Investitionsrechnungen für Netze im Rahmen der Anreizregulierung, S. 51.

644 *Ballwieser,* a. a. O., S. 54.

645 *Ballwieser,* a. a. O., S. 44.

646 *Ballwieser,* a. a. O., S. 44.

647 *Hern, Shuttleworth, Kraus, Haug,* Die kalkulatorischen Eigenkapitalzinsätze für Strom- und Gasnetze in Deutschland, Gutachten, S. 51.

648 *Ballwieser,* Investitionsrechnungen für Netze im Rahmen der Anreizregulierung, S. 12.

649 *Hern, Shuttleworth, Kraus, Haug,* Die kalkulatorischen Eigenkapitalzinsätze für Strom- und Gasnetze in Deutschland, Gutachten, S. 51.

650 *Säcker,* in: BerlKommEnR, EnWG, Band 1, 3. Auflage, § 21 Rn. 78.

für die Verzinsung des aus Eigenmitteln finanzierten Anlagebestandes relevant sein, und zwar für den Teil des Eigenkapitals, das die zulässige Eigenkapitalquote von 40 % übersteigt.[651] Dafür gelten besondere Vorgaben, die von der Rechtsprechung nunmehr konkretisiert und vom Verordnungsgeber klargestellt wurden.[652]

Aufwandsgleiche Kostenpositionen ergeben sich nach § 5 Abs. 1 StromNEV aus den Gewinn- und Verlustrechnungen der Netzbetreiber für die Elektrizitätsübertragung und -verteilung, sofern sie den Kosten eines effizienten und strukturell vergleichbaren Netzbetreibers entsprechen.[653] Nach § 5 Abs, 2 StromNEV sind Fremdkapitalzinsen in ihrer tatsächlichen Höhe einzustellen, höchstens jedoch in der Höhe kapitalmarktüblicher Zinsen für vergleichbare Kreditaufnahmen. Der in § 5 Abs. 2 StromNEV geregelte kapitalmarktübliche Fremdkapitalzinssatz ist nicht nur für den fremdfinanzierten Anteil, sondern darüber hinaus für den durch Eigenkapital finanzierten Teil des Anlagevermögens relevant, soweit die in § 6 Abs. 2 S. 4 StromNEV festgelegte Eigenkapitalquote von 40 % überschritten wird (sogenannten EK II oder „überschießendes Eigenkapital").[654] In diesem Fall ist gemäß § 7 Abs. 1 S. 5 StromNEV das eingesetzte betriebsnotwendige Eigenkapital nominal wie Fremdkapital zu verzinsen.[655]

Nehmen wir einen Zinssatz[656] für den Teil des Eigenkapitals[657] an, Ermittlung des Zinssatzes für den Teil des Eigenkapitals vor, der über eine Eigenkapitalquote

651 *Säcker*, in: BerlKommEnR, EnWG, Band 1, 3. Auflage, § 21 Rn. 78.

652 *Säcker*, in: BerlKommEnR, EnWG, Band 1, 3. Auflage, § 21 Rn. 78.

653 *Ballwieser*, Investitionsrechnungen für Netze im Rahmen der Anreizregulierung, S. 12.

654 *Säcker*, in: BerlKommEnR, EnWG, Band 1, 3. Auflage, § 21 Rn. 162.

655 *Säcker*, in: BerlKommEnR, EnWG, Band 1, 3. Auflage, § 21 Rn. 162.

656 Die Standardmethodik für die Berechnung des Eigenkapitalzinssatzes regulierter Energienetzbetreiber in Europa ist das CAMP. Das CAMP errechnet den risikoadäquaten Eigenkapitalzinssatz unter Berücksichtigung nur des „systematischen" (nicht-diversifizierbaren) Risikos. Dieser Ansatz basiert auf der Prämisse, dass Investoren keine Renditeforderung für die Übernahme unternehmensspezifischer Risiken stellen, da diese eliminiert werden können, indem in ein breit diversifiziertes Portfolio von Vermögenswerten investiert wird.

657 An denMarktwert des Eigenkapitals wird sich in praxi meist durch die Börsenkapitalisierung angenähert; der Marktwert des Fremdkapitals entspricht u. U. dessen Nominalwert. Die Eigenkapitalkosten werden mit Hilfe des *Camp* berechnet. Nach diesem Modell resultieren sie aus dem regelmäßig durch Renditen aus dem von Bundesanleihen angenäherten risikofreien Zins und einer Risikoprämie. Die *Risikoprämie* hängt von zwei Faktoren ab: der Überrendite von Aktien im Vergleich zum risikofreien Zins (=*Marktrisikoprämie*) und dem Betafaktor als unternehmensindividuelles Risikomaß, der für das Geschäftsfeld Netz spezifisch zu ermitteln wäre. (Vgl.

von 40% hinausgeht: Gemäß § 7 (1) der Verordnungen soll dieser Eigenkapitalanteil nominal wie Fremdkapital verzinst werden.[658] Bei der Berechnung der gesamten Fremdkapitalkosten eines Unternehmens sind zusätzlich zu dem fremdkapitalspezifischen Risikozuschlag auch Transaktionskosten im Zusammenhang mit der Ausgabe bzw. Aufnahme von Fremdkapital zu berücksichtigen. Dazu zählen Bank- und gesetzliche Gebühren, Kosten für Genehmigungen und Börsennotierung, Steuern, Gebühren für Ratingagenturen sowie Marketing- und Veröffentlichungskosten. Diese Kosten bewegen sich in der Regel zwischen 10 und 15 Basispunkten.[659] Die Kapitalkosten aus Investitionsbudgets nach den gegenwärtigen Vorgaben der Bundesnetzagentur gehen erst zwei Jahre, nachdem sie beim Netzbetreiber kostenwirksam geworden sind, in die Erlösobergrenze ein.

Die nach § 5 Abs. 1 StromNEV berücksichtigungsfähigen Fremdkapitalzinsen unterliegen weiterhin dem § 21 Abs. 2 EnWG, wonach Kosten und Kostenbestandteile, die sich ihrem Umfang nach im Wettbewerb nicht einstellen würden, nicht berücksichtigt werden dürfen. Die Regelung des § 21 Abs. 2 EnWG normiert im Kern einen wettbewerbsanalogen und effizienzorientierten Kostenmaßstab und gibt dabei einen Regelungsrahmen vor.[660] Der Begriff der Kostenorientierung ist insoweit gerechtfertigt, als § 21 Abs. 2 S. 1 ausdrücklich auf die „Kosten einer Betriebsführung" als Grundlage der Netzentgeltkalkulation

---

Ballwieser, Investitionsrechnungen für Netze im Rahmen der Anreizregulierung, S. 31); die *Marktrisikoprämie* (Markert Risk Premium – MRP) ist die Differenz zwischen der erwarteten Verzinsung des Marktportfolios und der erwarteten Verzinsung einer risikofreien Anlage, d.h. die von Investoren verlangte Entgeltung des Risikos, dem sie sich durch ihre Investition in Aktienmärkte aussetzen. Für die Ermittlung der kalkulatorischen Eigenkapitalzinssätze für die deutschen Energienetze sollte eine MRP von 6,2 % Anwendung finden.

658 Das betriebsnotwendige Vermögen ist annahmegemäß mit maximal 40 % durch Eigenkapital unterlegt. Wenn das Unternehmen einen höheren Eigenkapitalanteil aufweist, wird der die Quote von 40 % übersteigende Betrag als Fremdkapital gezahlt und behandelt. Der Eigenkapitalzinssatz beträgt bei Stromnetzen 7,91 % und bei Gasnetzen 9,21 %. Der anerkannte Fremdkapitalzinssatz ist 4,23 %. Sofern in einzelnen Szenarien ergänzend ein höherer tatsächlicher Fremdkapitalzins unterstellt wird, beträgt dieser 5,50 %. Die Berechnung der Eigenkapitalzinsen erfolgt für 40 % des kalkulatorischen Anlagevermögens mit Hilfe des Eigenkapitalzinssatzes von 7,91 % für Stromnetze und von 9,21 % für Gasnetze (Vgl. *Ballwieser*, Investitionsrechnungen für Netze im Rahmen der Anreizregulierung, S. 17 und 21).

659 *Hern, Shuttleworth, Kraus, Haug,* Die kalkulatorischen Eigenkapitalzinsätze für Strom- und Gasnetze in Deutschland, Gutachten, S. 62.

660 *Säcker*, in: BerlKommEnR, EnWG, Band 1, 3. Auflage, § 21 Rn. 60.

verweist.[661] Ausgangspunkt sind demzufolge die unternehmensindividuellen Kosten für den Betrieb des Übertragungs- bzw. Verteilernetzes, und zwar zunächst im tatsächlich entstandenen Umfang. In einem zweiten Schritt nimmt der Gesetz- und Verordnungsgeber eine normative Korrektur vor (§ 21 Abs. 2, §§ 4 Abs. 1 StromNEV und GasNEV).[662] Von den tatsächlich angefallenen und in Ansatz gebrachten Kosten müssen die Bestandteile abgezogen werden, die nicht denen eines effizienten und strukturell vergleichbaren Netzbetreibers entsprechen und sich damit im (hypothetischen) Wettbewerb nicht einstellen würden.[663]

In diesem Zusammenhang ist es nicht nur für die wirtschaftliche Situation der Netzbetreiber, sondern darüber hinaus für deren Investitionsfähigkeit von Belang, bei der Entwicklung der Gewinnspanne des Folgepreises einen kapitalmarktorientierten Ansatz anzuwenden und die Vorgaben der Verordnungen zu den kalkulatorischen Eigenkapitalzinssätzen für Strom- und Gasnetze zu berücksichtigen. In dieser Weise wird zum einen gewährleistet, dass Netzbetreibern, welche die Anforderungen an eine effiziente, wettbewerbsanaloge Betriebsführung erfüllen, ausreichend Eigenkapital für die notwendigen und zum Teil gesetzlich vorgeschriebenen Investitionen zur Verfügung steht. Zum anderen ist eine marktkonforme Verzinsung ein ganz entscheidendes Kriterium für externe Kapitalgeber, damit sie sich langfristig im Energienetzbereich engagieren und dadurch die notwendigen Investitionen ermöglichen.[664] Diese ist unmittelbar mit dem Zweck des Energiewirtschaftsgesetzes verknüpft, eine sichere, preisgünstige, verbraucherfreundliche, effiziente und umweltverträgliche leitungsgebundene Energieversorgung zu gewährleisten. Erforderlich ist auch die Berücksichtigung der Grundsätze der Preisgünstigkeit (Billigkeit), wobei dem EVU zur Finanzierung seiner Investitionen und zur Verzinsung des Eigenkapitals ein angemessener Gewinn zuzubilligen ist. Eine angemessene ökonomische Grundlage für die Netzbetreiber ist unabdingbare Voraussetzung dafür, dass sie ihren gesetzlichen Auftrag erfüllen können.[665]

Entgeltgenehmigungen ergehen auf Antrag des Netzbetreibers und geben nach 23a Abs. 2 S. 2 EnWG nur Höchstpreise vor, Erlösobergrenzen sind vom Netzbetreiber nach § 17 ARegV in Netzentgelte umzusetzen. Die Entgeltgenehmigungen nach 23a EnWG bzw. die Festlegung einer Erlösobergrenze im

---

661 *Säcker*, in: BerlKommEnR, EnWG, Band 1, 3. Auflage, § 21 Rn. 60.

662 *Säcker*, in: BerlKommEnR, EnWG, Band 1, 3. Auflage, § 21 Rn. 62.

663 *Säcker*, in: BerlKommEnR, EnWG, Band 1, 3. Auflage, § 21 Rn. 62.

664 Vgl. *Säcker*, in: BerlKommEnR, EnWG, Band 1, 3. Auflage, § 21 Rn.165.

665 *Männel*, Gutachterliche Stellungnahme zu den auf die Eigenkapitalverzinsung abstellenden Vorgaben der BNetzA, S. 6.

Rahmen der Anreizregulierung kann eine Berufung auf § 315 BGB nicht ausschließen.[666] § 30 Abs. 1 Satz 2 Nr. 5 EnWG soll nur im Verfahren der kartellrechtlichen Preiskontrolle gem. § 19, 29, 33 GWB gelten, nicht aber im Verfahren nach § 315 BGB. Die Billigkeitskontrolle auch der bei Vertragsschluss vereinbarten Netzentgelte ist nicht ausgeschlossen.[667]

666 Vgl. *Weyer*, in: BerlKommEnR, EnWG, Band 1, 3. Auflage, § 30 EnWG Rn. 54.

667 BGH, WuW/E DE-R 2279 Rn. 22 ff. – Stromnetznuztungsentgelt III; BGH, RdE 2010, 385 Rn. 17 – Stromnetznutzungsentgelt IV.

E. Gemeinsamkeiten und Unterschiede zwischen der deutschen und griechischen Rechtsordnung

Anschließend gilt es, die Preisfestsetzung im Elektrizitätseinzelhandel in Griechenland darzulegen (I.), um sodann auf die Beschreibung der Hauptmerkmale des Erdgasmarktes einzugehen (II.).

I. Der Elektrizitätsmarkt

1. Das Memorandum of Understanding vom 3.5.2010 und die Harmonisierung des griechischen Rechtes mit den Gemeinschaftsvorschriften

Zur gründlicheren Annäherung an das Thema wird zuerst eine Bewertung der Schritte vorgenommen, die die griechische Rechtsordnung in Richtung einer Harmonisierung des griechischen Rechtes mit den Gemeinschaftsvorschriften unternommen hat. Diese Neuerungen beschäftigen sich mit der Liberalisierung des Elektrizitätseinzelhandelsmarkts, die gemäß Gesetz 2773/1999[668] längst hätte erreicht werden sollen.[669] Zudem werden die Pflichten zur Liberalisierung des betroffenen Marktes berücksichtigt, die mit dem „Memorandum of Understanding über die spezifische wirtschaftspolitische Konditionalität" (im Folgenden MoU)[670] vom 3. Mai 2010 (Anhang IV zum Gesetz 3845/2010, S. 1356) zur Rettung der griechischen Wirtschaft mittels eines Unterstützungsmechanismus durch die Mitgliedstaaten der Eurozone und des Internationalen Währungsfonds (im Folgenden IWF) begründet wurden. Dieses ist mit dem Gesetz 3845/2010[671] ratifiziert worden. In der griechischen Rechtsordnung gliedert sich das MoU in

668 Gesetz 2773/1999 „Liberalisierung des Elektrizitätsmarkts – Regulierung der Energiepolitik und sonstige Regelungen, Griechisches Amtsblatt A 286/22.12.1999.

669 Vgl. *Ρόκας*, *Ρούσσος*, *Σταμάτη*, in: ενέργεια & δίκαιο, 13 & 14/2010, S. 30 (30); Zur Entwicklung des Elektrizitätsbereichs in Griechenland vgl. *Παπαδόπουλος*, in: ενέργεια & δίκαιο, S. 53 ff.

670 Memorandum of Understanding über die spezifische wirtschaftspolitische Konditionalität vom 3. Mai 2010, (Anhang IV zum Gesetz 3845/2010, S. 1356).

671 Gesetz 3845/2010, „Maßnahmen für die Umsetzung des Unterstützungsmechanismus der griechischen Wirtschaft durch die Mitgliedstaaten der Eurozone und den Internationalen Währungsfonds", Griechisches Amtsblatt A 65/6.5.2010.

zwei Anhänge zu diesem Gesetz.[672] Hierin werden eine Anzahl von griechischen Verpflichtungen ausgeführt, die auf Pflichten zurückzuführen sind, die bereits durch Rechtsakte der Union (Empfehlungen und Beschlüsse der Kommission und des Rates) geboten waren und die nachträglich durch Abkommen, die diese Rechtsakte stärken oder konkretisieren sollten, aktualisiert oder ergänzt worden sind. Solche Pflichten hängen ferner mit der Möglichkeit Griechenlands zusammen, von Hilfsmitteln Gebrauch zu machen, um die Finanzkrise zu bewältigen. Darin wird insbesondere das Ergebnis eines langwierigen und komplexen Verfahrens – zwischen Griechenland, den EU-Mitgliedstaaten, weiteren EU-Organen und dem IWF – in der Form eines internationalen Abkommens formuliert, das die Selbstbindung Griechenlands an eine konkrete Politik der Umstrukturierung und die Mittel zur Ausübung der Wirtschafts- und Sozialpolitik zu Zugangsbedingungen für den Unterstützungsmechanismus macht.[673]

---

672 Das Gesetz 3845/2010, dem die erwähnten Anhänge beigefügt sind, gestaltet sich wie folgt:
Im ersten Artikel wird Folgendes ratifiziert:
a) Die Gründung eines Unterstützungsmechanismus der Eurozone, finanziert durch die Mitgliedstaaten und den Internationalen Währungsfonds, um die Wirtschafts- und Finanzstabilität sicherzustellen (Erklärung der Staats- und Regierungschefs der Mitgliedstaaten des Euro-Währungsgebiets vom 25.3.2010, Anhang I zum Gesetz);
b) Die Aktivierung des Unterstützungsmechanismus für Griechenland (Erklärung der Mitgliedstaaten des Euro-Währungsgebiets vom 11.4.2010, Anhang II zum Gesetz);
c) Ein Programentwurf zur Erfüllung der Bedingungen des Unterstützungsmechanismus, den das griechische Wirtschaftsministerium „mit Teilnahme der Europäischen Kommission, der EZB und IWF" erstellt hat und bei diesen sowie den Mitgliedstaaten der Eurozone über den Rat der Eurozone-Wirtschaftsminister eingereicht hat. Dieser Entwurf, der eine Voraussetzung für den Zugang Griechenlands zum Unterstützungsmechanismus darstellte, gliedert sich in zwei Memoranden, die dem Gesetz als Anhang III und IV beigefügt sind: Das Erste mit dem Titel „Griechenland – Memorandum über die Wirtschafts- und Finanzpolitik" setzt die Ziele der zu verfolgenden Wirtschaftspolitik in ihren Bestandteilen (Finanz-, Sozial-, Struktur-, Markt- usw.). Das Zweite mit dem Titel „Griechenland: Memorandum of Understandig über die spezifische wirtschaftspolitische Konditionalität" umfasst die Umsetzungsmaßnahmen besagter Politik sowie einen Zeitplan für den Zugang Griechenlands zur Unterstützung je nach seinem Fortschritt.
Im zweiten Artikel werden der allgemeine Rahmen und die Ermächtigungen für das Eingreifen von Maßnahmen zur Umsetzung des Programms festgelegt, während Artikel 3 und 4 Maßnahmen zum Abbau des Haushaltsdefizits durch Einsparungen bei den öffentlichen Ausgaben sowie die Erhöhung des Mehrwertsteuersatzes vorsehen.

673 Vgl. auch *Σκανδάμης*, in: Ευρωπαίων Πολιτεία 2/2010, S. 237 (239).

Im Rahmen des MoU über spezifische wirtschaftspolitische Konditionalität ist Griechenland verpflichtet, „Maßnahmen zur zweiten Bewertung zu ergreifen (die bis zum Ende des dritten Quartals 2010 vervollständigt werden sollen)"[674], d.h.

i. Haushaltskonsolidierung,[675]
ii. Haushaltsstrukturreformen,[676]
iii. Aufsicht und Regulierung des Finanzsektors[677]
iv. sowie Strukturreformen.[678]

Den sogenannten „Strukturreformen" zufolge ist Griechenland verpflichtet, im Bereich der Elektrizität die notwendigen Maßnahmen zur Stärkung des Wettbewerbs in den offenen Märkten, wozu der *Elektrizitätseinzelhandelsmarkt* zählt, zu unternehmen. Somit müssen bis zum Ende September 2010 eine Präsidialverordnung über die Liberalisierung des Stromgroßhandelsmarkts sowie ein Ministerialerlass über die Rationalisierung der Preise für den Elektrizitätsverbrauch erlassen werden.[679]

Der Aktualisierung des „MoU über die spezifische wirtschaftspolitische Konditionalität" vom 9.2.2012 zufolge gewährleistet die Regierung die effektive Trennung der Netz- von den Versorgungsaktivitäten (Trennung der Netzaktivitäten) und arbeitet jene Maßnahmen aus, die den Zugang von Dritten zur Stromerzeugung aus Braunkohle gewährleisten *[1. Quartal 2012]* (Maßnahmen zur Wettbewerbsverstärkung im Bereich der Stromerzeugung).[680] Ferner verpflichtet sich die Regierung, mit der Privatisierung des Staatlichen Elektrizitätsunternehmens Griechenlands (im Folgenden D.E.I.)[681] zu beginnen und beaufsichtigt das Verfahren, um den Wettbewerb auf dem Strommarkt zu gewährleisten. Im Rahmen der *Privatisierung von D.E.I.* ergreift die Regierung die erforderlichen Maßnahmen, um Wasserkraftleistung und weitere Produktionsvermögen an Investoren zu verkaufen.[682]

674 Memorandum of Understanding (MoU) über die spezifische wirtschaftspolitische Konditionalität vom 3. Mai 2010 (Anhang IV zum Gesetz 3845/2010, S. 1356 (1359).
675 MoU, a. a. O., S. 1356 (1359).
676 MoU, a. a. O., S. 1356 (1361).
677 MoU, a. a. O., S. 1356 (1363).
678 MoU, a. a. O., S. 1356 (1363).
679 MoU, a. a. O., S. 1356 (1364).
680 Absichtserklärung über spezifische wirtschaftspolitische Konditionalität (MoU) vom 9.2.2012, (Aktualisierung), S. 34.
681 Auf Griechisch: Δημόσια Επιχείρηση Ηλεκτρισμού (ΔΕΗ).
682 Dieser Verkauf lässt sich von der Desinvestition der Braunkohleleistung, die die Entscheidung der Kommission über den griechischen Braunkohle-Sachverhalt vorsieht,

Weiterhin wird die Regierung Maßnahmen zur graduellen Deregulierung der Strompreise für alle Kundenkategorien außer den schutzbedürftigen Verbrauchern bis zum Juni 2013 ergreifen.[683] Für den Dezember 2012 ist ein Ministerialerlass vorgesehen, der im Januar 2013 in Kraft treten und worin die Niederspannungspreise für die Endnutzer festgesetzt werden sollen. Ferner soll ein Ministerialerlass bis Ende März 2013 erlassen werden, der im Mai 2013 in Kraft treten soll. Darin werden die Niederspannungspreise für Endnutzer aufgrund der Kostendeckung angepasst. Weiter soll sie die Regulierung der Tarife für alle Verbrauchern - außer den schutzbedürftigen - im zweiten Quartal 2013 abschaffen.[684]

Das MoU räumt dem griechischen Gesetzgeber das Ermessen ein, die inhaltlichen Details der vorerwähnten Regelungen selbst festzulegen. Das Ermessen des griechischen Gesetzgebers wird durch den besonderen Rahmen der nationalen und gemeinschaftlichen Vorschriften über die Liberalisierung des Elektrizitätsmarkts eingeschränkt, vgl. Richtlinie 2003/54/EG, Gesetz 2773/1999 und die delegierte Sekundärgesetzgebung[685] sowie die Richtlinie 2009/72/EG[686], die mit dem Gesetz 4001/2011[687] ins nationale Recht umgesetzt wurde.[688] Ferner wird es durch die Vorschriften des Wettbewerbsrechts, Artikel 101 ff. des Vertrags über die Arbeitsweise der EU (AEUV) und Gesetz 703/1977 „Über die Kontrolle der Mono- und Oligopole und den Schutz des freien Wettbewerbs“[689], eingeschränkt.

---

abgrenzen. Absichtserklärung über spezifische wirtschaftspolitische Konditionalität (MoU) vom 9.2.2012, (Aktualisierung), S. 34.

683 Absichtserklärung über spezifische wirtschaftspolitische Konditionalität (MoU) vom 9.2.2012, (Aktualisierung), S. 34.

684 Absichtserklärung über die spezifische wirtschaftspolitische Konditionalität (MoU) vom 9.2.2012, (Aktualisierung), S. 34.

685 Ministerialerlass Nr. Δ5/ΗΛ/Β/Φ29/23860/2007 (Griechisches Amtsblatt B 2332/7.12.2007) „Tariferhöhung für den Elektrizitätsverkauf D.E.I. AG Dezember 2007 und Änderung des Versorgungsbuches“, Ministeriarlerlass Nr. A.Π. Δ5/ΗΛ/Β/Φ29/16204/30.7.2007 „Änderungen bei den D.E.I. AG-Tarifen für den Elektrizitätsverkauf“.

686 Richtlinie 2009/72/EG vom 13.7.2009 über die gemeinsamen Vorschriften für den Elektrizitätsbinnenmarkt und zur Aufhebung der Richtlinie 54/03, ABl. Nr. L 211 vom 14.8.2009, S. 55.

687 G. 4001/2011 „Über das Funktionieren des Strom- und Erdgasmarkts, über Forschung, Erzeugung und Übertragungsnetze von Kohlenwasserstoff und weitere Regelungen“. Griechisches Amtsblatt A 179/22.8.2011.

688 Vgl. *Ρόκας*, *Ρούσσος*, *Σταμάτη*, in: ενέργεια & δίκαιο, 13 & 14/2010, S. 30 (31).

689 Wie durch das neue Gesetz Nr. 3959/2011 zum Schutz des freien Wettbewerbs geändert.

2. Relevanter Markt- und Rechtsrahmen für die Preisfestsetzung im Elektrizitätseinzelhandel in Griechenland

Die Harmonisierung des Nationalrechts mit den Gemeinschaftsvorschriften zur Liberalisierung des Elektrizitätsmarkts dauerte lange und es wurden zu diesem Zweck Gesetze eingeführt, die entweder die bestehenden Gesetze aktualisierten oder die Gemeinschaftsvorschriften in die griechische Rechtsordnung umsetzten.[690] Der Elektrizitätsmarkt in Griechenland wird vor allem durch Gesetz 2773/1999[691] „Liberalisierung des Elektrizitätsmarkts – Regulierung der Energiepolitik und sonstige Regelungen" geregelt. Aufgrund dieses und der delegierten Ministerialerlässe[692] werden die Tarife für den Elektrizitätshandel festgesetzt. Die Berechnungsmethode wird unter Beachtung der schrittweisen Liberalisierung des Marktes und der Bedeutung der Elektrizität als Gemeinwohlgut in Griechenland festgelegt, wobei auch auf die schutzbedürftigen Sozialgruppen wie z.B. die Kinderreichen oder die Inseleinwohner Bezug genommen wird.[693]

---

690 *Ρόκας*, *Ρούσσος*, *Σταμάτη*, in: ενέργεια & δίκαιο, 13 & 14/2010, S. 30 (32).

691 G. 2773/1999 „Liberalisierung des Elektrizitätsmarkts – Regulierung der Energiepolitik und sonstige Bestimmungen, Griechisches Amtsblatt A 286/22.12.1999; zuletzt geändert durch Gesetz 3734/2009 „Förderung der parallelen Erzeugung zwei oder mehrerer nützlicher Energieformen, Regelungen zum Wasserkraftwerk Mesochora und sonstige Bestimmungen" (Griechisches Amtsblatt A 8/28.1.2009).

Wichtige Änderungen hat das Gesetz 3175/2003 „Nutzung von geothermischem Potential, Fernwärme und sonstige Bestimmungen" (Griechisches Amtsblatt A 207/2003) erbracht, das die Richtlinie 2003/54/EG des Europäischen Parlaments und des Rates vom 26. Juni 2003 „über die Gemeinschaftsvorschriften für den Elektrizitätsbinnenmarkt und die Abschaffung der Richtlinie 92/96/EVG" ins nationale Recht umgesetzt hat, sowie das Gesetz 3426/2005 „Beschleunigung des Prozesses über die Liberalisierung des Elektrizitätsmarkts" (Griechisches Amtsblatt A 309/22.12.2005).

692 Ministerialerlass Nr. Δ5/ΗΛ/Β/Φ29/23860/2007 (Griechisches Amtsblatt B 2332/7.12.2007) „Tariferhöhung für den Elektrizitätsverkauf D.E.I. AG Dezember 2007 und Änderung des Versorgungsbuches", Ministeriarlerlass Nr. Α.Π. Δ5/ΗΛ/Β/Φ29/16204/30.7.2007 „Änderungen bei den D.E.I. AG-Tarifen für den Elektrizitätsverkauf".

693 Mit dem Gesetz 3426/2005 wurde Abs. 2 zum Art. 29 G. 2773/1999 mit folgendem Wortlaut hinzugefügt: Die Zugangstarife zum System, zum Verteilungsnetz und zu isolierten Inseln, die auch die Abgaben für Anschluss und Nutzung beinhalten, werden aufgrund von durch die Energieregulierungsbehörde Griechenlands (im Folgenden RAE) genehmigter Methodologie gebildet auf Empfehlung des zuständigen Betreibers. Die Rechnungsmethodologie wird so aufgestellt, dass sie die notwendigen Investitionen ins System, in das Verteilungsnetz und die isolierten Inseln erlaubt, so dass ihre sichere Versorgung und Lebensfähigkeit gewährleistet werden.

Das neue Gesetz 4001/2011 „Über das Funktionieren des Strom- und Erdgasmarkts, über Forschung, Erzeugung und Übertragungsnetze von Kohlenwasserstoff und weitere Bestimmungen" setzt die Vorschriften der Richtlinie 2009/72/EG des Europäischen Parlaments und des Rates vom 13. Juli 2009[694] und der Richtlinie 2009/73/EG vom 13. Juli 2009[695] in die griechische Rechtsordnung um. Die Erzeugungs-, Versorgungs-, Kauf-, Übertragungs- und Verteilungsaktivitäten für Erdgas und Strom sowie die Erdgasspeicherung und –verflüssigung und die Vergasung von verflüssigtem Erdgas in Griechenland sind durch besagtes Gesetz geregelt. Dabei handelt es sich um Gemeinwohltätigkeiten, die unter staatliche Aufsicht fallen.

Mit dem neuen Gesetz 4001/2011 gilt nunmehr Art. 140 Abs. 2: „2. RAE beschließt unter Berücksichtigung der Stellungnahme der zuständigen Betreiber von ESMIE (Griechisches Übertragungssystem von Elektrizität, im Folgenden ESMIE) und EDDIE und auf transparente Weise die *Berechnungsmethode für die Anschluss- und Nutzungstarife der nationalen Netze* und insbesondere der Zugangstarife zum ESMIE und EDDIE und zu den geschlossenen Verteilungsnetzen, die auch den Anschluss- und Nutzungspreis beinhalten, sechs (6) Monate vor deren Inkrafttreten. Die Tarife werden in dieser Weise berechnet, um die nötigen Investitionen in ESMIE und EDDIE zu ermöglichen und somit eine effiziente Stromübertragung und –verteilung zu gewährleisten."; in ihrem Warnschreiben vom 26.06.2009 weist die Europäische Kommission darauf hin, dass: „*Am 16. Juli 2008 und am 7. Dezember 2007 wurden im Griechischen Amtsblatt (Δ5/ΗΛ/ΒΦ29/23860 Griechisches Amtsblatt B 1389/16.07.08 und Δ5/ΗΛ/ΒΦ29/16810 Griechisches Amtsblatt B 2338/07.12.07) zwei Entscheidungen veröffentlicht, worin die Methode beschrieben wird, aufgrund derer D.E.I. die Rechnung von Tarifen für Endverbraucher sowie der entsprechenden Obergrenzen je MWh für alle Nicht-Haushaltskunden, die Mittel- oder Niederspannung haben, erstellen muss. Der Entwicklungsminister hat nach RAE-Stellungnahme die Berechnung der Tarife und der Obergrenzen genehmigt […].*

Der Anspruch auf Versorgung zu regulierten Preisen betrifft alle Nicht-Haushaltskunden mit Mittel- und Niederspannung, die kraft Art. 21 der RL 2003/54/EG Versorger wählen können. Es gibt keine Hinweise darauf „wann dieses Regime von regulierten Preisen schrittweise abgeschaffen werden wird, welches keine Bestimmungen umfasst, die die Höhe des regulierten Preises von der Höhe des auf dem Markt herrschenden Preises abhängig macht."

694 Richtlinie 2009/72/EG des Europäischen Parlaments und des Rates vom 13. Juli 2009 „Über die gemeinsamen Vorschriften für den Elektrizitätsbinnenmarkt und zur Aufhebung der Richtlinie 2003/54/EG" (Amtsblatt der EU L 211 vom 14.8.2009).

695 Richtlinie 2009/73/EG des Europäischen Parlaments und des Rates vom 13. Juli 2009 „Über die gemeinsamen Vorschriften für den Erdgasbinnenmarkt und zur Aufhebung der Richtlinie 2003/55/EG" (Amtsblatt der EU L 211 vom 14.8.2009).

3. Stromtarife: Der regulierte Teil

Die Stromtarife[696] bestehen aus zwei Teilen: Dem *regulierten* und dem *wettbewerblichen* Teil.

Der *regulierte Teil* bezieht sich auf den Zugang zu den Netzen und ihre Nutzung durch Versorger und Verbraucher zur Übertragung und Verteilung von Elektrizität.[697] Die Regulierung besteht darin, dass solche Tarife ohne die Genehmigung des zuständigen Ministers nicht angewandt werden dürfen.[698]

In Bezug auf den Zugang zum *Übertragungssystem und dessen Nutzung*[699] werden die durch die Berechnungstarife ermittelten Beträge für die Verbraucher gegenüber dem Betreiber des Übertragungssystems (Unabhängiger Betreiber für die Elektrizitätsübertragung, DESMIE A.G., im Folgenden DESMIE)[700] fällig.[701] Das gilt bis zur Gründung des Unabhängigen Betreibers für die Elektrizitätsübertragung (Der Unabhängige Betreiber für die Elektrizitätsübertragung, ADMIE AG, im Folgenden ADMIE)[702] und bis zur Übertragung der Aktivitäten von DESMIE auf ADMIE. Gemäß Artikel 97 Abs. 1 Gesetz 4001/2011

---

696 Überblick über die Stromtarife unter: http://www.rae.gr/site/categories_new/electricity/charges.csp zuletzt besucht am 14.6.2014.

697 Vgl. Festsetzung der Tarife für Nicht-Wettbewerbstätigkeiten Art. 2 G. 4001/2011 Abs. 1 (κγ) Tarife für Nicht-Wettbewerbstätigkeiten: Tarife für Grundtätigkeiten in der Erdgasversorgung und für die Nutzung des Stromübertragungssystems und -verteilnetzes.

698 Art. 29 Abs. 1 G. 2773/1999.

699 RAE-Beschluss Nr. 2215/2010, Änderung des Methodologie – Tarifhandbuchs für die Systemnutzung durch die Kunden des Verteilnetzes, abrufbar unter: http://www.rae.gr/old/elec_charges/RAE_2215-2010.pdf zuletzt besucht am 6.7.2012; RAE-Stellung nahme Nr. 377/2010, Haushalt zu Jahreskosten und Tarifen für die Nutzung des Übertragungssystems für 2011, abrufbar unter: http://www.rae.gr/old/elec_charges/RAE_377-2010_corr.pdf zuletzt besucht am 6.7.2012.

700 Auf Griechisch: Διαχειριστής Εθνικού Συστήματος Μεταφοράς Ηλεκτρικής Ενέργειας (ΔΕΣΜΗΕ).

701 Siehe Art. 15 G. 2773/1999 wie durch Abs. 8 Art. 23 G. 3175/2003 (Griechisches Amtsblatt A 207) ersetzt. Dieser gilt provisorisch bis zur Übertragung der Tätigkeiten von DESMIE zu ADMIE (siehe unten) und der Errichtung des Unabhängigen Betreibers der Elektrizitätsübertragung, der gemäß Art. 97 Abs. 1 G. 4001/2011 die Verwaltung des griechischen Elektrizitätsübertragungssystems als Tochterunternehmen von D.E.I. AG unter dem Namen „Unabhängiger Betreiber der Elektrizitätsübertragung (ADMIE) AG" übernimmt; die Organisation und Funktionsweise von ADMIE als Unabhängiger Übertragungsbetreiber wird durch die RL 2009/72/EG, insbesondere Kapitel V geregelt. Vgl. auch Art. 98 G. 4001/2011 Abs. 1.

702 Auf Griechisch: Ανεξάρτητος Διαχειριστής Μεταφοράς Ηλεκτρικής Ενέργειας, ΑΔΜΗΕ Α.Ε.

übernimmt ADMIE die Verwaltung des Griechischen Übertragungssystems von Elektrizität (Griechisches Übertragungssystem von Elektrizität, ESMIE im Folgenden ESMIE)[703] als Tochterunternehmen der D.E.I. A.G. unter dem Namen „Unabhängiger Betreiber der Stromübertragung (ADMIE A.G.)" und fungiert als Unabhängiger Betreiber der Übertragung gemäß den Vorschriften der Richtlinie 2009/72/EG und insbesondere dem Kapitel V.[704]

In Bezug auf den Zugang zum *Verteilnetz*[705] und dessen Nutzung sind die durch die Berechnungstarife festgesetzten Beträge für die Verbrauchern zurzeit noch an D.E.I. zu zahlen, was aber nur provisorisch bis zur Gründung einer selbstständigen, für den Netzbetrieb zuständigen juristischen Person gilt gemäß den Vorschriften der Richtlinie 2003/54/EG und nunmehr der neuen Richtlinie 2009/72/EG über die Trennung dieser Tätigkeit von der Elektrizitätserzeugung und –versorgung. Gemäß Artikel 123 Abs. 1 Gesetz 4001/2011 „ist bei der D.E.I. AG innerhalb von acht (8) Monaten ab dem Inkrafttreten des vorliegenden Gesetzes die Verwaltung vom griechischen Stromverteilnetz (im Folgenden EDDIE) von den weiteren Aktivitäten ihres vertikal integrierten Unternehmens juristisch und betriebsweise zu trennen, indem sie die Verteilungsbranche ihrem Tochterunternehmen „Betreiber vom Griechischen Stromverteilnetz AG" (im Folgenden DEDDIE) überlässt. Gemäß Artikel 127 Abs. 4: „[Die] DEDDIE AG veröffentlicht die Berechnungsmethode für den Anschluss ans Netz, den Kostenpreis pro Einheit und jede sonstige notwendige Information für die Berechnungsmethode der Anschlüsse ans Netz. Die einschlägigen Tarife werden gemäß den Vorschriften des Artikel 140 Abs. 1 durch die Energieregulierungsbehörde Griechenlands (im Folgenden RAE)[706] genehmigt."

703 Auf Griechisch: Ελληνικό Σύστημα Μεταφοράς Ηλεκτρικής Ενέργειας, ΕΣΜΗΕ.

704 Vgl. auch Art. 98, Abs. 1 G. 4001/2011 und Art. 99 Abs. 1. G. 4001/2011.

705 RAE-Stellungnahme Nr. 378/2010, Jahreskosten 2011 und Tarife für die Nutzung des Elektrizitätsverteilnetzes, abrufbar unter: http://www.rae.gr/old/elec_charges/RAE_378-2010.pdf zuletzt besucht am 6.7.2012.

706 Die Energieregulierungsbehörde (auf Griechisch: Ρυθμιστική Αρχή Ενέργειας ΡΑΕ) ist eine unabhängige Regulierungsbehörde, die mit G. 2773/1999 im Rahmen der Harmonisierung mit den Richtlinien 2003/54/EG und 2003/55/EG zu Elektrizität und Erdgas gegründet wurde, deren Hauptaufgabe die Aufsicht über den nationalen Energiemarkt in allen Bereichen ist.

Mit G. 2773/1999 und den nachfolgenden Änderungen sind RAE verschiedene Befugnisse übertragen, vor allem zur Beratung, Überwachung und Kontrolle über den Energiemarkt in allen Bereichen, d.h. Stromproduktion aus konventionellen Kraftstoffen, aus erneuerbaren Energiequellen und Erdgas.

Gemäß Artikel 140 Abs. 2 des neuen Gesetzes 4001/2011 beschließt RAE unter Berücksichtigung der Stellungnahme der zuständigen Betreiber von ESMIE und EDDIE und auf transparente Weise die *Berechnungsmethode für die Anschluss- und Nutzungstarife der nationalen Netze* und insbesondere der Zugangstarife zum ESMIE und EDDIE und zu den geschlossenen Verteilungsnetzen, die auch den Anschluss- und Nutzungspreis beinhalten, sechs Monate vor deren Inkrafttreten. Die Tarife werden in einer Weise berechnet, dass die nötigen Investitionen in ESMIE und EDDIE ermöglicht und somit effiziente Dienstleistungen der Stromübertragung und –verteilung gewährleistet werden.[707] Gemäß Artikel 140 Abs. 3 des Gesetzes 4001/2011 genehmigt RAE auf Empfehlung der zuständigen Betreiber von ESMIE und EDDIE die Anschluss- und Nutzungstarife der nationalen Netze einen Monat vor deren Inkrafttreten und sie werden alsbald im Griechischen Amtsblatt sowie auf dessen Internetseite veröffentlicht.

G. 3851/2010 hat wesentliche Änderungen beim vorliegenden gesetzlichen Regime über die erneuerbaren Energiequellen und die Befugnisse von RAE in dieser Hinsicht herbeigebracht. Was insbesondere das Genehmigungsverfahren angeht, hat RAE eine entscheidende Rolle bei der Erteilung der Lizenzen zur Erzeugung übernommen, während das Ministerium für PEKA die Rechtmäßigkeit ihrer Entscheidungen zu überprüfen hat, was mit G. 4001/2011 abgeschafft wurde.

Die Rolle von RAE als Energieregulierungsbehörde hat seit 2011 an Bedeutung gewonnen, da die Befugnisse zur Regulierung des Strom- und Gasmarktes sich erweiterten und verstärkt wurden; diese wurden ihr im Auftrag des dritten Energiepakets übertragen, wonach die nationalen Energieregulierungsbehörden zum „Garant“ für das ordnungsgemäße Funktionieren der Energiemärkte werden sollen.

707 S. Art. 15 G. 4001/2011. Demnach: „beschließt [RAE] sechs Monate vor ihrem Inkrafttreten – gemäß Art. 140 G. 4001/2011 zur Elektrizität – nach transparenten Kriterien die Berechnungsmethode der Tarife für Nicht-Wettbewerbstätigkeiten, so dass diese nicht diskriminierend sind und den Kosten der erbrachten Dienstleistungen Rechnung tragen. Sowohl die Berechnungsmethode als auch die Tarife für Nicht-Wettbewerbstätigkeiten werden auf der Webseite von RAE und den zuständigen Betreibern veröffentlicht; s. auch Abs. 2 G. 4001/2011: „Gemäß Abs. 1 berücksichtigt RAE bei der Ausübung ihrer Befugnisse die Notwendigkeit zur Schaffung von kurz- und langfristigen Anreizen für die Betreiber der Übertragungssysteme und die Betreiber der Verteilnetze, um derer Effizienz zu stärken, die Entwicklung des Energiemarktes und die Versorgungssicherheit zu fördern und die einschlägigen Forschungstätigkeiten der Betreiber zu unterstützen“.

Zum regulierten Teil der Tarife[708] gehören auch die Tarife für die Gemeinwohldienstleistungen[709] sowie die Sondergebühr für die erneuerbaren Energiequellen[710].

---

708 Neben den Kosten für Elektrizitätserzeugung, nämlich:
a) Kosten für die Stromerzeugung und -versorgung,
b) Kosten für die Nutzung des Übertragungssystems,
c) Kosten für die Nutzung des Verteilnetzes,
d) Kosten für die Gemeinwohldienstleistungen,
e) Sondergebühr für die Verringerung der Emission gasförmiger Schadstoffe,
f) Gebühr für den Betreiber des Elektrizitätsmarktes und RAE,
umfassen die Versorgungstarife die durch die Gesetzgebung vorgeschriebenen Steuern, nämlich die Verbrauchersteuer, die Mehrwertsteuer und Kosten für Dritte für Dienstleistungen, die nicht mit der Stromversorgung in Verbindung stehen (Immobiliensteuer, Stadtsteuer, Nationaler Rundfunk), dazu noch mehr unter: http://www.rae.gr/site/categories_new/electricity/market/supply/invoice.csp zuletzt besucht am 25.10.2012; vgl. auch *Μεταξάς*, in: Ευρωπαίων Πολιτεία 3/2010, S. 561 (561 ff.).

709 Gemäß Art. 29 G. 2773/1999 (Griechisches Amtsblatt A/286/1999) und insbesondere Abs. 4 ist es möglich, die Lizenzinhaber nach Erlass des Ministers für PEKA und nach RAE-Stellungnahme zu nötigen, ihre Tarife für verschiedene Kundengruppen zu differenzieren, vorausgesetzt, dass: a) die Kostendeckung für jeden Inhaber sichergestellt wird und b) was D.E.I. angeht, es keine Zuschüsse für zugelassene und nicht zugelassene Kunden gibt.

Gemäß Art. 1 ΥΑ/Δ5–ΗΛ/Β/Φ29/16027 (Griechisches Amtsblatt B/1403/6.9.2010), der die „Anwendung der sozialen Haushaltstarife" betrifft, handelt es sich bei den *sozialen Haushaltstarifen* um einen neuen Sondertarif, der auf schutzbedürftige Verbraucher Anwendung findet, wie sie im Art. 2 des Ministerialerlasses definiert werden (kinderreiche oder Mehrkindfamilien, Arbeitslose, einkommensschwache Familien und Menschen mit Behinderung), und wird von allen Stromversorgern bereitgestellt.

Die sozialen Haushaltstarife stellen Gemeinwohldienstleistungen dar und gewährleisten:
1. Gleiche Tarife auf Inseln und auf dem Festland (obwohl die Stromerzeugungskosten auf den Inseln viel höher als die auf dem Festland sind)
2. Niedrigere Tarife für kinderreiche Familien
3. Einen niedrigeren sozialen Haushaltstarif

Die Kosten für diese Dienstleistungen werden durch die Gemeinwohlgebühr finanziert, die in der D.E.I.-Rechnung einbezogen ist, Art. 29 G. 2773, der bis zum 22.8.2011 gültig war, und Art. 196 des neuen G. 4001, der ab 22.8.2011 gültig ist; s. auch Art. 55 G. 4001/2011.

710 Nunmehr heißt sie Sondergebühr für die Verringerung der Emission gasförmiger Schadstoffe. Gemäß der Gesetzgebung ist diese Gebühr für die Entschädigung der Stromerzeuger aus erneuerbaren Energiequellen (EE) bestimmt. Sie stellt einen gemeinsamen Beitrag zur Verringerung der Emission gasförmiger Schadstoffe durch

4. Der wettbewerbliche Teil der Tarife:

Andererseits umfasst der *wettbewerbliche Teil* der Tarife die Kosten für die *Stromerzeugung und -versorgung*, die für die Verbraucher gegenüber dem jeweiligen Versorger fällig werden - zurzeit ist *D.E.I. der Hauptversorger*.

Artikel 29 Abs. 1 G. 2773/1999[711] legt fest, dass die Tarife, aufgrund derer die Inhaber einer Versorgungsgenehmigung bezahlt werden, mit Ausnahme der Versorgungstarife für „zugelassene Kunden", nur nach Genehmigung des Entwicklungsministers (nun Minister für Umwelt, Energie und Klimawandel, im Folgenden PEKA[712]) und nach RAE-Stellungnahme gelten.[713]

---

die Förderung der EE dar. Die Kosten je Einheit gestalten sich gemäß der gültigen Gesetzgebung.
Die Sondergebühr unterliegt der Mehrwertsteuer.
Berechnungsformel: Preis für die Sondergebühr = x kWh;
Die Sondergebühr für die EE wurde im G.2773/1999 (Art. 40) vorgesehen; ihre Höhe wird durch Ministerialerlass auf RAE-Empfehlung festgelegt und muss von allen Verbrauchern verbrauchsabhängig entrichtet werden. Gemäß G. 2773/99 entrichtet D.E.I. die Gebühr für EE an den DESMIE, damit dieser einen Teil des Betrags deckt, den er an die Erzeuger EE für die Abnahme der ganzen Strommenge, die sie erzeugen, zahlt. Diese Gebühr deckt die Stromerzeugungskosten aus EE, die höher sind als diejenigen aus konventionellen Kraftstoffen. Grundsätzlich stellt diese Gebühr eine Nutzungsgebühr dar, die der Staat durch G. 2773/99 begründet hat, um die Kosten für saubere Energie zu decken. S. dazu und weitergehend auch die offizielle Webseite von D.E.I. http://www.dei.gr/Default.aspx?id=31079&nt=18 zuletzt besucht am 6.6.2014.

711 Das Gesetz 2773/1999 wurde durch Gesetz 3734/2009 „Förderung der parallelen Erzeugung zwei oder mehrerer nützlicher Energieformen, Regelung von Themen zum Wasserkraftwerk Mesochora und sonstige Bestimmungen" (Griechisches Amtsblatt A 8/28.1.2009) geändert. Wichtige Änderungen hat das Gesetz 3175/2003 „Nutzung von geothermischem Potential, Fernwärme und sonstige Bestimmungen" (Griechisches Amtsblatt A 207/2003) bewirkt, das die Richtlinie 2003/54/EG des Europäischen Parlaments und des Rates vom 26. Juni 2003 „über die Gemeinschaftsvorschriften für den Elektrizitätsbinnenmarkt und die Aufhebung der Richtlinie 92/96" ins nationale Recht umgesetzt hat, sowie das Gesetz 3426/2005 „Beschleunigung des Prozesses zur Liberalisierung des Elektrizitätsmarkts" (Griechisches Amtsblatt A 309/22.12.2005). Es sind jedoch keine erheblichen Änderungen in Richtung Liberalisierung der Tarife durch G. 3175/2003 eingeführt worden, das auch die damals neue RL umzusetzen hatte.

712 Auf Griechisch: Υπουργείο Περιβάλλοντος, Ενέργειας και Κλιματικής Αλλαγής.

713 Vgl. *Συνοδινός*, Ρυθμιζόμενα Τιμολόγια στην προμήθεια ηλεκτρικής ενέργειας και κοινοτικό δίκαιο, in: ενέργεια & δίκαιο 8/2007, S. 81 (81).

Gemäß Gesetz 3845/2010, „Maßnahmen für die Umsetzung des Unterstützungsmechanismus der griechischen Wirtschaft durch die Mitgliedstaaten des Euro-Währungsgebiets und den Internationalen Währungsfond“,[714] muss die Regierung eine Präsidialverordnung über die Liberalisierung der Energie für Großkunden und einen Ministerialerlass über die Rationalisierung der Preise für den Stromverbrauch bis Ende des dritten Quartals 2010 erlassen; ferner muss sie aufgrund der Aktualisierung des MoU vom 9.2.2012 bis zum zweiten Quartal 2013 die Tarife für alle Kundenkategorien, ausgenommen die schutzbedürftigen Kunden, abschaffen. In einem Versuch zur Anpassung an die oben genannten Verpflichtungen hat das Gesetz 3899/2010 „Dringende Maßnahmen für die Umsetzung des Unterstützungsmechanismus der griechischen Wirtschaft“[715] folgenden Absatz zum Artikel 29 Gesetz 2773/1999 hinzugefügt: „*6. Die Versorgungstarife von D.E.I. AG für Nieder- und Mittelspannung werden bis zum 30.6.2013 durch Erlasse des Ministers für PEKA nach RAE-Stellungnahme genehmigt.*“

Eine letzte Änderung hat das Gesetz 4001/2011 eingeführt, das die Verordnungen zur Richtlinie 2009/72/EG und Richtlinie 2009/73/EG des Europäischen Parlaments und des Rates vom 13. Juli 2009 in die griechische Rechtsordnung umsetzt. Artikel 140 dieses Gesetzes legt Folgendes fest: „1. Die Tarife, aufgrund derer die Genehmigungsinhaber für ihre Dienstleistung bezahlt werden – ausgenommen die Versorgungstarife für zugelassene Kunden – gelten nur unter der Bedingung, dass sie vorher von RAE genehmigt worden sind, vorbehaltlich des Gesetzes 3899–2010 (sic!).“ Somit werden *die Versorgungstarife der D.E.I. AG für Nieder- und Mittelspannung* gemäß Gesetz 4001/2011[716], insbesondere den Verordnungen des Artikels 140 sowie Abs. 3 des Artikel 7 Gesetz 3899[717], durch Erlasse des Ministers für PEKA nach RAE-Stellungnahme bis zum 30.6.2013 genehmigt.

Die D.E.I.-Tarife für Niederspannung haben folgende Form:[718]

---

714 Griechisches Amtsblatt A 65/6.5.2010, Anhang VI, S. 1364.

715 Gesetz 3899/2010 „Dringende Maßnahmen für die Umsetzung des Unterstützungsmechanismus der griechischen Wirtschaft“, Griechisches Amtsblatt A 212/17.12.2010 (Griechisches Amtsblatt A 212/17.12.2010).

716 Griechisches Amtsblatt A 179/22.08.2011.

717 Griechisches Amtsblatt A 212/17.12.2010.

718 Überblick hierzu unter: http://www.dei.gr/el/eksupiretisi-pelatwn/oikiakoi-pelates/timologia/sugkentrwtikos-timokatalogos-ilektrikis-energeias zuletzt besucht am 12.6.2014.

a) Tarif für gewerbliche Kunden/Unternehmen

Dieser ist für Kunden bestimmt, die einen niedrigen Verbrauch haben. Konkreter gilt er für Anlagen mit installierter Leistung bis 25 kVA.[719]

Allgemeiner Energietarif

Gewerblicher (Allgemeiner Tarif C21. Praxen, Geschäfte, usw)

Industrietarif (Tarif C21B. Labore, kleine Betriebe, Werkstätten usw)

Wettbewerbsteil (gültig ab 1.1.2013)

Zeitraum	Energiepreis Gewerblich (€ / kWh)	Energiepreis Industrie (€ / kWh)
Jährlich	0,10801	0,10347

Festgebühr (€ / Monat): 0,53

Regulierter Teil (gültig ab 1.6.2014)

Übertragungsnetz			Verteilnetz		
Leistungspreis (€/kVAxVL pro Jahr)	Energiepreis (€/kWh)	Sonstige Belastungen (€/kWh)	Leistungspreis (Festgebühr je Einheit) (€/kVAxVL pro Jahr)	Energiepreis (variable Gebühr je Einheit) (€/kWh)	Gemeinwohldienstleistungen (€/kWh)
0,52	0,454	0,00046	1,50	0,0190	0,01824

Abzurechnende Leistung: Die vereinbarte Leistung (VL) des Anschlusses

Bemerkung:
Abgerechneter Monat: 120 Tage. Betrifft die Abrechnung einen anderen Zeitraum, so wird die Gebühr für die Leistung, die Festgebühr und die Verbrauchsstufen der Haushaltstarife anhand des Koeffizienten A = Verbrauchszeitraum / 120 Tage entsprechend berechnet.

Die Haushaltstarife betreffen Stromanschlüsse, die ausschließlich Haushaltsbedürfnisse decken (Wäsche, Bügeln, Kochen, Boiler usw.) und haben folgende Form:[720]

719 Dieser Tarif gilt für Kunden mit kleinem Verbrauch und kleiner Leistung, nämlich bis zu 25 kVA.

720 Überblick der Haushaltstarife abrufbar unter: http://www.dei.gr/el/eksupiretisi-pelatwn/oikiakoi-pelates/timologia zuletzt besucht am 12.6.2014.

b) *Haushaltstarif*

Haushaltstarif – ohne Stundensatz (C1)

Wettbewerbspreis (gültig ab 1.1.2013)

Stufen (gesamter Verbrauch)	Energiepreis (€ / kWh)	Festgebühr für Einphasenanschluss (€ pro Jahresdrittel)	Festgebühr für Drehanschluss (€ pro Jahresdrittel)
0 – 800 kWh	0,07793	1,52	4,80
801 – 2000 kWh	0,09460	1,52	4,80
> 2000 kWh	0,10252	1,52	4,80

Mindestpreis für Einphasenstrom (€ / vier Monate) : 5,30
Mindestpreis für Drehstrom (€ / vier Monate) : 8,58

Regulierter Preis (gültig ab 1.6.2014.)

Stufen in kWh	ÜBERTRAGUNGS-NETZ		Sonstige Belastungen (€/kWh)	VERTEILNETZ		GEMEIN WOHL-DIENSTLEISTUN-GEN (€/KWH)
	Leistungs-preis (€/ kVA* VL pro Jahr)	Energie-preis (€/kWh)		Leistungs-preis (Festgebühr je Einheit) (€/kVA* VL je Jahr)	Energie-preis (Variabler Preis je Einheit) (€/kWh)	
0 – 1600						0,00699
1601 -2000						0,01570
2001-3000	0,16	0,00563	0,00046	0,56	0,0214	0,03987
0- > 3000						0,04488

Abzurechnende Leistung: Die vereinbarte Leistung des Anschlusses

Bemerkung:
Abgerechneter Monat: 120 Tage. Betrifft die Abrechnung einen anderen Zeitraum, so wird die Gebühr für die Leistung, die Festgebühr und die Verbrauchsstufen der Haushaltstarife entsprechend anhand des Koeffizienten A = Verbrauchszeitraum / 120 Tage berechnet.

Der Haushaltstarif[721] ohne Stundensatz **(C1)** ist ein Tarif, bei dem ein Pauschalpreis für den 24-stundigen Verbrauch abgerechnet wird, dessen Höhe abhängig von der Gesamthöhe des 4-monatigen Verbrauchs berechnet wird.

Aufgrund des geltenden Rechtsrahmens nehmen die Stromversorger durch die Stromrechnungen Gebühren und Steuern entsprechend der staatlichen Vorgaben ein.

Demnach werden durch die D.E.I.-Rechnung folgende Sondergebühren eingenommen: Mehrwertsteuer, Sondergebühr für Stromverbrauch, Sondergebühr 5°/$_{oo}$,

721 S. unter: http://www.dei.gr//Documents2/TIMOLOGIA/01%2006%202014/%CE%9F%CE%B9%CE%BA-%CE%A7%CF%89%CF%81%CE%AF%CF%82%20%CF%87%CF%81%CE%BF%CE%BD%CE%BF%CF%87%CF%81%CE%AD%CF%89%CF%83%CE%B7%202014.pdf zuletzt besucht am 12.6.2014.

Sondergebühr für die mit Strom versorgten Gebäude (Immobiliensteuer), Sondergebühr für die Verringerung der Emission gasförmiger Schadstoffe.

ANALYSE DES STROMWERTES

Abrechnungsbeispiel des Stromwertes für Haushaltskunden mit Tarif C1

Haushaltskunde mit Einphasenanschluss (8 KVA), Tarif C1, der in **120 Tagen** (01.02.2013–01.06.2013) **1.100 kWh** verbraucht hat:

1. Der Haushaltstarif C1 wird **stufenweise** abgerechnet und auf die gesamte verbrauchte Energie des jeweiligen Jahresdrittels angewandt. Demnach unterscheidet sich sowohl der Preis je kWh wie auch die Festgebühr je nach Höhe des gesamten viermonatigen Stromverbrauchs. Da der Haushaltstarif C1 **alle vier Monate** abgerechnet wird (d.h. alle 120 Tage), wird der Preis für den Verbrauch und die Festgebühr immer anhand eines Tagesreduktionskoeffizienten (Zahl der abgerechneten Verbrauchstage/ 120) kalkuliert. Auf diese Weise bleibt die Abrechnungsmethode fest ungeachtet der Zeitspanne, auf die sich die Rechnung bezieht.
2. Die den **Stromwert** bildenden Preise werden getrennt abgerechnet als **Wettbewerbspreis** (Strompreis – Gesamtbetrag 1) und regulierter Preis (Preis für das Nationale Stromsystem – Gesamtbetrag 2), die sich je nach Verbrauch, Art und vereinbarte Leistung (VL) des Anschlusses unterscheiden.
3. Preise nach gültiger Preisliste 2013 für einen gesamten viermonatigen Verbrauch von 1100 kWp

<table>
<tr><td>Wettbewerbstarif (gültig ab 01.01.2013)</td><td>Preise</td><td rowspan="12">kVA: die vereinbarte Leistung (VL) des Anschlusses
Tage: die Zahl der für den Verbrauch abgerechneten Tage
kWh (Kilowattstunde): die verbrauchte Energie in der bestimmten Zeitspanne
Jahr: 365 Tage</td></tr>
<tr><td>Energietarif</td><td>0,09460 €/ kWh</td></tr>
<tr><td>Festgebühr</td><td>1,52 € pro Jahresdrittel</td></tr>
<tr><td>Regulierter Tarif (gültig ab 01.02.2013)</td><td>Preise</td></tr>
<tr><td colspan="2">ÜBERTRAGUNGSNETZ</td></tr>
<tr><td>Festtarif für Leistung je Einheit (FLE)</td><td>(0,17 €/ kVA) x VL pro Jahr</td></tr>
<tr><td>Variabler Tarif für Energie je Einheit (VEE)</td><td>0,00541 €/ kWh</td></tr>
<tr><td>Sonstige Belastungen</td><td>0,00046 €/ kWh</td></tr>
<tr><td colspan="2">VERTEILERNETZ</td></tr>
<tr><td>Festtarif für Leistung je Einheit (FLE)</td><td>(0,63€/ kVA) x VL pro Jahr</td></tr>
<tr><td>Variabler Tarif für Energie je Einheit (VEE)</td><td>0,0203 €/ kWh</td></tr>
</table>

Wettbewerbstarif (gültig ab 01.01.2013)	**Preise**	
Gemeinwohldienstleistung	0,00699 €/ kWh	
Sondergebühr für die Reduktion gasförmiger Schadstoffe (gültig ab 10.01.2013)	0,00953 €/ kWh	
Sondergebühr für den Verbrauch	0,0022 €/ kWh	

4. Rechnungsanalyse[722]

Rechnungsanalyse	
Festgebühr (Preis x Tagesreduktionskoeffizient): 1,52 € x (120/120) =	1,52 €
Energiepreis: (kWh x Stufenpreis): 1.100 x 0,09460 € =	104,06 €
STROMVERSORGUNG:	105,58 €
GRIECHISCHES Übertragungssystem für Elektrizität:	
[FLE (€/ kVA & Jahr) x kVA x Tage / 365] + [kWh x VEE (€ / kWh)] =	
[0,17 € x 8 x 120 / 365] + [1100 x 0.00541 €]	6,40 €
GRIECHISCHES VERTEILNETZ FÜR ELEKTRIZITÄT	
[FLE (€/ kVA & Jahr) x kVA x Tage / 365] + [kWh x VEE (€ / kWh)/ 1] =	
[0,63 € x 8 x 120 / 365] + [1.100 x 0,0203 € / 1] =	23,99 €
GEMEINWOHLDIENSTLEISTUNGEN: (kWh x Preis) =	
1.100 x 0,00699 € =	7,69 €
SONDERGEBÜHR: REDUKTION DER EMISSION GASFÖRMIGER SCHADSTOFFE (kWh x Preis)	
1.100 x 0,00953 € =	10,48 €
SONSTIGE BELASTUNGEN (kWh x Preis)	

722 Abrufbar unter: http://www.dei.gr//Documents2/CUSTOMER%20SERVICE/%CE%A4%CE%99%CE%9C%CE%9F%CE%9B%CE%9F%CE%93%CE%99%CE%912013/%CE%91%CE%BD%CE%AC%CE%BB%CF%85%CF%83%CE%B7%20%CE%B1%CE%BE%CE%AF%CE%B1%CF%82%20%CE%B7%CE%BB%CE%B5%CE%BA%CF%84%CF%81%CE%B9%CE%BA%CE%BF%CF%8D%20%CF%81%CE%B5%CF%8D%CE%BC%CE%B1%CF%84%CE%BF%CF%82.pdf zuletzt besucht am 12.06.2014.

1.100 x 0,00046 € =	0,51 €
REGULIERTE TARIFE:	49,07 €
STROMWERT: (STROMVERSORGUNGSTARIF + REGULIERTE TARIFE)	154,65 €
SONDERGEBÜHR FÜR VERBRAUCH (kWh x Preis)	
1.100 x 0,0022 € =	2,42 €
SONDERGEBÜHR 5‰: (Stromwert – Sondergebühr Emission + Sondergebühr Verbrauch) x 5‰	
(154,65 € – 10,48 € + 2,42 €) x 5 / 1000 =	0,73 €
MwSt: (Stromwert + Sondergebühr Verbrauch) x 13%	
(154,65 € + 2,42 €) x 13 / 100 =	20,42 €
GESAMTBETRAG STROMWERT + SONDERGEBÜHR VERBRAUCH + SONDERGEBÜHR 5‰ + MwSt:	178,22 €

5. Der Stromversorgungsmarkt

a) Der Strommarkt für Erzeugung und Großkunden in Griechenland

Die Tätigkeit der Unternehmen, die auf dem Stromerzeugungsmarkt tätig sind, ist durch die gültige Rechtsordnung, insbesondere Gesetz 2773/1999, das Verwaltungshandbuch des Griechischen Stromübertragungssystems[723], die Regelungen des Unabhängigen Betreibers der Stromübertragung (ADMIE)[724] über das

723 Hierzu s. unter: http://www.admie.gr/fileadmin/groups/ADMIE_DSRTH/Kodikas_Diacheirisis_ESMIE.pdf zuletzt besucht am 16.7.2013. Der Betreiber des Griechischen Elektrizitätsübertragungssystems AG (DESMIE) erstellt im Rahmen seiner Befugnisse und Pflichten aufgrund des G. 4001/2011 (Griechisches Amtsblatt A 179/22.8.2011) das Handbuch für die Verwaltung des Griechischen Elektrizitätsübertragungssystems.

724 Mit der Präsidialverordnung 328/12-12-2000 wurde eine Aktiengesellschaft unter dem Namen „Betreiber des Griechischen Elektrizitätsübertragungssystems AG" (DESMIE) gegründet. Ziel der Gesellschaft ist die Betreibung, Nutzung und Sicherstellung der Wartung sowie die Förderung der Entwicklung des Elektrizitätsübertragungssystems im Sinne des Art. 2 G. 2773/1999 im ganzen Land sowie seiner Verbindungen mit anderen Netzen, damit die Versorgung des Landes mit Strom in ausreichender, sicherer, effizienter und verlässlicher Weise ermöglicht wird.

Funktionieren des Marktes (vor allem das *Handbuch für das Funktionieren des Marktes*[725]) und das *Elektrizitätshandelsbuch*, vom 1.2.2012, geregelt.[726]

In Griechenland ist ein obligatorisches System für die Organisation des Elektrizitätsmarktes eingerichtet worden, die sogenannte Tagesenergieplanung[727] (im

---

Seit dem 1. Februar 2012 hat ADMIE („Unabhängiger Betreiber der Stromübertragung") die Aufgaben von DESMIE übernommen. Besagte Vorschriften wurden ins griechische Recht mit dem G. 4001/2011 umgesetzt, aufgrund dessen ADMIE als Tochterunternehmen von D.E.I. AG dem Modell des Unabhängigen Übertragungsbetreibers zufolge gegründet wird. ADMIE ist zwar zu 100% Tochterunternehmen von D.E.I., aber in betrieblicher und verwaltungstechnischer Hinsicht völlig unabhängig und er hat die Macht, Entscheidungen gemäß den im G. 4001/2011 und in der RL 2009/72/EG verankerten Anforderungen an die Unabhängigkeit zu treffen.
Gemäß G. 4001/2011 insbesondere Art. 196 Abs. 8 betreibt DESMIE den Elektrizitätsmarkt und verwaltet das ESMIE bis hin zur Vollendung der Verfahren und Herstellung der Infrastruktur, die für das Funktionieren von LAGIE als Betreiber des Marktes und von ADMIE als Betreiber von ADMIE erforderlich sind.

725 Handbuch für das Funktionieren des Elektrizitätsmarktes, 25.11.2011, Ausgabe 2.1, abrufbar unter: http://www.admie.gr/fileadmin/groups/EDSHE/Manuals/Egcheiri dio_Agoras_version_2_1_20111127.pdf zuletzt besucht am 16.7.2012.
Im Handbuch für das Funktionieren des Marktes werden die Einzelheiten der Umsetzung der Vorschriften des Systemverwaltungshandbuchs und des Elektrizitätshandelsbuchs in Bezug auf die Tagesenergieplanung und die Berechnungsmethode des Abweichungsgrenzwertes festgelegt.

726 Abrufbar unter: http://www.rae.gr/site/file/system/docs/codes_and_regulati ons/01022012_1 zuletzt besucht am 25.10.2012; der Betreiber des Elektrizitätsmarktes (LAGIE) erstellt im Rahmen seiner Befugnisse und Pflichten aufgrund von G. 4001/2011 (Griechisches Amtsblatt A 179/22.8.2011) das Handbuch für Elektrizitätshandel, das durch RAE-Beschluss Nr. 56/2012 „Genehmigung des Elektrizitätshandelsbuchs aufgrund der Vorschriften des G. 4001/2011 (Griechisches Amtsblatt A 179/22.8.2011) insbesondere Art. 96 und 196 genehmigt. Die RAE-Vollversammlung hat am Dienstag, den 31. Januar 2012, die Genehmigung der Endfassung des Elektrizitätshandelsbuchs gemäß Art. 120 Abs. 2 G. 4001/2011 und des Verwaltungshandbuchs des Griechischen Elektrizitätsübertragungssystems gemäß Art. 96 Abs. 1 G. 4001/2011 beschlossen. Damit erfolgte der Übergang des griechischen Stromgroßhandelsmarkts zu seiner neuen Struktur, wie im G. 4001/2011 vorgeschrieben, wonach der LAGIE die Befugnisse vom Marktbetreiber gemäß Art. 118 G. 4001/2011 und der ADMIE die Befugnisse des Betreibers des Griechischen Elektrizitätsübertragungssystems gemäß Art. 94 G. 4001/2011 übernommen haben.

727 IEP umfasst folgende Teilmärkte, die gleichzeitig optimiert werden, so dass sich der Gemeinnutzen maximiert:
1. *Tagesenergiegroßhandelsmarkt*, wo die gesamte im verbundenen System erzeugte und verbrauchte Elektrizität gehandelt wird und wo die einheimischen Erzeuger und

Folgenden IEP)[728]. Aufgrund von IEP wird die gesamte Elektrizität gehandelt, die am folgenden Tag in Griechenland erzeugt, verbraucht und übertragen wird (Art. 11 ff. KDS & SIE[729] 8.6.12). Das Modell umfasst Pflichtangebote seitens der Erzeuger für ihre gesamte Leistung sowie Pflichtangebote seitens der Versorger für ihre gesamte Nachfrage, während keine bilateralen Verträge über die Lieferung zwischen Erzeugern und Versogern abgeschlossen werden dürfen (mandatory pool). Dieses Modell besteht aus vielen technischen Elementen. Die Festsetzung des Preises ergibt sich aus einem Algorithmus und erfordert die Bestimmung vieler Parameter, die entweder reguliert oder durch RAE kontrolliert werden. Alle Stromerzeuger sind verpflichtet, einen Vertrag mit dem *Betreiber-AG des Elektrizitätsmarktes* (im Folgenden *Marktbetreiber*) einen „Handelsvertrag IEP" und mit dem *Betreiber des griechischen Elektrizitätsübertragungssystem („Systembetreiber")*[730] einen „Handelsvertrag mit dem Betreiber des Griechischen Elektrizitätsübertragungssystem" abzuschließen und am IEP durch Angebote

---

Importeure Elektrizität einspeisen und bezahlt werden, während die Vertreter der einheimischen Stromproduktion und die Exporteure abnehmen und zahlen.

2. *Tagesmarkt von Nebendienstleistungen*, wo die notwendigen Nebendienstleistungen und Reserven sichergestellt werden. Der Nebendienstleistungsmarkt erfüllt das Bedürfnis der Verbraucher für Qualität und sichere Versorgung.

3. *Liquidation der Abweichungen*, wo außerordentliche Transaktionen, die zur Gewährleistung der natürlichen Ausgleichung des Systems am Verteiltag erforderlich waren, liquidiert werden.

4. *Markt für langfristige Leistungszuverlässigkeit*, wo die Erzeuger für die Erhaltung der Betriebsbereitschaft ihrer Anlagen bezahlt werden, die auf die Verringerung des Unternehmensrisikos der Erzeuger abzielt, damit die Installation und der Betrieb neuer Anlagen ermöglicht werden.

728 Auf Griechisch: Ημερήσιος Ενεργειακός Προγραμματισμός, ΗΕΠ.

729 Systemverwaltungshandbuch und Elektrizitätshandelsbuch (auf Griechisch: Κώδικας Διαχείρισης του Συστήματος και Συναλλαγών Ηλεκτρικής Ενέργειας, ΚΔΣ&ΣΗΕ).

730 Art. 1 Abs. 2 Verwaltungshandbuch des griechischen Stromübertragungssystems. Mit ihrer Anmeldung beim Teilnehmerregister schließen die Teilnehmer
a) Einen IEP-Handelsvertrag mit dem Marktbetreiber und
b) Einen „Handelsvertrag mit dem Systembetreiber ab.
Abs. 3 Der Handelsvertrag mit dem Systembetreiber betrifft die Transaktionen im Rahmen des Handels der Stromabweichungen. Zu diesem Zweck berechtigt der Vertrag mit dem Systembetreiber die Teilnehmer am Handelssystem des Systembetreibers teilzunehmen sowie dem vorliegenden Handbuch zufolge und angemessen bezahlt zu werden und umfasst ihre Pflicht, die ihnen zukommenden Entgelte dem vorliegenden Handbuch zufolge zu entrichten."

über ihre gesamte Leistung teilzunehmen[731], während sie keine bilateralen Verträge über die Lieferung mit den Versorgern abschließen dürfen.

Dieses Modell vom *„vorgeschriebenen Konsortium"* für den IEP-Markt (*DESMIE Handbuch für das Funktionieren des Markts, 25.11.2011, S. 4*) umfasst den täglichen Energiegroßhandelsmarkt, wo die gesamte erzeugte und im verbundenen System verbrauchte Elektrizität gehandelt wird und wo die einheimischen Erzeuger und Importeure Elektrizität einspeisen und bezahlt werden und die einheimischen Versorger und Exporteure abnehmen und zahlen. Die Kosten basieren auf einem Preis, der vom Systembetreiber berechnet wird und Systemgrenzpreis[732] genannt wird (siehe Art. 2 G. 2773/1999, 14 Abs. 2 (H, Θ) *Elektrizitätshandelsbuch*). Dies ist der Pflichtpreis für alle am IEP teilnehmenden Erzeuger und Versorger, über den der Elektrizitätsmarkt ausgeglichen wird, und der sich aus der Verbindung der Angebote nach den Preisen und Mengen, die die Elektrizitätserzeugungskraftwerke vorlegen, und der täglichen Nachfrage der Elektrizität durch die Verbraucher ergibt. Der Preis, mit dem der Energiemarkt von der IEP ausgeglichen wird, ist der Pauschalpreis, den die Versorger für die von ihren Kunden zu verbrauchende Energie zahlen und den die Erzeuger[733] einziehen.

Die durch die oben genannten Mechanismen gewährleistete Zuverlässigkeit und Transparenz sind notwendig für die Entwicklung des nachgelagerten Markts zahlreicher Komplementärgüter (wie z.B. Derivate, Termingeschäfte für Stromeinkauf und -verkauf, *DESMIE,* Handbuch für das Funktionieren des Marktes, Auflage 2.1, 25.11.2011, SS. 5 und 6). Zum Schutz der Verbraucher und zur Schaffung von Bedingungen echten Wettbewerbs ist ein Höchstangebotspreis festgesetzt worden, der sich auf 150 Euro/MWh beläuft, sowie ein Mindestangebotspreis,

---

731 Art. 1, 23 ff. Elektrizitätshandelsbuch.

732 Der Systemgrenzpreis (auf Griechisch: Οριακή Τιμή Συστήματος, ΟΤΣ) ist der höchste angebotene Erzeugungspreis der Wirkleistung, die zu einem bestimmten Zeitpunkt ins System einfließt.
Der Systemgrenzpreis ist der Preis, mit dem der Elektrizitätsmarkt ausgeglichen wird und den alle Erzeuger, die Energie ins System einspeisen, erhalten und alle Versorger, die vom System Energie absetzen, zahlen. Insbesondere ergibt er sich aus der Verbindung der Angebote nach Preisen und Mengen, die die vorhandenen Elektrizitätserzeugungskraftwerke vorlegen und der täglichen Nachfrage der Elektrizität durch die Verbraucher, vgl. http://www.rae.gr/site/categories_new/electricity/market/wholesale/price.csp zuletzt besucht am 17.7.2012; s. auch Art. 52 f. Elektrizitätshandelsbuch; vgl. auch *Μπακοπάνου*, Οι βασικές προτεινόμενες μεταρρυθμίσεις της ενεργειακής αγοράς βάσει του νέου μνημονίου: μια κριτική θεώρηση, in: ενέργεια & δίκαιο 2011, S. 79 (79).

733 Vgl. Art. 12 Abs. 4, Elektrizitätshandelsbuch.

der die *variablen Kosten des Kraftwerks* erfasst, so dass die Erzeuger zumindest die Kosten für den Brennstoff decken können.

Im Rahmen von IEP müssen die Erzeuger täglich zum DESMIE technisch-wirtschaftliche Daten für alle Kraftwerke, die sie vertreten, vorlegen, d.h. finanzielle Daten über die variablen Kosten des Kraftwerks.[734] Diese Daten, die kostenorientiert sein sollten, werden vom DESMIE bei den Verfahren, die auf dem IEP-Markt stattfinden, sowie bei der Berechnung der variablen Kosten der Erzeugungskraftwerke eingesetzt. Die in den technisch-wirtschaftlichen Daten gemachten Angaben beziehen sich auf verschiedene Betriebskosten, die von der Brennstoffart und den -kosten abhängen und die sich unvermittelt ändern können. Die Erzeuger müssen täglich technisch-wirtschaftliche Daten ins EDV-System für das Funktionieren des Marktes von DESMIE eingeben, die einen bestimmten Handelstag bis zum Ablauf der Einreichefrist betreffen, d.h. bis 12.30 Uhr mittags einen Tag vor dem Handelstag (DESMIE, Handbuch für das Funktionieren des Marktes, 25.11.2011, Auflage 2.1, S. 84ff).[735]

Drei Stunden nach Ablauf der Einreichefrist berechnet der Marktbetreiber die zu zahlenden oder einzunehmenden Beträge für jeden Teilnehmer aufgrund der angenommenen Einspeisungsangebote und Lasterklärungen.[736] Die Zahlungen und Einzüge mit Ausnahme der Aktionen, die Reserven betreffen, werden an demselben Tag durch Bankgeschäfte realisiert, nachdem der Marktbetreiber spätestens fünf Stunden nach Ablauf der Einreichefrist relevante Anweisungen erteilt hat. Zur Berechnung der Höhe der zu zahlenden oder einzunehmenden Beträge sowie zur Realisierung der einschlägigen Banküberweisungen verwendet der Marktbetreiber das Begleichungssystem IEP, das zum System für die Verwaltung von Stromhandelsinformationen gehört.[737]

Die Höhe der Zahlungen bzw. Einzüge wird täglich für jeden Teilnehmer aufgrund der Einspeisungsangebote, der Lasterklärungen und des IEP-Stundenplans berechnet, die sich auf den folgenden Tag beziehen, nämlich den Tag für die Verteilung der Angebote und der Erklärungen.[738] Zusammenfassend werden alle Ausgleichszahlungen mittels des Systembetreibers realisiert und die Teilnehmer am IEP haben keine Möglichkeit, ihre Stromeinspeisungsangebote nach Ablauf der Einreichefrist zu ändern noch erhöhte variable Kosten vom Systembetreiber nachträglich einzufordern.

---

734 Vgl. Art. 43 ff. Elektrizitätshandelsbuch, insbesondere Art. 45.

735 Handbuch für das Funktionieren des Marktes, Ausgabe 2.1. vom 25.11.2011, S. 104 ff.

736 Vgl. Art. 58 Abs. 1 Elektrizitätshandelsbuch.

737 Vgl. Art. 58 Abs. 3 Elektrizitätshandelsbuch.

738 Vgl. Art. 59 Abs. 1 Elektrizitätshandelsbuch.

Wegen der Strukturprobleme des Strommarkts, die die vom Staat umzusetzenden Strukturreformen zu lösen versuchen, ist D.E.I. immer noch Hauptteilnehmer am Markt sowohl als Erzeuger als auch als Versorger und hat erhebliche Marktmacht, die es ihr erlauben würde, durch eigene Entscheidungen allein und besonders durch die zum IEP einzureichenden Angebote für ihre Kraftwerke beträchtlich den Systemgrenzpreis zu beeinflussen.[739] In dieser Hinsicht können die strukturellen Bedingungen, die auf dem griechischen Energiemarkt herrschen, kaum als reife Bedingungen eines Wettbewerbsmarkts bezeichnet werden. Bei der heutigen Struktur des griechischen Strommarkts behält D.E.I. ihre beherrschende Stellung sowohl auf dem Groß- wie dem Einzelhandelsmarkt, auch aufgrund des ausschließlichen Zugangs zu ökonomischeren Kraftwerken (Wasser- und Braunkohlekraftwerke).[740]

b) Der Stromeinzelhandelsmarkt

Gemäß Artikel 134 Abs. 1 des Gesetzes 4001/2011 können diejenigen Unternehmen zugelassene Kunden mit Strom versorgen, und was D.E.I. betrifft auch nicht zugelassene Kunden nach Abs. 5, die eine Genehmigung zur Stromversorgung nach Abs. 2 haben. Der Stromhandel auf dem Strommarkt ist nach Artikel 120 denjenigen erlaubt, die eine Genehmigung zur Stromversorgung oder zum Stromhandel nach Abs. 4 haben. Gemäß Artikel 24 G. 2773/1999 darf nicht nur D.E.I. mit Elektrizität versorgen und handeln, sondern auch diejenigen, die eine Genehmigung zur Stromversorgung haben.[741]

Artikel 29 Abs. 1 G. 2773/1999 legt fest, dass die Tarife, aufgrund derer die Besitzer einer Versorgungsgenehmigung bezahlt werden, mit Ausnahme der Versorgungstarife für „zugelassene Kunden", nur nach Genehmigung des Entwicklungsministers (nun Minister für PEKA) und nach RAE-Stellungnahme[742]

---

739 Vgl. RAE-Beschluss Nr. 692/2011, Grundsätze der Stromtarife, S. 5 http://www.rae.gr/site/file/categories_new/about_rae/factsheets/06062011_1?p=file&i=0 zuletzt besucht am 2.11.2012.

740 Vgl. RAE-Beschluss Nr. 692/2011 Grundsätze der Stromtarife, S. 5 abrufbar unter: http://www.rae.gr/site/file/categories_new/about_rae/factsheets/06062011_1?p=file&i=0 zuletzt besucht am 2.11.2012.

741 Überblick unter http://www.rae.gr/site/categories_new/electricity/market/supply.csp zuletzt besucht am 2.11.2012.

742 Artikel 29 Abs.3 G. 2773/1999 legt die Kriterien fest, nach denen die Tarifgenehmigung erteilt werden soll und die Folgendes betreffen: a) Erzeugungs- oder Beziehungskosten für Elektrizität, b) Gehälter-, Tageslohn- und einschlägige Kosten, c) Sonstige Betriebskosten, Steuern und Abgaben, d) Tilgung der Investitionen,

gelten. Diese Bestimmung ist mit dem Zweck der schrittweisen Liberalisierung der Elektrizität völlig vereinbar, da sie vorsieht, dass *die Versorgungstarife im Grundsatz nicht unbedingt durch eine Rechtsverordnung des zuständigen Ministers festgesetzt werden, sondern durch die Markt- und Wettbewerbsregeln bestimmt werden, mit einziger Ausnahme der Versorgungstarife für „nicht zugelassene Kunden"*.[743] Als „zugelassene Kunden" werden gemäß Artikel 2 G. 2773/1999 alle Personen bezeichnet, die ihren Versorger für Elektrizität zum Eigengebrauch frei wählen können. Als „nicht-zugelassene Kunden" werden diejenigen bezeichnet, die keine Wahlmöglichkeit haben. Der Begriff der „zugelassenen Kunden" hat sich mit dem stufenweisen Übergang vom Monopol zum Wettbewerb erweitert und gemäß Artikel 25 Abs. 1 Buchstabe b des Gesetzes 2773/1999[744] umfasst er seit dem 1.7.2007 alle Kunden[745], außer den Verbrauchern deren Anlagen mit isolierten Kleinstnetzen[746] verbunden sind, wie sie im Artikel 2 G. 2773/1999 und aufgrund der Entscheidung für die Abweichungserteilung (Artikel 11 Abs. 3 desselben Gesetzes) bestimmt werden, wie durch Artikel 1 Abs. 4 Gesetz 3426

---

e) Ertrag aus dem investierten Kapital unter Berücksichtigung des Geschäftsrisikos und der Kapitalkosten von entsprechenden Tätigkeiten, f) Kosten für die Angleichung der Pflichten aufgrund der Gemeinwohldienstleistungen, g) Kosten für die übernommenen Pflichten oder die Betriebsgarantien, die vor dem Inkrafttreten dieses Gesetzes erteilt wurden; vgl. den neuen Art. 140 Abs. 4 G. 4001/2011: Bei der Genehmigung der im Abs. 3 genannten Tarife wird neben dem angemessenen Gewinn Folgendes berücksichtigt: a) Die Kosten für die Stromerzeugung oder den -kauf in Bezug auf die Funktion des Übertragungssystems oder des Verteilnetzes.
b) Die Kosten für Gehälter, Tageslöhne und einschlägige Kosten.
c) Sonstige Betriebskosten, Steuern und Abgaben
d) Tilgung der Investitionen
e) Ertrag aus dem investierten Kapital unter Berücksichtigung des Geschäftsrisikos und der Kapitalkosten von entsprechenden Tätigkeiten.
f) Die Kosten für die Angleichung der Pflichten aufgrund der Gemeinwohldienstleistungen.
g) Kosten für die übernommenen Pflichten oder Betriebsgarantien, die vor dem Inkrafttreten dieses Gesetzes erteilt wurden.
h) Qualitätskriterien der Stromübertragungs- und -verteilungsdienstleistungen.

743 *Ρόκας, Ρούσσος, Σταμάτη*, in: ενέργεια & δίκαιο, 13 & 14/2010, S. 30 (33).

744 Wie durch Art. 16 G. 3426/2005 ersetzt.

745 Artikel 21 Abs. 1. (c) RL 2003/54/EG „ Die Mitgliedstaaten stellen sicher, dass zugelassene Kunden sind … c) ab dem 1. Juli 2007 alle Kunden."

746 Als *isoliertes Kleinstnetz* ist das Netz jeder Insel anzusehen, das im Jahr 1996 einen gesamten jährlichen Energieverbrauch von weniger als 500 GWh hatte und nicht mit anderen Netzen verbunden ist. S. Art. 2 G. 2773/1999 und Art. 1 Abs. 4 G. 3426/2005.

geändert.[747] Gemäß Artikel 137 Gesetz 4001/2011 Abs. 1 werden alle Stromverbraucher als zugelassene Kunden definiert mit Ausnahme jener Verbraucher, die mit isolierten Kleinnetzen verbunden sind, unter Vorbehalt des Artikels 139.

Mit dem Gesetz 3899/2010[748], Art. 7 Abs. 3, wurde der folgende Abs. 6 zum Art. 29 des Gesetzes 2773/1999 hinzugefügt: „6. Die Versorgungstarife der D.E.I. A.G. für Nieder- und Mittelspannung werden bis zum 30.6.2013 durch Erlass vom Minister für Umwelt, Energie und Klimawandel nach RAE-Stellungnahme genehmigt." Die letzte Änderung des Artikels 29 G. 2773/1999 erfolgte mit dem Gesetz 4001/2011; Artikel 140 desselben legt fest, dass die Tarife, aufgrund derer die Genehmigungsinhaber für ihre Dienstleistungen bezahlt werden, *mit Ausnahme der Versorgungstarife für zugelassene Kunden,* nur nach RAE-Genehmigung unter Vorbehalt des Gesetzes 3899/2010 gelten." Somit werden die Versorgungstarife der D.E.I. AG für Mittel- und Niederspannung bis zum 30.6.2013 durch Erlass vom Minister für Umwelt, Energie und Klimawandel nach RAE-Stellungnahme genehmigt.

Bis jedoch ein wirklicher Wettbewerb stattfindet, besagt Artikel 14 Abs. 3 Satz b der „Versorgungsvorschriften für Kunden" (Ministerialerlass 4524/6.2.2001 Griechisches Amtsblatt B 270/15.03.2001) Folgendes: *Soweit die D.E.I. A.G. mehr als 70% der gesamten Elektrizität an „zugelassene Kunden" mit mittlerer und niedriger Spannung liefert, bestimmt sich ihr Angebot an zugelassene Kunden nach den allgemeinen D.E.I.-Tarifen und Bestimmungen, die vom Entwicklungsminister nach RAE-Stellungnahme genehmigt werden.*[749]

Die Beibehaltung dieser Regelung erweist sich als höchst problematisch und kann als „ein Schritt vorwärts, zwei Schritte zurück" angesehen werden.[750] Ebenso problematisch war die gemäß Gesetz 4001/2011[751] und insbesondere den Verordnungen des Artikels 140 sowie Art. 7 Abs. 3 des Gesetzes 3899/2010[752] ergangene Genehmigung der D.E.I.-Versorgungstarife für Mittel- und Niederspannung bis zum 30.6.2013, die durch Erlass des Ministers der PEKA nach

747 Artikel 11 Abs. 3 Gesetz 2773/1999 wie durch Artikel 4 Gesetz 3426/2005 geändert.

748 Griechisches Amtsblatt A 212/17.12.2010.

749 *Ρόκας, Ρούσσος, Σταμάτη,* in: ενέργεια & δίκαιο, 13 & 14/2010, S. 30 (33); vgl. auch *Συνοδινός, in:* ενέργεια & δίκαιο 8/2007, S. 81 ff.

750 *Ρόκας, Ρούσσος, Σταμάτη,* in: ενέργεια & δίκαιο, 13 & 14/2010, S. 30 (33).

751 Griechisches Amtsblatt A 179/22.08.2011.

752 Griechisches Amtsblatt A 212/17.12.2010.

RAE-Stellungnahme erteilt wurde. Sie verzögert die Tarifliberalisierung und verstärkt den monopolähnlichen Status[753] der D.E.I.

c) *D.E.I. der Hauptversorger*

D.E.I. wurde mit Gesetz 1468/1950[754] als öffentliches Unternehmen gegründet; mit Gesetz 2414/1996 über die Modernisierung der öffentlichen Unternehmen und Behörden wurde die Griechische Republik ermächtigt, D.E.I. in eine Aktiengesellschaft umzuwandeln, deren einziger Aktionär der Griechische Staat wäre. Am 1. Januar 2001 wurde D.E.I. gemäß Artikel 43 Gesetz 2773/1999 und aufgrund der Präsidialverordnung 333/2000 zur Aktiengesellschaft ernannt. Gemäß Artikel 43 Abs. 3 dieses Gesetzes kann die Beteiligung des Staates am Aktienkapital des Unternehmens mit Stimmrecht selbst bei einer Kapitalerhöhung zu keiner Zeit unter 51% fallen. Also wird D.E.I. durch den Griechischen Staat kontrolliert[755] und sie ist somit gemäß ständiger Rechtsprechung der Europäischen Gerichte *ein öffentliches Unternehmen*[756].

---

753 Eingehend zu den Voraussetzungen des Art. 102 AEUV über D.E.I. *Ρόκας, Ρούσσος, Σταμάτη*, in: ενέργεια & δίκαιο, 13 & 14/2010, S. 30 (38 ff.).

754 Gesetz 1468/1950, Griechisches Amtsblatt A 169: Zur Gründung von D.E.I.

755 Gemäß Gesetz 3985/2011 (Gesetz 3985 Mittelfristiger Finanzplan 2012–2015, Griechisches Amtsblatt A 151/1.7.2011), wie im Kapitel II Privatisierungen (Privatisierungsplan 2012–2015), S. 3225 festgelegt, wird D.E.I. im 3. Quartal 2012 (Anteil des Staates 51,0%, zu verkaufender Anteil 17,0%) privatisiert. Ferner steht im neuen MoU folgendes im Kapitel 6 „Effiziente Netzindustrien und Dienstleistungen“ S. 33:
– Die Regierung soll bis November 2012 einen Plan zur Restrukturierung von D.E.I. vorlegen, damit einerseits der Weg für ihre Privatisierung geebnet wird und damit sie andererseits im Vergleich zu den übrigen Unternehmen des liberalisierten Strommarkts wettbewerbsfähig wird.
– Im selben Plan wird konkretisiert, welche Abteilungen von D.E.I. privatisiert werden und wann. Ferner wird er Prognosen über die Desinvestition aus der aus Braunkohle erzeugten Energie sowie aus der Erzeugung aus Wasserkraftwerke beinhalten, die heute von D.E.I. verwaltet werden. Darüber hinaus wird im Plan die Möglichkeit der Trennung des Eigentums von ADMIE untersucht.
– Die Regierung verpflichtet sich, was auch immer das Ergebnis des Privatisierungsverfahrens des Erdgas- und Strommarkts ist, dass dieses mit den Richtlinien 2009/73/EG und 2009/72/EG vereinbar ist.

756 Vgl. die Entscheidung der Kommission vom 5. März 2008 über die Erteilung oder Aufrechterhaltung von Genehmigungen für den Braunkohleabbau zugunsten der Public Power Corporation SA (D.E.I.) durch die Hellenische Republik, COMP/B-1/38.700, Meinung 152 und Urteil des Gerichtshofs vom 6. Juli 1982 – Französische Republik, Italienische Republik und Vereinigtes Königreich Großbritannien und Nordirland

Heute liefert D.E.I. Strom an mehr als 95% aller Verbraucher, so dass die oben genannte Bestimmung noch gültig ist.[757] Die Vorschrift in Artikel 14 Abs. 3 Satz b der „Versorgungsvorschriften an Kunden“ (Ministerialerlass 4524/6.2.2001)[758] besagt, dass „„*[s]oweit die D.E.I. A.G. mehr als 70% der gesamten Elektrizität an „zugelassene Kunden“ mit mittlerer und niedriger Spannung liefert, bestimmt sich ihr Angebot an zugelassene Kunden nach den allgemeinen D.E.I.-Tarifen und Bestimmungen, die vom Entwicklungsminister nach RAE-Stellungnahme genehmigt werden*“[759]. Sie dient vor allem dazu, die Verbraucher vor eventuell wettbewerbsfeindlichem Verhalten der D.E.I., die früher ein Monopolunternehmen war, zum Nachteil von Markteinsteigern sowie Verbrauchern in den ersten Phasen der Liberalisierung zu schützen.[760] Die Genehmigungsinhaber (de facto nur D.E.I.) können vielleicht weiter verpflichtet werden nach Genehmigung des Entwicklungsministers (nun Minister für PEKA) und nach RAE-Stellungnahme, ihre Tarife im Rahmen ihrer allgemeinen Pflicht zu Gemeinwohldienstleistungen für verschiedene Verbrauchergruppen zu differenzieren unter folgenden Voraussetzungen: a) dass die Gesamtkosten für jeden Genehmigungsinhaber gedeckt werden und b) was D.E.I. betrifft, dass *es keine indirekten Quersubventionen*

---

gegen die Kommission der Europäischen Gemeinschaften, Verbundene Rechtssachen 188 bis 190/80, Slg. 1982, S. 2545: „*25 Als öffentliches Unternehmen sieht die Richtlinie ihrem Artikel 2 zufolge jedes Unternehmen an, auf das die öffentliche Hand unmittelbar oder mittelbar einen beherrschenden Einfluss ausüben kann. Gemäß Artikel 2 Absatz 2 wird ein solcher Einfluss vermutet, wenn die öffentliche Hand unmittelbar oder mittelbar die Mehrheit des Kapitals besitzt, über die Mehrheit der Stimmrechte verfügt oder mehr als die Hälfte der Mitglieder des Verwaltungs- , Leitungs- oder Aufsichtsorgans des betreffenden Unternehmens bestellen kann. 26 Wie bereits oben ausgeführt wurde, ist der Grund für die Aufnahme der Bestimmungen des Artikels 90 in den Vertrag gerade in dem Einfluss zu sehen, den die öffentliche Hand auf die kaufmännischen Entscheidungen der öffentlichen Unternehmen ausüben kann. Diese Einflussnahme kann entweder auf der Grundlage einer finanziellen Beteiligung oder aufgrund von Bestimmungen erfolgen, die die Unternehmensführung regeln.*“

757 Eingehend zu den Voraussetzungen des Art. 102 AEUV über D.E.I. *Ρόκας, Ρούσσος, Σταμάτη*, in: ενέργεια & δίκαιο, 13 & 14/2010, S. 30 (33); vgl. auch umfassend *Κοτσίρης*, Δίκαιο Ανταγωνισμού (Αθέμιτου και ελεύθερου), S. 528 ff.; ferner *Συνοδινός, in:* ενέργεια & δίκαιο 8/2007, S. 81 ff.; *ferner* Mitteilung der Kommission 115 endgültig, S. 7: Beim Stromendkundenmarkt liegt der Marktanteil der drei größten Unternehmen am gesamten Endkundenmarkt in 14 Mitgliedstaaten bei über 80%.

758 Griechisches Amtsblatt B 270/15.03.2001.

759 *Ρόκας, Ρούσσος, Σταμάτη*, in: ενέργεια & δίκαιο, 13 & 14/2010, S. 30 (33); ferner *Συνοδινός, in:* ενέργεια & δίκαιο 8/2007, S. 81 ff.

760 *Ρόκας, Ρούσσος, Σταμάτη*, a. a. O., S. 30 (33).

zwischen „Zugelassenen" und „nicht zugelassenen Kunden" gibt (Artikel 29 Abs. 3 Gesetz 2773/1999 και Artikel 140 Abs. 5 Gesetz 4001/2011).

In ihrem Beschluss 692/2011[761] empfiehlt RAE, dass die Versorger bestimmte Grundprinzipien bei der Bildung der liberalisierten Stromversorgungstarife einsetzen sollen, konkreter: Dass die Tarife die realen Kosten für die Stromversorgung widerspiegeln, nämlich außer dem regulierten Teil, der auf die Kunden abgewälzt wird, auch Folgendes beinhalten: (a) die Erzeugungskosten, die mit dem Großhandel und seinen jeweiligen Mechanismen verbunden sind, (b) die Kosten für den Handel und das Kundenmanagement (z.B. Kosten für Fakturierung und Tarifeinzug, Finanzkosten wegen Zahlungsverzögerungen, Betriebskosten für das Büro des Versorgers, Beratungs- und weitere Unterstützungsleistungen für die Kunden, Tilgungen von Investitionen, usw.) und (c) einen angemessenen Gewinn. Ferner empfiehlt sie den Verzicht auf direkte oder indirekte Quersubventionen zwischen Verbrauchern. Die Tarife sollen den Wettbewerb nicht verzerren und vor allem die neuen Einsteiger in den Strommarkt nicht abdrängen.

Wenn auch der Rechtsrahmen, auf dem der Einstieg neuer Unternehmen in den Einzel- und Großhandelsmarkt mit Elektrizität basiert, bereits mit der Umsetzung der Gemeinschaftsvorschriften ins nationale Recht gültig ist, so sind die wesentlichen Schwierigkeiten, mit denen sich die neuen Versorger auch schon früher konfrontiert sahen, immer noch von Bedeutung. Ein großes Problem und Hemmfaktor für die Entstehung von Wettbewerb im Stromeinzelhandelsmarkt stellt der staatliche Eingriff durch die Regelung der Stromtarife dar, aufgrund derer D.E.I. bestimmten Kundengruppen, wie z.B. Haushaltskunden, niedrige, sogar Verlust-, Preise anbieten kann, indem das Unternehmen seine Verluste durch die Festsetzung von höheren Preisen für andere Kundengruppen, wie z.B. die gewerblichen Kunden, quer bezuschusst.

Diese ungleiche Behandlung der verschiedenen Kundengruppen in Verbindung mit den niedrigen Stromeinkaufspreisen im Großhandel im Jahr 2009 hat es neuen Unternehmen für Energieversorgung ermöglicht, in den Markt einzutreten und den gewerblichen Kunden niedrige Preise anzubieten, die ihre Kosten widerspiegeln und auch eine befriedigende Gewinnspanne erbringen.[762] Dies ist vor allem darauf zurückzuführen, was oben genannt wurde: Die D.E.I.-Tarife sind besonders hoch für die gewerblichen Kunden, sodass sie die Lieferungskosten an andere Kundengruppen quer ausgleichen können, vor allem

761 Dazu und zum Folgenden vgl. RAE-Beschluss Nr. 692/2011, Grundsätze der Stromtarife, S. b) abrufbar unter: http://www.rae.gr/site/file/categories_new/about_rae/factsheets/06062011_1?p=file&i=0 zuletzt besucht am 2.11.2012.

762 *Ρόκας, Ρούσσος, Σταμάτη*, a. a. O., S. 30 (34).

die Haushalts-Kunden, die zum Verlustpreis kaufen[763]. Andererseits können die Markteinsteiger bei diesen „privilegierten" Kundengruppen kaum mit D.E.I. konkurrieren, da diese zu Verlustpreisen verkauft, so dass sie aus diesen Märkten ausgeschlossen werden.[764] Gleichzeitig hindert diese Marktverzerrung D.E.I. daran, ihre Tarife für gewerbliche Kunden herabzusetzen, weil sie dann ihre Betriebskosten durch Quersubventionen nicht decken könnte.[765] Somit ist sie nicht in der Lage, sich an die neuen Bedingungen anzupassen, was zum Verlust von immer mehr Kunden der besagten Gruppe führt, die nunmehr als „zugelassene Kunden" ab 1.7.2007 ihren Lieferanten frei wählen können.[766]

In der Praxis spiegelt sich etwa das Funktionieren des Marktes in den letzten Jahren in der Preisliste der D.E.I.-Dienstleistungen für gewerbliche Kunden wider:[767] Der Tarif C21 sieht eine viermonatige Festgebühr von 10,30 Euro und einen Energiepreis von 0.14002 €/kWh vor. Der konkurrierende Stromversorger belastet zwar dieselben Verbraucher mit denselben Preisen wie D.E.I., bietet ihnen aber einen Stufenrabatt an (z.B. ...% für die ersten ... Euro der Rechnung, ...% für die nächsten ... Euro, usw.).[768] Die Abschaffung dieser Quersubventionen bei den D.E.I.-Tarifen stellt eine weitere Verpflichtung Griechenlands dar, die bis zum Juni 2014 umgesetzt werden soll.[769]

---

763 Vgl. *Ρόκας, Ρούσσος, Σταμάτη*, a. a. O., S. 30 (34).

764 *Ρόκας, Ρούσσος, Σταμάτη*, a. a. O., S. 30 (34).

765 Im Allgemeinen sollen die Versorger die für ihre Kunden bestimmten Tarife aufgrund bestimmter Grundsätze erstellen, so dass einerseits der Verbraucherschutz und andererseits die Entwicklung eines gesunden Wettbewerbs in der Stromversorgung sichergestellt werden. Dazu zählen *Einfachheit und Transparenz* der Information über die Preise und der erbrachten Dienstleistungen, *die nicht-diskriminierende Behandlung von Kunden,* die ähnliche Verbrauchermerkmale aufweisen, sowie *die Geltendmachung der tatsächlichen Kosten der erbrachten Dienstleistung*, so dass die langjährige Erbringung dieser Dienstleistungen gewährleistet wird. Vgl. RAE-Beschluss Nr. 692/2011, Grundsätze der Stromtarife, abrufbar unter: http://www.rae.gr/site/file/categories_new/about_rae/factsheets/06062011_1?p=file&i=0 zuletzt besucht am 2.11.2012.

766 *Ρόκας, Ρούσσος, Σταμάτη*, a. a. O., S. 30 (34).

767 *Ρόκας, Ρούσσος, Σταμάτη*, a. a. O., S. 30 (34).

768 *Ρόκας, Ρούσσος, Σταμάτη*, a. a. O., S. 30 (34).

769 Vgl. Το Βήμα, Αυξήσεις μέχρι 25% στα τιμολόγια ρεύματος των εξοχικών κατοικιών Κατάργηση των σταυροειδών επιδοτήσεων στα τιμολόγια της ΔΕΗ, abrufbar unter: http://www.tovima.gr/finance/article/?cid=752&aid=591210 Stand 30.04.2014: „Man darf nicht vergessen, dass Quersubventionen insgesamt ca. 2,5 Mio. Verbraucher mit einem Verbrauch bis zu 800 kWh pro Jahresdrittel und die gesamten

d) *Bewertung der bisher vorgeschlagenen Maßnahmen*

An den vorangehenden Ausführungen zeigen sich die Verzerrungen auf dem Elektrizitätsmarkt sowie die Schwächen bei der nationalen Energieplanung. Die verspätete Ergreifung von Maßnahmen hat zu quasi oder tatsächlichen Monopolbedingungen auf dem Energiemarkt geführt, was zur erheblichen Erhöhung der Tarife für Elektrizität zulasten der Verbraucher geführt hat.[770] Kennzeichnend dafür sind die starken Durchschnittserhöhungen im Jahre 2012, die 14,5

Agrarverbraucher des Landes betreffen, die den zu 40% niedrigeren Preis des Nachtstroms den ganzen Tag erhalten.
Bei der internationalen Konferenz „The Future of Greek Gas and Power Markets: Looking Ahead with Optimism and Realism" hat Papageorgiou, Staatssekretär für PEKA, darauf hingewiesen, dass das Ministerium PEKA zusammen mit dem Wirtschaftsministerium einen Plan fördert, so dass diese Änderungen nicht den Verbrauch im ersten Eigenheim beeinträchtigen.
In diesem Rahmen, so Papageorgiou, werde auf die Datenbank des Wirtschaftsministeriums zurückgegriffen, um den Verbrauch im ersten Eigenheim in die Sozialhaushaltstarife einzubeziehen.
In Bezug auf die Agrartarife habe die Regierung mit der TROIKA eine Verlängerung bis Ende 2014 ausgehandelt, da erst dann die intelligenten Zähler installiert werden müssen.
Beim Geschäftsverbrauch bei Nieder- und Mittelspannung, der mit den Kosten der subventionierten Tarife belastet wird, soll jedoch die Abschaffung der Quersubventionen Reduktionen von 4%-5% bewirken."

770 Zu den verfälschenden Auswirkungen der regulierten Einzeltarife auf die Liberalisierung des Energiemarktes vgl. Mitteilung der Kommission – Untersuchung der europäischen Gas- und Elektrizitätssektoren gemäß Artikel 17 der Verordnung (EG) Nr. 1/2003 (Abschlussbericht) 10.1.2007, KOM(2006) 851 endgültig, S. 17, Rn. 66; zur Behinderung der Entwicklung wettbewerbsoffener Märkte in mehreren Mitgliedstaaten vgl. ferner Mitteilung der Kommission, a. a. O., S. 9, Rn. 30; in ähnlichem Sinne berichtet die Kommission in ihrer Mitteilung an den Rat und das Europäische Parlament über die „Aussichten für den Gas- und Elektrizitätsbinnenmarkt" vom 10.1.2007 (KOM(2006) 841 endgültig, S. 6, 8 ff., 23), dass einer der größten Misserfolge bei der Umsetzung der neuen Richtlinien über den Elektrizitätsbinnenmarkt in die nationalen Rechte unter anderem in der regulierten Tarifregelung besteht, die in manchen Fällen in einer Weise erfolgte, dass der Einstieg neuer Unternehmen in den Energiemarkt verhindert wurde; zur Behinderung des Energiebinnenmarkts durch die Aufrechterhaltung der regulierten Verkaufspreise im Stromeinzelhandel s. Communication from the Commission to the Council ante the European Parliament Report on progress in creating the internal gas and electricity market vom 11.3.2010 KOM (2010) 84 endgültig.

bis 48,7% für Haushaltstarife betrugen je nach Tarifkategorie der Verbraucher, die nach Antrag der D.E.I. an die RAE[771] ab Anfang 2013 zu gelten begonnen haben, damit D.E.I. imstande sein konnte, sich an die Freigabe der Tarife anzupassen.[772] Die durchschnittliche Erhöhung für die gesamte Niederspannung (Haushalte, Unternehmen) ist 25%.[773] Diesbezüglich hat der Präsident und Managing Director von D.E.I. Arthuros Zervos in seiner Rede im Parlament vor dem Ausschuss für Öffentliche Unternehmen, Banken, gemeinnützige Organisationen und Sozialversicherungsträger darauf hingewiesen, dass „die Anpassung an die neue Situation abrupt sein wird", und hinzugefügt, dass seit Memorandum I Tarifanpassungen stattgefunden haben sollten, was nicht passiert ist.[774] „Im folgenden Semester müssen wir all das unternehmen, was in den letzten drei Jahren nicht gemacht worden ist"[775], hat er schließlich gesagt. Der D.E.I.-Antrag umfasst das Bedürfnis nach Kostendeckung in Höhe von 4,9 Milliarden Euro, wovon D.E.I. einen hohen Anteil durch Erhöhungen im Hochspannungsmarkt einzunehmen erwartet. In der Tat haben sich in den Jahren 2012–13 die Zahlungsrückstände der Niederspannungsverbraucher um 60% im Vergleich zum vorangegangenen Jahr erhöht.[776] Die Vollendung der Liberalisierung des

771 Vgl. *Το Βήμα*, Η ΔΕΗ … τρελάθηκε Ζητά αυξήσεις 48% στα οικιακά τιμολόγια, abrufbar unter: http://www.tovima.gr/society/article/?aid=488157 zuletzt besucht am 19.3.2013.

772 Gemäß MoU und den einschlägigen gesetzlichen Regelungen werden ab dem 1. Juli 2013 die D.E.I.-Tarife – außer denjenigen für schutzbedürftige Verbraucher – frei gestaltet und nachfolgend durch RAE auf eine missbräuchliche beherrschende Stelle überprüft. Bisher hat RAE zur Höhe der Tarife beim Ministerium für PEKA Stellung genommen und die Regierung hat dazu Entscheidungen getroffen; vgl. *Το Βήμα*, ΥΠΕΚΑ: Από 8,6–9,2% οι αυξήσεις της ΔΕΗ για το 2013 – Η απόφαση του Υπουργείου, Stand: 13.1.2013, abrufbar unter http://www.tovima.gr/finance/article/?aid=492826 zuletzt besucht am 17.6.2014.

773 «Ηλεκτροπληξία» από τις Αυξήσεις της ΔΕΗ: Πόσο παραπάνω θα κληθούμε να πληρώσουμε, (In: *Ημερησία*, Stand 19.12.2012, abrufbar unter: http://www.energia.gr/article.asp?art_id=64996 zuletzt besucht am 19.3.2013).

774 «Ηλεκτροπληξία» από τις Αυξήσεις της ΔΕΗ: Πόσο παραπάνω θα κληθούμε να πληρώσουμε, a. a. O.

775 «Ηλεκτροπληξία» απο τις Αυξήσεις της ΔΕΗ: Πόσο παραπάνω θα κληθούμε να πληρώσουμε, a. a. O.; vgl. auch Το Βήμα, Αυξήσεις ως 49% στα τιμολόγια της ΔΕΗ ζήτησε ο Αρθ. Ζερβός «Πρέπει να καλύψουμε τη διαφορά που δεν καλύφθηκε επί τρία χρόνια» Stand: 18.12.2012, abrufbar unter: http://www.tovima.gr/society/article/?aid=489316 zuletzt besucht am 17.6.2014.

776 «Ηλεκτροπληξία» από τις Αυξήσεις της ΔΕΗ: Πόσο παραπάνω θα κληθούμε να πληρώσουμε, a. a. O.

Elektrizitätshandelsmarkts musste aus soziopolitischen Gründen schrittweise erfolgen, so dass keine schutzbedürftigen Bevölkerungsgruppen mitten in der Wirtschaftskrise belastet werden. Andererseits musste dieser Prozess nach den Prinzipien der Transparenz, Objektivität und Nichtdiskriminierung durchgeführt werden, damit das Land nicht schon wieder in Verruf gerät und mit neuen Klagen seitens der Europäischen Kommission bezüglich der Liberalisierung des betroffenen Marktes und der Verstärkung des Wettbewerbs zugunsten der gesamten Bevölkerung konfrontiert wird.[777]

Hinzu kommt, dass der Mangel an gesetzlichen Initiativen darauf hindeutet, dass die griechischen Regierungen sich nicht dazu entschieden haben, die Umstrukturierung und Sanierung im Energiesektor energisch zu verfolgen.[778] Die Einmischung der Politik in den Energiesektor im negativen Sinne in Verbindung mit der herrschenden Auffassung, die Energie sei staatliche Aufgabe, sowie dem Druck verschiedener Interessengruppen hat jahrelang beträchtlichen Schaden verursacht; nicht zuletzt deshalb spricht man von einer jahrelangen Verzerrung des Elektrizitätsmarktes.[779]

Im Vordergrund der vorliegenden Betrachtungen stehen insbesondere die Versuche der Rationalisierung der Preise für den Elektrizitätsverbrauch, die sich darauf beschränken, eine politische Einigung zustande zu bringen, die aber gleichzeitig keine Erfüllung der Gemeinschaftspflichten, die der Staat zur effizienten Liberalisierung des Strommarkts und zur Verstärkung des Wettbewerbs übernommen hat, widerspiegelt. Das lässt sich am Beispiel der Liberalisierung der gewerblichen Tarife eindeutig erkennen.

e) Alleinige Liberalisierung der gewerblichen Tarife

Da das Rationalisierungsverfahren für die Preise im „Elektrizitätseinzelhandel" bis zum Ende des dritten Quartals 2010 hätte abgeschlossen werden müssen gemäß der Pflicht, die das Land aufgrund des MoU übernommen hat, erwies sich

---

777 Vgl. *Ρόκας, Ρούσσος, Σταμάτη*, in: ενέργεια & δίκαιο 13 & 14/2010, S. 30 (44).

778 Dazu und zum Folgenden *Κάπρος*, Όλες οι Κυβερνήσεις Αντιμετώπισαν την ΔΕΗ σαν Μέσο Άσκησης Επιρροής, abrufbar unter: http://www.energia.gr/article.asp?art_id=46817 zuletzt besucht am 19.3.2013.

779 Zur Auseinandersetzung zwischen D.E.I. und Privaterzeugern darüber, wer unter den Verzerrungen auf dem Strommarkt am meisten leidet, vgl. *Λιάγγου*, Την πλήρη απελευθέρωση των τιμολογίων ρεύματος θέλουν ΔΕΗ – ιδιώτες, Stand: 27.2.2013, abrufbar unter: http://www.kathimerini.gr/481806/article/oikonomia/epixeirhseis/thn-plhrh-apeley8erwsh-twn-timologiwn-reymatos-8eloyn-deh---idiwtes zuletzt besucht am 14.6.2014.

der erste Versuch der Rationalisierung der Tarife, die in der RAE-Stellungnahme enthalten war, als besonders problematisch.[780] Denn in Bezug auf die Rationalisierung der Preise für den Elektrizitätsverbrauch hat RAE die *Stellungnahme*[781] *Nr. 237/2010*[782] *mit dem Titel „Tarife zur Regulierungskontrolle für das Staatliche Elektrizitätsunternehmen AG (D.E.I.)"* veröffentlicht, worin aber kein Vorhaben einer wahren Liberalisierung zu erkennen war, da RAE sich allein für die Liberalisierung der gewerblichen Tarife einsetzte. Diese Stellungnahme richtete RAE an die zuständige Ministerin für PEKA, damit sie einen Ministerialerlass erteilte. Darin empfiehlt RAE unter anderem eine schrittweise Rationalisierung der Preise für den Elektrizitätsverbrauch in den kommenden Jahren, die mit der unmittelbaren Herabsetzung der Tarife – im Jahr 2010 – für gewerbliche Kunden anfangen soll. In der Stellungnahme wird auf einen weiteren Zeitplan des Rationalisierungsverfahrens hinsichtlich der Preise für die übrigen Kundengruppen im Einzelhandel, namentlich die Haushaltskunden, verzichtet. Also tritt RAE eigentlich für eine Änderung der Tarife für bestimmte Verbraucher ein, während diese für andere Gruppen, wie z.B. die Haushaltskunden[783],auf die Zukunft verschoben wird.[784]

Dahingehend hat die von RAE empfohlene schrittweise Rationalisierung der Preise für den Elektrizitätsverbrauch vor dem Hintergrund der Gemeinschaftspflichten Gefahren für die Erhaltung und Verstärkung des Wettbewerbs auf dem Elektrizitätseinzelhandelsmarkt mit sich gebracht. Die diskriminierende Herabsetzung der Tarife für gewerbliche Kunden und zwar ohne die parallele Erhöhung der Tarife für Haushaltskunden könnte zu einer Chancenungleichheit zum Nachteil der Privatunternehmer, die mit D.E.I. im Stromeinzelhandel konkurrieren, führen. Dies gilt jedenfalls, wenn die Herabsetzung so stark ausfällt, dass die Tarife die Betriebskosten plus einen angemessenen Gewinn nicht decken. Diese Ungleichheit löst erhebliche wettbewerbsfeindliche Kettenfolgen aus, die

---

780 *Ρόκας, Ρούσσος, Σταμάτη*, in: ενέργεια & δίκαιο 13 & 14/2010, S. 30 (31 ff.).

781 RAE erstellt Stellungnahmen im Rahmen ihrer Befugnisse gemäß den Vorschriften in Art. 140 G. 4001/2001 insbesondere Art. 7 Abs. 3 G. 3899/2010.

782 RAE-Stellungnahme Nr. 36/2011, Durchschnittliche zugelassene Einnahmen aus Wettbewerbstätigkeiten von D.E.I. AG je nach Kategorie regulierter Tarife für 2012, http://www.rae.gr/site/file/categories_new/about_rae/actions/aknowledge/2011_A0036?p=files&i=0 zuletzt besucht am 3.7.2012.

783 Gemäß der im Art. 2 G. 4001/2011 S. (ιζ) festgelegten Definition wird als Haushalts-Kunde der Kunde bezeichnet, der Erdgas oder Strom nicht für gewerbliche Tätigkeiten sondern für eigenen Verbrauch kauft.

784 *Ρόκας, Ρούσσος, Σταμάτη*, a. a. O., S. 30 (31).

den Verbrauchern selbst schaden werden; zwar mögen sie nämlich kurzfristig von den niedrigeren Preisen profitieren, aber mittel-/langfristig entbehren sie ihres wesentlichen Rechts auf die freie Wahl von Lieferanten.[785]

Zunächst hat die Herabsetzung von gewerblichen Tarifen bereits wieder zur Wettbewerbsverzerrung zugunsten D.E.I. geführt, so dass die Gewinnspanne der neuen Unternehmen, die in den letzten Jahren in den Stromeinzelhandelsmarkt für gewerbliche Kunden eingetreten sind, in Verbindung mit den da durchhervorgerufenen Motivationsmangel ungünstig für ihre Aufenthalt im besagten Markt ist.[786] Diese Gefahr ist darauf zurückzuführen, dass D.E.I. zum einen die gewerblichen Kunden, die sie an die Konkurrenz verloren hat, mit dieser Herabsetzung wieder zu „gewinnen" vermochte und zum anderen keine weiteren Kunden „verloren" hat, da diese keinen Grund zum Lieferantenwechsel hatten. In dieser Hinsicht war eine Rückkehr zur vorigen Situation zu bemerken, das heißt vor dem Vorhaben der Liberalisierung des Stromeinzelhandelsmarkts, also zu einem Wiedererstarken zu einem vollen D.E.I.-Monopol auch auf dem Markt der „Zugelassenen Kunden". Dies wurde ferner durch den Aufschub der Rationalisierung der Preise bei den Tarifen der anderen Kundengruppen, wie z.B. der Haushaltskunden, auf einen späteren Zeitpunkt bzw. Juni 2013, verstärkt. Vor diesem Hintergrund kann die Liberalisierung als „ein Schritt vor, zwei zurück" angesehen werden, da sie verfehlt und widersprüchlich erfolgt ist, nachdem die wenigen Konkurrenten aus dem Markt herausgezwungen wurden, wie Rokas, Roussos und Stamati in ihrer Stellungnahme zutreffend bemerkt haben.

6. Schlussfolgerungen

Es ist nicht zu übersehen, dass die von RAE vorgeschlagenen Maßnahmen im Prinzip in die richtige Richtung gehen, besonders wenn man beachtet, dass die Rationalisierung der Stromeinzelhandelspreise – außer durch die sich aus dem MoU ergebenden Pflichten – auch durch die Gemeinschaftvorschriften über die Liberalisierung des Strommarkts sowie durch Gesetz 2773/1999 vorgeschrieben werden.

Allerdings bestanden die regulierten Tarife für längere Zeit weiter, und damit ist die Frage des wesentlichen Wettbewerbs auf dem Elektrizitätshandel immer noch aktuell.[787] Denn die Regierungen haben die Initiativen der Kommission

785 Ausführlich dazu *Ρόκας, Ρούσσος, Σταμάτη*, a. a. O., S. 30 (35).

786 Dazu und zum Folgenden *Ρόκας, Ρούσσος, Σταμάτη*, a. a. O., S. 30 (40).

787 *Κάπρος*, Όλες οι Κυβερνήσεις Αντιμετώπισαν την ΔΕΗ σαν Μέσο Άσκησης Επιρροής, abrufbar unter: http://www.energia.gr/article.asp?art_id=46817 zuletzt besucht am

recht zögerlich angenommen.[788] Hinzu kommt, dass die Wirtschaftskrise schwer den Energiesektor beeinträchtigt hat, und zwar sowohl in Bezug auf die Unternehmen, was an der Liquidätskrise und der Finanzierungslücke bei Investitionen zu erkennen ist, als auch in Bezug auf die Verbraucher, da sich die Nachfrage nach Energie in allen Sektoren bereits seit 2010 stark verringert hat. Dies gilt besonders, da sie unter den Energiepreisen leiden, welche – wie allgemein erwartet wird – noch weiter steigen werden.

Kapros vertritt die Auffassung, dass die Auswirkungen wegen der aufeinander folgenden Fehler, die seit Anfang 2010 begangen worden sind, noch schlimmer sind. Man hat den Druck auf die Tarife wegen des Nachfragerückgangs unterschätzt.[789] Statt sie aufzuheben, wurden die Übergangsmechanismen weiter angewandt, was zur Aufrechterhaltung der Verzerrungen gerade bis heute geführt hat.[790] Infolgedessen sind die Systemgrenzpreise unter den gesamten Kosten der Stromproduktion geblieben, was den Einzelhandel beeinträchtigte. Es ist somit ein falscher Wettbewerb mit angeblich alternativen Versorgern entstanden. Die bisherigen Ausführungen haben gezeigt, dass die Harmonisierung der Gesetzgebung mit den neuen Gemeinschaftsregelungen aufgrund des

---

19.3.2013; Ανασκόπηση στις Αγορές Κρατων Μελών και Εμπειρίες Ρυθμιστικών Καθεστώτων, bei *Κεκελέκης/Poecherstorfer*, (Επιμέλεια-Παρουσίαση) in: ενέργεια & δίκαιο 5/2006, S. 69 (69, 70, 71); ferner *Μαρίνος*, ενέργεια & δίκαιο 1/2004, S. 17 ff.; *Ηλιάδου*, ΔΕΕ 4/2007, S. 406 ff.; auf die negativen Auswirkungen regulierter Energiepreise weist auch die Mitteilung der Kommission an den Rat und das Europäische Parlament – Bericht über die Fortschritte bei der Verwirklichung des Erdgas- und Elektrizitätsbinnenmarktes KOM(2009) 115 endgültig im Kapitel Regulierte Preise (S. 15) hin; s. auch „End-user energy price regulation", Ein Positionspapier der ERGEG, Ref. E07-CPR-10-03, 18. Juli 2007) und Mitteilung der Kommission an das Europäische Parlament, den Rat, und den Ausschuss der Regionen, Energieeffizienzplan 2011, KOM(2011) 109 endgültig; Mitteilung der Kommission Untersuchung der europäischen Gas- und Elektrizitätssektoren gemäß Artikel 17 der Verordnung (EG) Nr. 1/2003 (Abschlußbericht) KOM(2006) 851 endgültig, S. 8; vgl. auch Mitteilung der Kommission an den Rat und das Europäische Parlament – Aussichten für den Erdgas- und den Elektrizitätsbinnenmarkt, KOM(2006) 841 endgültig, S. 24; ERGEG-Stellungnahme mit dem Titel End-user energy price regulation – An ERGEG Position Paper (E07-CPR-10-03, 18. Juli 2007).

788 Dazu und zum Folgenden *Κάπρος*, Η Πολιτεία «Φόρτωσε» με Λάθη την Αγορά Ενέργειας τα Τελευταία Δυόμιση Έτη», abrufbar unter: http://www.energia.gr/article.asp?art_id=63969 zuletzt besucht am 19.3.2013.

789 *Κάπρος*, a. a. O.

790 *Κάπρος*, a. a. O.

neuen Energierahmens, der nach großer Verspätung endlich im Sommer 2011 angenommen wurde, nur zu langsam erfolgt ist.

Nicht zuletzt sollten die notwendigen Reformen in kritischen Bereichen (echter Wettbewerb, Tarife, Unabhängigkeit der Betreiber) rechtzeitig auf den Weg gebracht und nicht abrupt und voreilig auferlegt werden, da sich dies negativ auf ihre Effektivität auswirkt.[791] Die Entscheidungen müssen aufgrund des Nutzens für den Endverbraucher sowie eines erklärten Willens, die Unzulänglichkeiten des griechischen Marktes und Wettbewerbs zu bewältigen, getroffen werden. Die Preise und Kosten für Energie erhöhen sich stark, so dass sich nicht alle Gesellschaftsgruppen (und kleine und mittlere Unternehmen) die Kapitalkosten und teurere Energie leisten können.[792] In diesem Zusammenhang soll die griechische Regierung positiv, energisch und entschlossen jene Maßnahmen umsetzen, die strategische Vorteile für das Land mit sich bringen werden.

Kritisch ist auch, dass die potentiellen Auswirkungen der Stärkung des missbräuchlichen Verhaltens von D.E.I. und der betroffenen staatlichen Maßnahmen drohen, den Einstieg in den Stromeinzelhandelsmarkt für neue griechische und ausländische Unternehmen schwerer, wenn nicht unmöglich zu machen und daher den Handel zwischen Mitgliedstaaten im Sinne von Artikel 106 AEUV zu beeinträchtigen[793].[794] Übrigens sind die Mitgliedstaaten gemäß Artikel 4 Abs. 3 EUV verpflichtet, jede allgemeine oder spezifische Maßnahme zu treffen, um die Erfüllung der Pflichten zu gewährleisten, die sich aus den Verträgen oder Rechtsakten der Institutionen der Union ergeben.[795] Die Ergreifung unangemessener staatlicher Maßnahmen oder aber die Unterlassung eines Mitgliedstaates,

791 *Κάπρος*, a. a. O.

792 Anstalt für Wirtschaft- und Industrieforschung (IOBE), IOBE-Studie: Die Herausforderungen des Energiesektors in Griechenland, Stand: 15.7.2011, abrufbar unter: http://www.econews.gr/2011/07/15/iobe-meleti-energeia-ellada/ zuletzt besucht am 17.6.2014.

793 Siehe Urteil C-322/81, Michelin, Slg. 1983, S. 3461, Rn. 104.

794 *Ρόκας, Ρούσσος, Σταμάτη*, in: ενέργεια & δίκαιο 13 & 14/2010, S. 30 (42); wichtig ist, dass für die Erfüllung dieser Voraussetzung die Bedrohung für eine negative Auswirkung auf den grenzüberschreitenden Handel genügt; es ist nicht nötig, dass diese schon erfolgt ist. Übrigens hat die Kommission in ihrem Bericht über die Fortschritte bei der Verwirklichung des Erdgas- und Elektrizitätsbinnenmarktes vom 11. März 2009 betont, dass die regulierten Preise zu Wettbewerbsverzerrungen führen und sich negativ auf die Schaffung eines Energiebinnenmarktes auswirken.

795 Die den Wettbewerb regelnden Prinzipien sind im Gemeinschaftsrecht verankert, während die Liberalisierung des Strommarktes im Grunde durch Richtlinie 54/03 geregelt wird. In diesem Rechtsrahmen sind die Mitgliedstaaten verpflichtet, die

eine Maßnahme zu treffen, die die notwendigen Bedingungen schafft, damit neue Unternehmen in den Strommarkt eintreten können, sowie das Recht der „zugelassenen Kunden“ auf die freie Wahl von Lieferanten gewährt, stellt einen Verstoß gegen Artikel 4 Abs. 3 EUV in Verbindung mit den einschlägigen Verordnungen der Richtlinie dar.[796]

Trotzdem sind m.E. in den letzten drei Jahren trotz erheblicher Schwierigkeiten positive Schritte unternommen worden. Nach Verabschiedung des zweiten MoU haben sich politische Maßnahmen erneut auf die Produktivitätssteigerung durch Strukturreformen gerichtet. Dazu haben auch die regelmäßigen Troika-Kontrollen beigetragen. Außerdem setzt die Auszahlung der Raten die Umsetzung der vereinbarten Reformen voraus. Die Reformanstrengungen werden durch regelmäßige Troika-Kontrollen überprüft. Dazu gehört die positive Bewertung der Schritte in allen Bereichen.

Seit Juli 2014 sind eine Reihe von Maßnahmen umgesetzt worden zur Verbesserung der Aussichten auf die Privatisierung von D.E.I. und zur Verstärkung der Effektivität im Energiemarkt. Im Strommarkt ist die Privatisierung von D.E.I. nach dem Versprechen der Regierung eingeleitet worden, während RAE einen Aktionsplan zur Umsetzung der EU-Ziele verwirklicht. Aufgrund dieses Plans für Übergangsreformen des Strommarktes, welchen die Regierung und RAE nach Beratung mit der EU angenommen haben, haben sie die Mechanismen zur Sicherung der Kosteneffektivität und Harmonisierung mit den EU-Richtlinien erneut überprüft. Es ist zu einer öffentlichen Beratung über diese Themen sowie die Versteigerung von Produkt-NOME gekommen, die am 30. Mai 2014 geendet hat. Die endgültigen Rechtsverpflichtungen lassen sich wie folgt zusammenfassen:

- Zunächst wird der Terminmarkt streng reguliert werden.
- D.E.I. ist verpflichtet, Terminwaren zur Deckung der einheimischen Stromlast zur Verfügung zu stellen.
- Die Terminwaren werden in regulierten Versteigerungen angeboten und entsprechen 25–30% der gesamten jährlichen Erzeugung aus Braunkohle- und Wasserkraft.
- An den Versteigerungen dürfen zugelassene Lieferanten – außer D.E.I. –zur ausschließlichen Deckung der einheimischen Last teilnehmen.

Vorschriften und Zwecke der EU einzuhalten und keine ihnen widersprechende Maßnahmen zu ergreifen.

796 *Ρόκας, Ρούσσος, Σταμάτη*, a. a. O., S. 30 (42, 43, 44).

- Die Lieferanten nehmen Terminwaren bis zu einer Höchstgrenze in Anspruch die aufgrund der Kosten festzulegen ist, die LAGIE für jeden einzelnen Versorger berechnet, je nach Merkmalen seiner Kundenbasis.
- Es soll ein Sekundärmarkt für den Verkauf von Terminwaren eingerichtet werden.

Ferner sorgt G. 4146/2013[797] für ein günstiges entwicklungspolitisches Umfeld für strategische und private Investitionen, indem es steuerliche Anreize für Investitionen vorsieht, den institutionellen Rahmen verbessert und Maßnahmen zur Verstärkung der Liquidität der Unternehmen und Beschleunigung von Investitionsverfahren festlegt.

Angesichts der Wirtschaftskrise sind die in den letzten Jahren vorgenommenen Schritte und die verabschiedeten Maßnahmen im Energiesektor schon fast beeindruckend. Die Umsetzung der Ziele hängt natürlich von der Dynamik der jeweiligen Regierung ab. Das MoU vom 11. August 2015 ist mit dem Gesetz 4336/2015 am 14. August 2015 ratifiziert worden. Die neu geplanten Maßnahmen des MoU (Entwurf vom 11. August 2015) sind bis 2018 umzusetzen. Die Zeitpläne, die für jede spezifische Maßnahme vorgesehen werden, sind jedoch eng gefasst. Das Memorandum sieht zum Beispiel eine anfängliche Reduzierung des Anteils der D.E.I. um 25% am Einzelhandel und am Großhandel vor, mit späterem Ziel eine Reduzierung unter 50% bis 2020. Es geht um ein sehr ehrgeiziges Ziel, wenn man bedenkt, dass D.E.I. derzeit einen Anteil von 95% am Einzelhandel hält.[798] Um dieses Ziel zu erreichen, ist vorgesehen, dass mit der Europäischen Kommission über die Anwendung des Höchstgebotsverfahrenssystems NOME diskutiert wird, eines Systems für den Verkauf eines Teils der billigen Braunkohle- und Wasserkraft- Stromproduktion von D.E.I. an seinen Mitbewerberlieferanten, die einen Wettbewerbsnachteil aufgrund ihrer Monopolstellung auf die oben genannten Elektrizitätserzeugungsquellen haben. Es wird allerdings darauf hingewiesen, dass diese Maßnahme schon zwei Mal zum Gegenstand einer Besprechung wurden, wobei wichtigen Fragen offen blieben, wie der Verkaufspreis und seine Verbindung mit den Produktionskosten der D.E.I. Sich dieser Schwierigkeiten bewusst, sieht das Memorandum vor, dass,

797 G. 4146/2013 abrufbar unter: http://fle.gr/index.php/nomoi-p-d/195-nomoi-p-d-2013/15586--414613-

798 *Σιδηρόπουλος*, Οι μνημονιακές δεσμεύσεις για την ενέργεια, abrufbar unter: http://www.kathimerini.gr/832485/article/oikonomia/ellhnikh-oikonomia/apoyh-oi-mnhmoniakes-desmeyseis-gia-thn-energeia zuletzt besucht am 28.10.2014.

falls keine Einigung bis Oktober 2015 erreicht werden sollte, alternative strukturelle Maßnahmen mit gleicher Wirkung zu vereinbaren sind.[799]

II. Der Erdgasmarkt

In diesem Abschnitt wird näher auf den Erdgasmarkt und den einschlägigen Rechtsrahmen in Griechenland (1.) und anschließend auf die Preisanpassungskontrolle aufgrund des griechischen Zivilrechts eingegangen (2.).

1. Der Erdgasmarkt und der Rechtsrahmen in Griechenland

Der Erdgasmarkt stellt einen schrittweise liberalisierten und durch Ex-ante-Vorschriften regulierten Markt dar.[800] Aufgrund des bestehenden Rechtsrahmens ist er bereits von einer Zentralplanung mit Teilnahme eines vertikal integrierten Monopols zu einem offenen und wettbewerblichen, durch einen bestimmten Rechtsrahmen geregelten Markt übergangen, wo Lieferanten und Kunden frei gewählt werden können.[801] Die Liberalisierung des Erdgasmarktes in Griechenland ist durch Gesetz 3428/2005[802] zustandegekommen, das die Richtlinie 2003/55/EG ins griechische Recht umsetzte.[803] Nunmehr wird der Markt durch

799 *Σιδηρόπουλος*, Οι μνημονιακές δεσμεύσεις για την ενέργεια, abrufbar unter: http://www.kathimerini.gr/832485/article/oikonomia/ellhnikh-oikonomia/apoyh-oi-mnhmoniakes-desmeyseis-gia-thn-energeia zuletzt besucht am 28.10.2014.

800 S. RAE-Beschluss, Nr. 1/2011, S. 11, abrufbar unter http://www.rae.gr/old/cases/RAE_01-2011.pdf zuletzt besucht am 2.11.2012.

801 S. RAE-Beschluss, Nr. 1/2011, S. 11, abrufbar unter http://www.rae.gr/old/cases/RAE_01-2011.pdf zuletzt besucht am 2.11.2012. Die Liberalisierung des Erdgasmarktes in Griechenland ist bereits mit G. 3428/2005 (Griechisches Amtsblatt A 313/27.12.2005) erfolgt. Zugleich hat die Verordnung 1775/2005/EG (EE L 289/3.11.2005), die vor dem G. 3428/2005 erteilt wurde, Regeln über den Zugang zu den Erdgasfernleitungsnetzen eingeführt, die auf den Abbau von Hemmnissen auf dem Erdgasbinnenmarkt abzielen, was insbesondere den Gashandel betrifft (vgl. Erwägungsgrund 1 der Verordnung). Besagte Verordnung hat auch den Fernleitungsnetzbetreibern die Grundpflicht auferlegt, Dienstleistungen auf nichtdiskriminierende Weise an alle Netznutzer zu erbringen (vgl. Art. 4, Abs. 1, S. a der Verordnung). S. dazu RAE-Beschluss, Nr. 1/2011, S. 11, 12, abrufbar unter: http://www.rae.gr/old/cases/RAE_01-2011.pdf zuletzt besucht am 2.11.2012.

802 Griechisches Amtsblatt A 313/27.12.2005.

803 Der Erdgasmarkt wird grundsätzlich durch G. 2364/1995 (Griechisches Amtsblatt A 252 6.12.1995), Kapitel B, Art. 3 ff. geregelt.

Gesetz 4001/2011[804] geregelt, das die Richtlinie 2009/73/EG ins nationale Recht umsetzte.

Folgende Teilmärkte machen den Erdgasmarkt aus: Der *Netzzugangsmarkt*[805] oder *Kapazitätsmarkt des Erdgassystems* und der *Gasversorgungsmarkt*, der sich weiter in den Versorgungsmarkt für große Industriekunden und den Versorgungsmarkt für Haushaltskunden aufgliedert. Diese Unterteilung ist auf die unterschiedlichen Wettbewerbsbedingungen zurückzuführen, die auf jedem einzelnen dieser Märkte herrschen.[806]

a) Der Netzzugangsmarkt

Der Netzzugangsmarkt, der ein natürliches Monopol darstellt[807], unterliegt der Regulierung, während der Versorgungsmarkt (Erdgasverkauf) unterschiedliche Wettbewerbsbedingungen aufweist;[808] er ist minimal reguliert und es können an ihm zahlreiche Unternehmen teilnehmen, vorausgesetzt, dass sie die vorgesehene Genehmigung für die Versorgung mit Erdgas erlangt haben (Artikel 24 Absatz 1 G. 3175/2003) oder dass sie als selbstversorgende zugelassene Kunden anzusehen sind.[809]

Im *Art. 68 G. 4001/2011* werden die Grundprinzipien für die Liberalisierung (sowie die entsprechenden Pflichten des griechischen Fernleitungsnetzbetreibers, im Folgenden DESFA[810]) wie folgt festgelegt: aa. Das Recht der Verbraucher auf Netzzugang stellt die Regel dar und eine Verweigerung der Versorgung ist nur dann ausnahmsweise möglich, wenn sie begründet und auf die im Gesetz einschränkend erwähnten Gründen zurückzuführen ist (vgl. Art. 68 Abs. 2 (a)),

---

804 Gesetz 4001/2011 „Über das Funktionieren des Strom- und Erdgasmarktes, über Forschung, Erzeugung und Fernleitungsnetze von Kohlenwasserstoff und weitere Bestimmungen", (Griechisches Amtsblatt A 179/22.8.2011).

805 Zu den Wettbewerbsbedingungen in Bezug auf das nationale Gasfernleitungssystem (ESFA) vgl. ausführlich RAE-Beschluss Nr. 1/2011, S. 11 ff. abrufbar unter: http://www.rae.gr/old/cases/RAE_01-2011.pdf zuletzt besucht am 2.11.2012.

806 Materialreich zur Rechtsprechung RAE-Beschluss, Nr. 1/2011, S. 16, abrufbar unter: http://www.rae.gr/old/cases/RAE_01-2011.pdf zuletzt besucht am 2.11.2012.

807 *Ηλιάδου*, in: ΔΕΕ, 2007, S. 406 (407); ferner *Αθανασίου*, in: ενέργεια & δίκαιο 2/2004, S. 22 ff.

808 RAE-Beschluss, Nr. 1/2011, S. 17, abrufbar unter: http://www.rae.gr/old/cases/RAE_01-2011.pdf zuletzt besucht am 2.11.2012.

809 RAE-Beschluss, Nr. 1/2011, S. 18, abrufbar unter: http://www.rae.gr/old/cases/RAE_01-2011.pdf zuletzt besucht am 2.11 2012.

810 Auf Griechisch: Διαχειριστής Εθνικού Συστήματος Φυσικού Αερίου, ΔΕΣΦΑ.

bb. Der Zugang wird den Verbrauchern in der günstigsten, transparentesten und direktesten möglichen Weise für die gewünschte Zeitspanne bereitgestellt, solange das reibungslose und sichere Funktionieren des Griechischen Erdgassystems (im Folgenden ESFA[811]) dadurch nicht gefährdet wird. Besagte Grundsätze stellen grundsätzlich ein Ziel dar, das durch Rechtsakte konkretisiert und umgesetzt wird, die entweder von RAE oder von der Verwaltung nach RAE-Stellungnahme erlassen werden. Was insbesondere den Netzzugang betrifft, legt Gesetz *4001/2011* in Art. 69 Folgendes fest:

a) Die Erstellung des Handbuchs für den Betrieb von ESFA nach RAE-Beschluss und auf Empfehlung der DESFA AG., wonach die Verwaltung, Wartung und Entwicklung von ESFA erfolgt.
b) Die Ausarbeitung und Veröffentlichung von Musterverträgen durch DESFA nach RAE-Genehmigung zur Nutzung des Fernleitungsnetzes, der Flüssiggasanlagen und der Speicheranlagen (Art. 68 Abs. 2 S. a G. 4011/2011 (vgl. auch Art. 8 Abs. 2(a).)
c) Die Ausarbeitung (nach Art. 88 *Tarife für Grundtätigkeiten*[812] G. 4001/2011) einer Tarifregelung durch RAE unbeschadet des Abs. 4, auf Empfehlung des jeweiligen Betreibers des Erdgassystems oder Verteilnetzes und nach öffentlicher Beratung über die Berechnungsmethode der Tarife und der Kosten für die Grundtätigkeiten, *inklusive der Tarife für den Zugang zum Verteilnetz*, zum im Art. 88 Abs. 3 erwähnten Zweck.

Art. 31 und 32 Abs. 4 des bisher gültigen G. 3428/2005 forderten zusätzlich die *Genehmigung des Entwicklungsministers* der Ausarbeitung der *Tarifregelung* durch RAE. Besagte Genehmigung wurde auch für die Erstellung des Handbuchs für die ESFA-Verwaltung abgeschafft, so dass ein weiterer Schritt hin zur Umsetzung der Grundprinzipien der Liberalisierung des Erdgasmarktes, also der Schaffung von Wettbewerbsbedingungen für den Netzzugang, gemacht worden ist. Der Netzzugang stellt einen Meilenstein und zugleich eine Voraussetzung für die Liberalisierung des Erdgasmarktes dar.[813]

Gemäß *Art. 15 G. 4001/2011* verbessern sich die Wettbewerbsbedingungen in Bezug auf den Zugang zu ESFA, da RAE 6 Monate vor ihrem Inkrafttreten gemäß den Vorschriften in Art. 88 über Erdgas und nach transparenten Kriterien

811 Auf Griechisch: Εθνικό Σύστημα Φυσικού Αερίου, ΕΣΦΑ.

812 Gemäß Art. 2 G. 4001/2011 sind die *Grundtätigkeiten für Erdgas* die folgenden: die Dienstleistungen zur Erdgasfernleitung und -verteilung, Flüssiggasanlage und Erdgasspeicheranlage.

813 S. vorangegangenen Art. 9 G. 3428/2005.

die Berechnungsmethode für ihn beschließt, so dass die Tarife nicht diskriminierend sind und die Kosten der zu erbringenden Dienstleistungen widerspiegeln. Sowohl die Berechnungsmethode als auch die Tarife für den Netzzugang werden auf der Webseite der RAE und der zuständigen Betreiber veröffentlicht. Mit anderen Worten bestimmen sich die Tarife für *jede* Erdgastätigkeit aufgrund der durch RAE genehmigten Berechnungsmethode.

b) Gasversorgungsmarkt

Der *Gasversorgungsmarkt* (Gasverkauf) weist seinerseits unterschiedliche Wettbewerbsbedingungen auf: Er ist minimal reguliert und es können unbegrenzt viele Unternehmen teilnehmen, vorausgesetzt, dass sie die vorgesehene Genehmigung für die Versorgung mit Erdgas erlangt haben (Art. 81 G. 4001/2011)[814] oder dass sie als selbstversorgende zugelassene Kunden anzusehen sind. Grundsätzlich beruht der vorliegende Rechtsrahmen auf der Freiheit der Wahl des Versorgers, die den zugelassenen Kunden zusteht. Letztere werden im Art. 82 G. 4001/2011[815] definiert: Es sind diejenigen, die ihren Lieferanten frei wählen können, sowie die *„genehmigten Stromerzeuger, die aus Erdgas Strom gewinnen"*.[816]

c) Verbraucherinteresse

Was das Verbraucherinteresse anbelangt, legt *Artikel 47 G. 4001/2011* fest, dass die Zugelassenen Kunden ihre Lieferanten frei wählen können (Abs. 1). Alle zugelassenen Stromkunden der Hoch- und Mittelspannung sowie die zugelassenen Erdgaskunden können gleichzeitig Energie von mehreren Lieferanten beziehen. Ein Lieferantenwechsel führt zu keinen zusätzlichen Kosten für den Kunden und befreit ihn keinesfalls von seinen vertraglichen Verpflichtungen. Die Versorgung ist nur nach einem Versorgungsvertragsabschluss zwischen Lieferanten und Kunden zugelassen (Abs. 2). Die allgemeinen und Sonderbedingungen des

---

814 Gemäß *Art. 81 G. 4001/2011 1:* Die Versorgung von zugelassenen Kunden mit Erdgas erfolgt durch die Inhaber der Erdgasversorgungsgenehmigung. Sonstige Tätigkeiten, bzw. Erdgaskauf, -verkauf, -import und –export werden frei ausgeübt. Die Versorgung von nicht zugelassenen Kunden erfolgt nach den in Art. 21 G. 3428/2005 festgelegten Bedingungen und Voraussetzungen.

815 S. früher Art. 24 G. 3175/2003 und 2 Abs. 14 und 25 Abs. 1, S. α G. 3428/2005.

816 In ähnlichem Sinne legt der Code für die ESFA-Verwaltung in Art. 19 Abs. 1 Folgendes fest: „Jeder zugelassene Kunde (Anbieter) kann Erdgas, das er von einem Lieferanten bezogen hat oder in dessen Auftrag er es eingeführt hat, an andere zugelassene Kunden (Empfänger) gemäß dem vorliegenden Artikel weiterverkaufen".

Versorgungsvertrags müssen den Grundsätzen von Treu und Glauben und den guten Sitten Rechnung tragen und dem Kunden vor dem Vertragsabschluss bekanntgegeben werden. Falls der Lieferant versäumt hat, dem Kunden die im Handbuch für Strom- oder Erdgasversorgung konkretisierten Daten zur Verfügung zu stellen, so kann der Haushaltskunde dem Versorgungsvertrag innerhalb von 14 Tagen ohne Strafzahlung widerrufen, es sei denn eine längere Frist wäre vereinbart worden (Abs. 3).[817]

Art. 49 G. 4001/2011 fordert einen kostenfreien und einfachen, nicht diskriminierenden Zugang der Kunden zu den Informationen, aufgrund derer sie den für sie geeigneten Lieferanten wählen können. Vor allem soll dies den Zugang zu den gültigen Tarifen und Bedingungen des Versorgungsvertrags jedes einzelnen Lieferanten für die verschiedenen Kundengruppen, zu Daten zu ihrem Verbrauch sowie zu Daten zum Gesamttarif für die Versorgung mit Strom oder Erdgas ermöglichen (Abs. 1). So sind die Lieferanten genötigt, alle Bedingungen und Voraussetzungen, die in den Versorgungsverträgen enthalten sind, und die entsprechenden Tarife zumindest auf ihrer Webseite zu veröffentlichen. Die Rechte und die entsprechenden Verpflichtungen der Marktteilnehmer – insbesondere der zuständigen System- und Energieverteilnetzbetreiber sowie der Lieferanten – können im Handbuch für Strom- und Erdgasversorgung weiter konkretisiert werden, damit den Rechten der Kunden Rechnung getragen wird (Abs. 2). RAE veröffentlicht Tabellen, in denen die Webseite, die Kontaktdaten und die veröffentlichten Tarife der Lieferanten aufgeführt werden (Abs. 3).

Zusätzlich werden mit dem Kodex für die Erdgasversorgung die Grundsätze für die Versorgungstarife geregelt, so dass diese untereinander vergleichbar sind unter Berücksichtigung der durch die System- und Energieverteilnetzbetreiber angewandten Messmethoden (Art. 51 Abs. 1 S. id) G. 4001/2011). Hinsichtlich der aus dem Versorgungsvertrag erwachsenden Verpflichtungen bestimmen unter anderem die Versorgungscodes die Pflichten des Versorgers zur Information des Kunden insbesondere über Tarife, die übrigen Kosten und die Kontaktdaten, das Änderungsverfahren der Bedingungen des Versorgungsvertrags, inklusive der Versorgungstarife nach vorbestimmten objektiven transparenten und nachvollziehbaren Kriterien und die Verbraucherrechte im Falle der einseitigen Änderung der Vertragsbedingungen durch den Lieferanten sowie das Verfahren zur Kündigung des Versorgungsvertrags (Abs. 3).

817 Vgl. dazu RAE-Mitteilung vom 5.6.2013, RAE-Bekanntmachung an die Stromverbraucher über die Regelungen des neuen Codes für Stromversorgung, in: ενέργεια & δίκαιο 19/2013, S 173 (175).

Auf den ersten Blick besteht der Eindruck, dass der Gesetzgeber die Umsetzung der Dritten Gas-RL vorgenommen hat. Aus dem vorerwähnten Rechtsrahmen ergibt sich, dass der Gasversorgungsmarkt nach den Regeln des freien Marktes funktionieren sollte, unter Beachtung der Notwendigkeit des Schutzes von Wettbewerbs- und Verbraucherinteressen.[818] Die Liberalisierung des Erdgasmarktes in Griechenland ist jedoch erst spät bewirkt worden, da 1996 die Europäische Kommission Griechenland eine zehnjährige (bis 2006) Freistellung (gemäß Artikel 28 Abs. 2 der RL 2003/55/EG) als aufstrebender Markt erteilt hat. Der Erdgasgroßhandelsmarkt wird durch die wichtige Stellung geprägt, die das Ex-Monopol immer noch auf dem Markt hat, obwohl die Liberalisierung drei Jahre nach 2006, also 2009, zu erwarten war. Der erste Schritt zur Liberalisierung war die Übertragung von verflüssigtem Erdgas (LNG) durch einen Privatlieferanten außer DEPA im April 2010[819]. Nach RAE gab es 2006 keine Konkurrenz auf dem Erdgasversorgungsmarkt in Griechenland[820]. Auf den mangelnden Wettbewerb in den Erdgasmärkten in den EU-Mitgliedstaaten sowie die Abhängigkeit der Kunden von den Monopolen in allen Stufen des Erdgasmarktes hat auch die Europäische Kommission in ihrem Bericht über die Untersuchung im Energiebereich hingewiesen.[821] Dem RAE-Jahresbericht 2010 zufolge war DEPA

818 Zuständig für die Überprüfung der Einhaltung dieser Regeln durch die Ex-Monopolisten zu Gunsten des Wettbewerbs und der Verbraucher ist die Energieregulierungsbehörde (RAE).

819 RAE-Beschluss 1/2011, Nationaler RAE-Bericht an die Kommission, Juli 2006, S. 42, 47.

820 „... so far there is no competition in the Greek gas market [...]“, Nationaler RAE-Bericht an die Kommission, Juli 2006, S. 42, 47.

821 DG Competition Report On Energy Sector Inquiry, Brussels, 10 January 2007 (2006) 1724, S. 7, wo sie bemerkt, dass die Kunden in Europa eine beschränkte Möglichkeit hatten, ihren Lieferanten frei zu wählen; dem Bericht der Kommission über die Untersuchung im Energiesektor zufolge (DG Competition Report On Energy Sector Inquiry, 10 January 2007, Brussels, 10 January 2007 (2006) 1724, S. 13) ist die Konzentration der Gasimporte auf ein oder wenige Unternehmen eine Hauptursache für die fehlende Entwicklung des Wettbewerbs in verbundenen Märkten. Während diese Situation die vorgelagerten Märkte (z.B. den der Erdgasgewinnung) wenig beeinflusst, muss eine besondere Rücksicht auf die nachgelagerten Märkte genommen werden, z.B. den Markt für den Weiterverkauf und den Gaseinzelhandel. Dem Bericht der Kommission zufolge (S. 44) könnten zu den Einsteigern in die Erdgasmärkte und den potentiellen Konkurrenten jene Stromunternehmen gezählt werden, die sich auf den Gasmarkt aufgrund der schon bestehenden Beziehungen zu ihren Kunden erweitern wollten. Die Erzeuger, die in die nachgelagerten Gasmärkte eintreten, haben normalerweise Zugang zu Gas und sind flexibel. Auf der Seite 46

2009 immer noch der einzige Gasimporteur in Griechenland und der einzige Lieferant sowohl im Groß- wie auch im Einzelhandelsmarkt für den Erdgasverkauf (einschließlich der Tochter EPA), beherrschte also fast 100% des Marktes.[822] Der Schutz wird aufgrund der Regeln vom freien Wettbewerb auf nationaler Ebene durch Art. 2 G. 3959/2011 über die missbräuchliche Ausnutzung einer beherrschenden Stellung, die auf das Land einwirkt oder einwirken könnte[823], gewährleistet. Nach der in Art. 2 niedergelegten Vorschrift ist die missbräuchliche Ausnutzung einer beherrschenden Stellung im gesamten oder in einem Teil des griechischen Marktes verboten. Die Ausnutzung besteht namentlich in der mittelbaren oder unmittelbaren Erzwingung nicht angemessener Einkaufs- oder Verkaufspreise oder sonstiger Geschäftsbedingungen. Sinn und Zweck dieses Verbotes ist nicht ausschließlich der Schutz der Konkurrenten, sondern auch der Schutz der Institution des potentiellen Wettbewerbs auf einem Markt.[824]

Trotz erheblicher Schwierigkeiten sind im Gasmarkt in den letzten drei Jahren gleichermaßen viele Maßnahmen verabschiedet worden, um zu einem reiferen Gasmarktmodell überzugehen durch Verstärkung des Wettbewerbs und der Weiterletzung der sich daraus ergebenden Vorteile auf möglichst viele Verbraucher. Typisch ist der Übergang von einem Versorgungs- und Verteilungsmodell (inklusive der bestehenden und künftigen GVU) zu einem regulierten Modell, das zwischen Versorgung und Verteilung unterscheidet. In Einklang mit den zu erwartenden Änderungen im Strommarkt wird es zunächst zu einer schrittweisen Öffnung des Marktes für den Wettbewerb kommen mit Regulierung aufgrund von Anreizen für die Verteilung (und Übertragung), damit die weitere

desselben Berichts wird darauf hingewiesen, dass der Eintritt von Neueinsteigern in den europäischen Gasmarkt unerheblich ist, da er mit der beherrschenden Stellung der Ex-Monopole in allen Phasen der Kette (Zugang zu Gas, Zugang zu den Netzen und der Erdgasspeicherung) zusammenhängt. Zusammen mit dem Mangel an Transparenz in nicht effizienten Großhandelsmärkten sowie einer effizienten Regelung des Marktes bestärkt die Abhängigkeit von den Monopolen ihre beherrschende Stellung und verhindert die Entwicklung des Wettbewerbs erheblich.

822 RAE, Nationalbericht RAE an die Europäische Kommission, November 2010, S. 37.

823 Art. 46 G. 3959/2011.

824 Das Verbot setzt voraus, dass die beherrschende Stellung des Unternehmens existiert, dass diese missbräuchlich ausgenutzt wird und dass es einen Zusammenhang zwischen der beherrschenden Stellung und der angeblichen missbräuchlichen Ausnutzung gibt. Die Auslegung der Bedingungen dieser Vorschrift ist mit der Auslegung der Europäischen Kommission und der Europäischen Gerichtshöfe in Bezug auf die entsprechenden Bedingungen des Art. 102 des Vertrags über die Arbeitsweise der Europäischen Union vereinbar.

Netzentwicklung gefördert wird. Weiterhin sind mit G. 4093/2012 Maßnahmen eingeführt worden, um DESFA im Einklang mit der RL 73/2009/EG eine unabhängige Stellung zu sichern. Im neuen Gesetz 4336/2015, welches das dritte Memorandum ratifizierte, wird eine detaillierte Regelung für die Freigabe des Erdgas-Einzelhandels verabschiedet, denn dies war ein Instrument nicht nur für die Ratifizierung des Entwurfs des Memorandums, sondern auch für die Verabschiedung des ersten Maßnahmenpakets, das "Voraussetzung" für die Auszahlung des Darlehens war.[825]

2. Der Verbraucherschutz im griechischen Recht

Eine Preisanpassungsklausel im Erdgasvertrag zwischen Lieferanten und Kunden im Rahmen von AGB ist noch nicht auf nationaler Ebene durch die Rechtsprechung überprüft worden. Eine zivilrechtliche Überprüfung der Preisanpassung neben der Kontrolle aufgrund der Vorschriften des freien Wettbewerbs hätte folgende Probleme:

a) Die AGB-Inhaltskontrolle im Bewertungssystem des Zivilgesetzbuchs

Grundsätzlich ist eine AGB-Kontrolle[826] durch das herkömmliche ZGB-System aufgrund allgemeiner Klauseln (Art. 174, 178, 179, 281, 288 ZGB) oder anderer Gemeinvorschriften (Art. 371–373, 322 und 334 ZGB) möglich:

---

825 *Σιδηρόπουλος*, Οι μνημονιακές δεσμεύσεις για την ενέργεια, abrufbar unter: http://www.kathimerini.gr/832485/article/oikonomia/ellhnikh-oikonomia/apoyh-oi-mnhmoniakes-desmeyseis-gia-thn-energeia zuletzt besucht am 28.10.2014.

826 Zu den drei Kontrollphasen: Einbeziehungskontrolle, Auslegung und Inhaltskontrolle vgl. bei *Δέλλιος*, in: Ατομική και συλλογική προστασία των καταναλωτών από την έλλειψη ουσιαστικής διαπραγμάτευσης των όρων της σύμβασης, S. 8 ff.; zur Inhaltskontrolle vgl. auch *Δέλλιος*, in: Ατομική και συλλογική προστασία των καταναλωτών από την έλλειψη ουσιαστικής διαπραγμάτευσης των όρων της σύμβασης, S. 11: „[D]ie Inhaltskontrolle scheint gegen den Ansatz der Vertragsfreiheit zu verstoßen (5 § 1 Grundgesetz, Art. 361 ZGB), da sie dem Richter eine allgemeine Möglichkeit einräumt, in die Abkommen der Vertragsschließenden einzugreifen. Daher haben die Gerichte vor der Einführung einer sondergesetzlichen Regelung gezögert, eine direkte Inhaltskontrolle vorzunehmen. Dafür haben sie versucht, den Verbraucherschutz mittels einer „angemessenen" meist engen AGB-Auslegung sicherzustellen, und somit unterzogen sie die Auslegung einem sinnlosen Vorrang ihrer Natur gegenüber ihrem Zweck. Sie benutzten sie nämlich nicht zur Feststellung des wahren Inhaltes der Bedingungen, sondern als ein Instrument zur verdeckten Inhaltskontrolle. Diese Bedenken seitens der Rechtsprechung stießen nur zu Recht auf Kritik, da der echte Sinn des Ansatzes der Privatautonomie verkannt wurde: Eine grundlegende

aa) Die Vorschrift im Art. 178 ZGB über sittenwidriges Rechtsgeschäft

Gemäß Art. 178 ZGB ist eine Klausel, die gegen die guten Sitten verstößt, nichtig. Der Begriff der „guten Sitten" ist ein abstraktes Rechtskonzept, das durch den Rechtsanwender durch Bewertungskriterien konkretisiert wird.[827] Diese sind objektiv und tragen den Auffassungen des nach allgemeiner Meinung redlich und vernünftig denkenden Menschen Rechnung.[828]

bb) Die Vorschrift des Art. 179 S. b ZGB über das Wuchergeschäft

Voraussetzungen des Art. 179 ZGB sind: a) Eine offenbare Unangemessenheit zwischen Leistung und Gegenleistung zum Zeitpunkt der Ausarbeitung des Geschäfts und b) Die eigennützige Ausbeutung der Notlage, des Mangels an Urteilsvermögen oder der Unerfahrenheit des Vertragspartners. Die Vorschrift im Art. 179 S. b ZGB hat sich in der Praxis aber als nicht besonders geeignet für die AGB-Inhaltskontrolle erwiesen.[829]

Voraussetzung für das reibungslose Funktionieren der Vertragsfreiheit ist die Verhandlungsgleichheit der Parteien. Entfällt diese, so greift die Rechtsordnung ein, indem sie die Vertragsfreiheit mit zwingenden Vorschriften einschränkt, um den Benachteiligten zu schützen. In solchen Vorschriften hat man die Grundlage einer Rechtssetzung zur Aufhebung der dogmatischen Bedenken der Gerichte bei der AGB-Inhaltskontrolle gesucht. Als Sondervorschriften, die AGB bestimmten Inhaltes verbieten, wurden zunächst die Art. 332 Abs. 2 und 334 Abs. 2 ZGB bezeichnet. Kraft dieser werden die Klauseln zur Fahrlässigkeitshaftung für Nichthandeln zum Beispiel in Fällen von Oligopolen als nichtig angesehen, wobei die Möglichkeit des Verbrauchers zur rechtsgeschäftlichen Selbstbestimmung eingeschränkt ist. Hierzu zählt zum Beispiel die Güterversorgung, bei Vorliegen von Abhängigkeitsverhältnissen oder eines Oligopol oder unter Bedingungen, die keine Verhandlungen erlauben (der letzte Fall wurde zum Art. 332 ZGB mit Art. 2 G. 3043/2002 hinzugefügt)".

827 *Καράκωστας*, in: Δίκαιο Προστασίας Καταναλωτή, S. 110.

828 Um die Gebote der Sozialethik zu erkennen, berücksichtigt der Rechtsanwender die Auffassungen des durchschnittlichen moralisch denkenden Menschen nicht im Rahmen irgendwelchen Lebenszyklus, sondern in dem hier relevanten Rahmen. Es wird demnach ein Sinn der guten Sitten angenommen, gemäß dem ihre Funktion bei den heutigen Transaktionen nicht in der Aufbewahrung einer moralischen Ordnung besteht, sondern im Schutz des im wirtschaftlichen oder geistigen Sinne benachteiligten Vertragspartners vor sozialweise unrechten vertraglichen Regelungen.

829 *Καράκωστας*, in: Δίκαιο Προστασίας Καταναλωτή, S. 110.

cc) Die Vorschriften in Art. 371–373 ZGB über eine unbestimmte Leistung

Bei der AGB-Inhaltskontrolle kommen auch die Vorschriften der Art. 371–372 über die unbestimmte Leistung in Betracht. Soll die Leistung gemäß Art. 371 ZGB durch einen der Vertragschließenden oder durch einen Dritte bestimmt werden, so ist im Zweifel anzunehmen, dass die Bestimmung nach billigem Ermessen zu treffen ist. Entspricht sie nicht der Billigkeit, so wird die Bestimmung durch Urteil getroffen; das Gleiche gilt, wenn die Bestimmung verzögert wird. Soll die Leistung in einem Vertrag nach absolut freiem Ermessen einer der Vertragschließenden bestimmt werden, so ist der Vertrag nach Art. 372 ZGB nichtig.[830]

Art. 372 ZGB soll verhindern, dass die Umwandlung des Vertrags von einem Mittel zur selbstständigen Mitgestaltung des Rechtsverhältnisses der Vertragschließenden zu einem Mechanismus zur Unterdrückung eines Vertragspartners wird. Art. 371 ZGB macht nicht nur eine grundsätzliche Kontrolle möglich, sondern räumt dem Gericht die Macht ein, positiv in das vertragliche Verhältnis einzugreifen und dieses nach seinem Ermessen zu gestalten. Dieser Eingriff setzt eine tatsächlich unbestimmte Leistung voraus;[831] allerdings hat die Rechtsprechung keine abschließenden Antworten. Kennzeichnend dafür ist die Tatsache, dass die Argumentation für die Begründung der Anwendung von Art. 371 ZGB, 200 ZGB, 281 ZGB oder 288 ZGB[832] oftmals so ähnlich ist, dass es eher schematisch und zufällig scheint, in welchen Anwendungsbereich der besagten Vorschriften der Fall passt. Das ist auch auf den unbestimmten Inhalt besagter Vorschriften zurückzuführen, die mehr oder weniger als Generalklauseln angesehen werden und deren *Konkretisierung nach denselben Bewertungskriterien erfolgt, nämlich den Grundsätzen von Treu und Glauben und den guten Sitten in Verbindung mit dem jeweiligen Zweck des Vertrags und den begleitenden Umständen.*[833] Dadurch lässt sich die teleologische Übereinstimmung der Lösungen begründen, die für die jeweiligen Probleme vorgeschlagen werden, trotz der Anwendung mal des Art. 207 ZGB, mal des Art. 371 ZGB, mal des Art. 281 ZGB und mal des Art. 288 ZGB.[834]

---

830 Zum Objekt und Zweck der gesetzlichen Regelung s. ausführlich *Δωρής*, in: Γεωργιάδης/Σταθόπουλος, Αστικός Κώδικας, Γενικό Ενοχικό, κατ' άρθρο ερμηνεία, Άρθρα 371–373, S. 314.

831 *Δωρής*, in: Γεωργιάδης/Σταθόπουλος, Αστικός Κώδικας, Γενικό Ενοχικό, κατ' άρθρο ερμηνεία, Άρθρα 371–373, S. 320.

832 Zu diesen Artikeln s. unten, E.II.2.*a)* dd) und ee).

833 Eingehend *Δωρής*, in: Γεωργιάδης/Σταθόπουλος, Αστικός Κώδικας, Γενικό Ενοχικό, κατ' άρθρο ερμηνεία, Άρθρα 371–373, S. 318 ff. m. w. N.

834 *Δωρής*, in: Γεωργιάδης/Σταθόπουλος, Αστικός Κώδικας, Γενικό Ενοχικό, κατ' άρθρο ερμηνεία, Άρθρα 371–373, S. 318.

In der Literatur wird die Auffassung[835] vertreten, dass Art. 371 ZGB (daher auch Art. 372 ZGB) *analog* auf die Inhaltskontrolle von AGB angewandt werden kann, welche durch große Unternehmen (Banken, Versicherungsanstalten, Verkehrsunternehmen usw.) ausgearbeitet und benutzt werden und die der meist schwächere Vertragspartner anzunehmen aufgefordert wird. Dieser Auffassung zufolge beruht die Angemessenheit auf der Feststellung, dass die Einbeziehung der allgemeinen gedruckten Bedingungen im Vertrag „zwar den Zusammenfall der Willenserklärungen beider Vertragsschließenden formal voraussetzt, aber eigentlich durch die einseitige Erklärung ihres Verfassers verwirklicht wird, der, indem er den anderen Vertragspartner zu ihrer Hinnahme nötigt, eigentlich eine einseitige Bestimmung des Vertragsinhalts erreicht.“[836] Jedoch ist zu fragen, ob Art. 371 ZGB mit dem allgemeinen und unbestimmten Kriterium des „billigen Ermessens“ methodisch das geeignete Instrument zur Erfüllung des Schutzbedürfnisses des schwächeren Vertragspartners ist, welcher dem Vertrag beitritt und die gedruckten Bedingungen annimmt.[837]

Die Frage der Kontrolle der allgemeinen gedruckten Bedingungen hängt offenbar mit der Funktion der Vertragsfreiheit zusammen. Diese darf nicht gegen die allgemeinen Verbote der Art. 3, 174, 178 und 179 ZGB verstoßen; sie darf auch nicht missbräuchlich ausgeübt werden. Ihre Ausübung darf also nicht die durch Treu und Glauben, gute Sitten und die soziale und wirtschaftliche Funktion des

835 Dazu insb. *Καράκωστας*, in: Δίκαιο Προστασίας Καταναλωτή, S. 111.

836 Ausdrücklich *Καράκωστας*, in: Δίκαιο Προστασίας Καταναλωτή, S. 111: „Die analoge Anwendung des Art. 371 ff. ZGB bei den missbräuchlichen AGB bietet allerdings dem Gericht den Vorteil, vernünftig und flexibel die Vorschrift zu gestalten, die die durch die Nichtigkeit der missbräuchlichen Klausel entstandene Lücke füllen wird. Die Bestimmung nach „billigem Ermessen“ räumt dem Rechtsanwender die Freiheit ein, die geeignete Methode und die geeigneten Kriterien für die Gestaltung der angemessenen Regelung zu benutzen. [...] Dieses Schuldverhältnis ist das Ergebnis eines Zusammenhangs von sozial-wirtschaftlichen Umständen, die zwar individuell erscheinen, jedoch gemeinsame Eigenschaften haben, die von dem Ort, Zeitpunkt und der Art der Transaktion abhängig sind. Allen diesen Faktoren soll das Gericht auf der Suche nach dem „billigen Ermessen“ Rechnung tragen. Allerdings wird das bestimmte vertragliche Verhältnis ins Rechtssystem einbezogen, indem es zugleich auf das Gesetz zurückzuführen ist, das es begründet, und auf den Zweck des gemeinschaftlichen und nationalen Vertragsrechts hinzuweisen ist.“; vgl. auch die Nachweise bei *Δωρής*, in: Γεωργιάδης/Σταθόπουλος, Αστικός Κώδικας, Γενικό Ενοχικό, κατ' άρθρο ερμηνεία, Άρθρα 371–373, S. 321 ff.

837 Dazu und zum Folgenden *Δωρής*, in: Γεωργιάδης/Σταθόπουλος, Αστικός Κώδικας, Γενικό Ενοχικό, κατ' άρθρο ερμηνεία, Άρθρα 371–373, S. 320 (321 ff.).

Vertrages gebotenen Grenzen überschreiten.[838] Billiges Ermessen kann im Sinne des Art. 371 ZGB nichts anderes bedeuten, als dass sich die AGB nicht nur im durch die Art. 3, 174, 178 und 179 festgelegten allgemeinen Rahmen bewegen sollen, sondern auch dass das vom Vertragsmechanismus eingeräumte Ermessen nicht missbraucht wird. Deshalb müssen die allgemeinen gedruckten Bedingungen in einer Weise gestaltet werden, dass sie die Vertragsfreiheit nicht zu einem Unterdrückungsmechanismus eines Vertragspartners umwandeln.[839] Allerdings kann im geltenden Rechtssystem kein Anspruch auf Objektivität erhoben werden, weil das die eigene Willensfreiheit beeinträchtigen würde; andererseits darf der Vertragspartner die allgemeinen gedruckten Bedingungen nicht in solcher Weise gestalten, dass sie offensichtlich die in Art. 281 vorgeschriebenen Grenzen überschreiten.[840] In diesem Sinne kommt Doris zum Schluss, dass Art. 371 ZGB – abgesehen davon, dass seine Inanspruchnahme und Anwendung das Problem nicht auf die richtige teleologische und methodologische Grundlage setzt, nämlich den Ausschluss der missbräuchlichen Ausübung der Vertragsfreiheit – noch dazu ein Kriterium umfasst, das so abstrakt und unbestimmt ist, dass es in der Praxis nur schwer umzusetzen ist.[841] Sollte hingegen die Konkretisierung dieses unbestimmten Begriffs bei der vorliegenden Frage durch die gesonderten Kriterien von Art. 281 ZGB, die direkt anzuwenden sind, erfolgen, so ist die analoge Anwendung von Art. 371 ZGB nutzlos.[842]

Der Begriff „billiges Ermessen“ ist ein abstrakter Ausdruck des allgemeinen Gerechtigkeitsgedankens, der das ganze Recht durchläuft.[843] Dass dieser in den gerichtlichen Entscheidungen mit dem Begriff „Auffassungen des redlichen Menschen“ ersetzt wird, stellt eine Tautologie dar, die das Problem der Darstellung und Konkretisierung des ursprünglichen Begriffs kaum löst. Andererseits ist es zwar richtig, dass das „billige Ermessen“ seinen Inhalt im Zusammenhang mit

838 *Δωρής*, in: Γεωργιάδης/Σταθόπουλος, Αστικός Κώδικας, Γενικό Ενοχικό, κατ' άρθρο ερμηνεία, Άρθρα 371–373, S. 320; dass die Ausübung nicht nur die Rechte im engen Sinne sondern auch etwa die Vertragsfreiheit betrifft, wird allgemein in der jüngeren Literatur akzeptiert; vgl. *Γεωργιάδη* in: Αστικός Κώδικας, Γεωργιάδης/Σταθόπουλος, Art. 281, Rn. 5.

839 *Δωρής*, in: Γεωργιάδης/Σταθόπουλος, Αστικός Κώδικας, Γενικό Ενοχικό, κατ' άρθρο ερμηνεία, Άρθρα 371–373, S. 322.

840 *Δωρής*, a. a. O., Άρθρα 371–373, S. 322 m. w. N.

841 *Δωρής*, a. a. O., Άρθρα 371–373, S. 322.

842 *Δωρής*, a. a. O., Άρθρα 371–373, S. 322.

843 Dazu und zum Folgenden *Δωρής*, in: Γεωργιάδης/Σταθόπουλος, Αστικός Κώδικας, Γενικό Ενοχικό, κατ' άρθρο ερμηνεία, Άρθρα 371–373, S. 326.

den Besonderheiten und dem Zweck des jeweiligen Vertrags, Treu und Glauben sowie Sonderumständen zugeschrieben bekommt; das reicht jedoch nicht für die Konkretisierung des „billigen Ermessens" des Art. 371 ZGB: Diese Bestandteile stellen die materielle (tatsächliche) Grundlage für die Gestaltung des Urteils dar, enthalten jedoch nicht die Bewertungskriterien, die für ein gerechtes Urteil erforderlich sind. Eine Bewertung nur aufgrund der oben genannten Elemente und keiner Bewertungskriterien ist somit nicht möglich. Dahingehend weist Doris auf Kriterien in anderen Vorschriften hin, namentlich Art. 200, 288 und 281 ZGB oder aber Sonderbestimmungen.[844] Das Problem mit Art. 371 ZGB besteht vorwiegend in der Auslegung und Funktion des Vertrags und den Machtgrenzen des Vertragspartners oder des Dritten, der das Recht zur Leistungsbestimmung hat. Infolgedessen sind die Bewertungskriterien, auf die sich der Richter für die Überprüfung des Urteils bezieht, den Art. 200, 288 und 281 ZGB zu entnehmen; grundsätzlich handelt es sich um die aus Sicht der Gesetzgebung und der Rechtsprechung gründlicher ausgearbeiteten Grundsätze von Treu und Glauben und der guten Sitten, die in Zusammenhang mit den mehr oder weniger typisch erscheinenden Umständen und der handelsüblichen Qualität die Rechtsprechung und die Literatur zur Formulierung konkreterer Kriterien geführt haben.[845] Darüber hinaus vertritt Doris die Auffassung, Art. 371 ZGB sei für Einzelverträge zwischen verhandlungsmäßig gleichwertigen Parteien bestimmt und könne daher die Verbraucherinteressen bei Verträgen, wo die Bedingungen nicht zwischen den Parteien ausgehandelt würden, kaum sicherstellen.[846]

dd) Die Regelung in Art. 281 ZGB über den Rechtsmissbrauch

Von der Regelung in Art. 281 ZGB, gemäß derer „die Ausübung des Rechtes zu verbieten ist, wenn sie offenbar die von Treu und Glauben, guten Sitten und dem sozialen und wirtschaftlichen Zweck des Rechtes gebotenen Grenzen überschreitet", kann im einschlägigen Rahmen Gebrauch gemacht werden, sofern von der Erweiterung ihres Anwendungsbereichs auf die allgemeinen Freiheiten und daher die Vertragsfreiheit ausgegangen wird.[847] Der Missbrauch der Vertragsfreiheit durch den AGB-Benutzer liegt darin, dass die Durchsetzung von missbräuchlichen Bedingungen gegenüber dem schwächeren Vertragspartner

---

844 Vgl. *Δωρής*, a. a. O., Άρθρα 371–373, Rn. 5.

845 Materialreich zur Rechtsprechung *Δωρής*, in: Γεωργιάδης/Σταθόπουλος, Αστικός Κώδικας, Γενικό Ενοχικό, κατ' άρθρο ερμηνεία, Άρθρα 371–373, S. 326, Rn. 28.

846 Abweichend wiederum *Καράκωστας*, in: Αστικός Κώδικας, Ερμηνεία – Σχόλια – Νομολογία, Ενοχικό Δίκαιο, Άρθρα 287–294, 3. Band, S. 417.

847 Dazu und zum Folgenden *Καράκωστας*, in: Δίκαιο Προστασίας Καταναλωτή, S. 112.

offenbar die von Treu und Glauben und dem sozialen und wirtschaftlichen Zweck der Institution der Vertragsfreiheit gebotenen Grenzen überschreitet, welcher grundsätzlich in dem Ausgleich des unangemessenen Interesses eines Vertragspartner durch das beitragspflichtige Handelsverhältnis besteht. Als missbräuchlich sind also jene AGB anzusehen, die den Vertragsausgleich stören und Voraussetzungen für den Missbrauch zur Benachteiligung des Vertragspartners schaffen.[848]

ee) Die Regelung in Art. 288 ZGB über Treu und Glauben und gute Sitten

Ein ausreichendes Überprüfungskriterium für AGB kann auch der Ansatz von Treu und Glauben (objektiv) sein.[849] Darunter ist die Direktheit und Redlichkeit zu verstehen, die beim Handel erforderlich sind. Es handelt sich nämlich um die in der Gesellschaft herrschenden Auffassungen über den redlichen Handelsverkehr. Aufgrund der Vorschrift des Art. 288 ZGB wird dem Schuldverhältnis eine soziale Eigenschaft zugeschrieben, da die Vertragspartner auch die Interessen der anderen Partei berücksichtigen sollen. In diesem Sinne ist der Art. 288 ZGB grundlegend, da kraft dessen die Abweichung von der ursprünglichen Regulierung des Vertragsverhältnisses sowie die Anpassung der missbräuchlichen (strengen) Vertragsbedingungen zur Bewältigung der Handelsungleichheit der Parteien (Verbesserungsaufgabe des Art. 288 ZGB) durch den gestaltenden Eingriff des Richters möglich ist. Der Richter soll sich aufgrund des Art. 288 ZGB an die Stelle des Schuldners versetzen und nach den Grundsätzen von Treu und Glauben und den guten Sitten die Bedingungen und die Umstände der Leistung anpassen, nämlich die AGB, mit dem Ziel einer gleichberechtigten und ausgewogenen Wiederverteilung von Rechten und Pflichten zwischen den Vertragsparteien.

848 *Καράκωστας*, in: Δίκαιο Προστασίας Καταναλωτή, S. 112.

849 Dazu und zum Folgenden *Καράκωστας*, a. a. O., S. 113; außer den schon erwähnten Vorschriften sind bei der AGB-Auslegung auch andere auslegende Vorschriften anzuwenden, die allgemein bei der Auslegung von Verträgen benutzt werden. Hier sollen vor allem die Vorschriften der Art. 173 und 200 ZGB zum Verbraucherschutz berücksichtigt werden. Gemäß Art. 173 ZGB „wird bei der Auslegung der Willenserklärung der echte Willen unangesehen der Worten erforscht". Gemäß Art. 200 ZGB „werden die Verträge nach den Geboten von Treu und Glauben und den guten Sitten ausgelegt".

b) *Der Verbraucherschutz aus der Sicht der Sondergesetzgebung*

Trotz der Inanspruchnahme der allgemeinen Vorschriften und Ansätze des ZGB – namentlich Art. 281 und 288 ZGB – als ausreichender Rechtssetzungsgrundlage für den gerichtlichen Eingriff in die AGB ist es jedoch den Gerichten nicht gelungen, auf diese Weise ein akzeptables Niveau beim Kundenschutz zu erreichen.[850] In der Tat wird für die meisten Fälle, nämlich in denen der Kunde auch Verbraucher ist, die Ansicht vertreten, ein Rechtsstaat mit sozialem Bewusstsein könne sich nicht mit der begrenzten Effektivität einer Regelung in Bezug auf die Mehrzahl seiner Anwendungsfälle zufrieden geben, die lediglich auf der richterlichen Konkretisierung abstrakter Begriffe basiert. Die Forderung nach einer gesonderten gesetzlichen Intervention hat zur Abstimmung der RL 93/13/EWG geführt, während in Griechenland die Regelungen in Art. 22–26 G. 1961/1991 dieser vorgingen, die durch die heute gültige Regelung in Art. 2 G. 2251/1994 ersetzt wurde, wie durch Art. 10 Abs. 24 G. 2741/1999 und Art. 2 G. 3587/2007 geändert und ergänzt.

Art. 2 G. 2251/1994 behandelt Fragen der gerichtlichen Kontrolle aller Bedingungen der Verbraucherverträge, die „nicht einzeln ausgehandelt wurden" (Art. 2 Abs. 10).[851] Da jedoch die vorformulierten Bedingungen zum Massengebrauch, nämlich AGB, schlechthin nicht auszuhandelnde Bedingungen darstellen, hat sich die einschlägige für Art. 2 entwickelte Problematik ursprünglich dahingehend entwickelt, den Verbraucher vor diesen Bedingungen zu schützen. Mit G. 2251/1994 wurde diese Regelung auf die übrigen Formen von Vertragsbedingungen ausgeweitet, ob vorformulierte oder nicht, wobei aber der Schutz nicht so dringend erscheint wie bei den AGB.

Gemäß *Art. 2 Abs. 6. G. 2251/1994* sind AGB, die zu einer erheblichen[852] Störung des Ausgleichs zwischen den Rechten und Pflichten der Vertragsschließenden zulasten des Verbrauchers führen, verboten und nichtig. Der missbräuchliche Charakter einer in einen Vertrag einbezogenen AGB ist aufgrund der Natur der durch den Vertrag geregelten Güter oder Dienstleistungen, der

---

850 Dazu und zum Folgenden *Δέλλιος*, in: *Αλεξανδρινού*, Δίκαιο Προστασίας Καταναλωτή, Ελληνικό – Κοινοτικό, Κατ' άρθρο ερμηνεία του N. 2251/1994 όπως ισχύει μετά το N. 3587/2007, S. 83.

851 Dazu und zum Folgenden *Δέλλιος*, Ατομική και συλλογική προστασία των καταναλωτών από την έλλειψη ουσιαστικής διαπραγμάτευσης των όρων της συμβασης, S. 2.

852 Art. 2 Abs. 2 G. 3587/2007 hat den Begriff „übermäßige Störung" mit dem Begriff „erhebliche Störung" ersetzt.

gesamten Sonderbedingungen beim Vertragsabschluss sowie den übrigen Klauseln desselben oder eines anderen Vertrags, mit dem dieser in Verbindung steht, zu beurteilen. Die gesetzliche Definition der missbräuchlichen AGB in diesem Artikel stellt nach allgemeiner Auffassung eine erste gesetzliche Bewertung des Ansatzes von Treu und Glauben (Art. 281, 288 ZGB) dar in Richtung des Verbots der missbräuchlichen Ausübung der Vertragsfreiheit im Bereich der Verbrauchertransaktionen.[853] Gerade deshalb kann es keine Bedingung geben, die zwar als nichtig gemäß den Gemeinvorschriften des ZGB, aber als gültig gemäß Art. 2 G. 2251/1994 anzusehen ist. Selbst die Vorschrift in Art. 2 Abs. 6 S. a fordert allerdings eine Konkretisierung nach wertender Abwägung der gegenseitigen Interessen, insbesondere auf den „Ausgleich" der Rechte und Pflichten der Vertragsschließenden hin.[854] Für diese Konkretisierung ist es vonnöten, auf die Regelung zurückzugreifen, mit der das sogenannte dispositive Recht den Ausgleich von Rechten und Pflichten der Vertragsparteien in Grundfragen (leitende Funktion) erreicht. Unterliegt die Frage, worauf sich die zu beurteilenden AGB beziehen, nicht den Regeln des dispositiven Rechts, so ist der Maßstab des „Ausgleichs von Rechten und Pflichten der Vertragsparteien" nach der Natur und dem Zweck des Vertrags zu ermitteln, nämlich den Bestandteilen, die angemessene Erwartungen beim Verbraucher erwecken. Das ganze Verfahren erfolgt vor dem Hintergrund von Treu und Glauben, da alle Grundregeln des dispositiven Rechts eine Konkretisierung dieses Grundsatzes darstellen; zudem weist dieser Ansatz letztendlich selber durch die ergänzende Auslegung des Vertrags durch den Richter auf die angemessene Regelung für jede neue oder formlose Vertragsform des modernen Wirtschaftslebens hin.[855]

---

853 Materialreich zur Rechtsprechung und Literatur *Δέλλιος*, in: *Αλεξανδρινού*, Δίκαιο Προστασίας Καταναλωτή, Ελληνικό – Κοινοτικό, Κατ' άρθρο ερμηνεία του N. 2251/1994 όπως ισχύει μετά το N. 3587/2007, S. 110.

854 Dazu und zum Folgenden *Δέλλιος*, in: *Αλεξανδρινού*, Δίκαιο Προστασίας Καταναλωτή, Ελληνικό – Κοινοτικό, Κατ' άρθρο ερμηνεία του N. 2251/1994 όπως ισχύει μετά το N. 3587/2007, S. 110 f.

855 *Δέλλιος*, in: *Αλεξανδρινού*, Δίκαιο Προστασίας Καταναλωτή, Ελληνικό – Κοινοτικό, Κατ' άρθρο ερμηνεία του N 2251/1994 όπως ισχύει μετά το N. 3587/2007, S. 110; materialreich zur Rechtsprechung über die Missbräuchlichkeit von Klauseln aufgrund der Konkretisierung der Generalklausel in Art. 2 Abs. 6 S. a G. 2251/1994 *Δέλλιος*, a. a. O., S. 111.

Eine nicht erschöpfende Aufzählung einer Anzahl von missbräuchlichen Bedingungen ist in der Liste in Art. 2 Abs. 7[856] G. 2251/1994 zu finden.[857] Damit wird dem Richter die Möglichkeit gegeben, weitere Bedingungen als missbräuchlich kraft der Allgemeinklausel in Art. 2 Abs. 6 einzuordnen. Was die Verbindlichkeit des Verbots dieser Liste angeht, ist zwischen dem G. 2251/1994 und der RL 93/13/EWG zu unterscheiden: In Art. 3 Abs. 3 der RL 93/13/EWG wird die Liste als eine Aufzählung von „Klauseln, die als missbräuchlich bezeichnet werden können" eingeordnet (graue Liste). Das griechische Gesetz hat das strengere System der „schwarzen Liste" angenommen und erlaubt somit dem Richter grundsätzlich nicht, sie anders zu beurteilen, selbst bei Inanspruchnahme der Kriterien in Art. 2 Abs. 6, da es die auf der Liste aufgezählten AGB (unwiderleglich) als missbräuchlich vermutet.

Mit diesen Vorschriften wurde die gerichtliche Kontrolle, die ursprünglich aufgrund der Konkretisierung der allgemeinen Klauseln des ZGB alle Verträge betraf, Verbraucher oder nicht, gesondert für die Verbraucherverträge eingeführt und detailliert reguliert. Die oben genannte Kontrollmöglichkeit der AGB aufgrund der allgemeinen Klauseln des ZGB, insbesondere derer von Treu und Glauben (Art. 281 und 288 ZGB), gilt somit weiter und wird nur auf jene Fälle angewandt, die nicht unter den subjektiven und objektiven Anwendungsbereich des Art. 2 G. 2251/1994 fallen.[858] Man kann dennoch, so Dellios, keinen wesentlichen Unterschied in Bezug auf die Kriterien zwischen der allgemeinen Kontrolle der Vertragsbedingungen aufgrund von Treu und Glauben und der gesonderten Bedingungen der Verbraucherverträge kraft Art. 2 G. 2251/1994 erkennen. Die in Art. 2 Abs. 6 vorgeschriebene Inhaltskontrolle ist als gesetzliche Konkretisierung

856 Gemäß Art. 2 Abs. 7 G. 2251/1994 sind insbesondere diejenigen Bedingungen missbräuchlich: […]
e) die dem Versorger das Recht zur einseitigen Vertragsänderung oder -lösung ohne einen bestimmten, speziellen und wichtigen im Vertrag angegebenen Grund einräumen; […]
ia) nach denen der Preis ohne billigen Grund unbestimmt bleibt und nicht nach im Vertrag speziell festgelegten, für den Verbraucher billigen Kriterien zu bestimmen ist; […]
id) die die Abwälzung der Verantwortung des Verkäufers oder Einführers ausschließlich auf den Erzeuger des Gutes oder Dritte vorsehen; […]

857 Dazu und zum Folgenden *Δέλλιος*, a. a. O., S. 118; zu den Fällen von verbotenen Klauseln in Art. 2 Abs. 7 vgl. *Δέλλιος*, a. a. O., S. 118 ff.; vgl. auch *Μεντής*, in: Γενικοί Όροι Συναλλαγών σε Καταναλωτικές και Εμπορικές Συμβάσεις, S. 73 ff.

858 Dazu und zum Folgenden *Δέλλιος*, a. a. O., S. 83 (84).

des Art. 281 ZGB zu sehen[859], während die Fälle der nicht erschöpfenden Liste des Art. 2 Abs. 7 als weitere Konkretisierungen des Art. 2 Abs. 6 anzusehen sind.[860] Der einzige Unterschied zwischen beiden Rechtsgrundlagen – der allgemeinen des ZGB und der gesonderten für die Verbraucher – liegt in der größeren Effektivität des in Art. 2 G. 2251/1994 vorgeschriebenen Schutzes wegen seiner ausdrücklichen rechtssetzenden Funktion und der Gewährung von erheblichen Beweiserleichterungen für den Verbraucher.[861] Die AGB sollen – neben der Erhaltung des Ausgleichs zwischen den Vertragsparteien – dazu auch transparent und verständlich bezüglich der Ursache und der Höhe der Belastung für den jeweiligen Verbraucher sein.[862]

859 Eingehend *Δωρής*, in: NoB 48 2000, S. 47 ff.

860 Materialreich zur Rechtsprechung *Δέλλιος*, in: *Αλεξανδρινού*, Δίκαιο Προστασίας Καταναλωτή, Ελληνικό – Κοινοτικό, Κατ' άρθρο ερμηνεία του Ν. 2251/1994 όπως ισχύει μετά το Ν. 3587/2007, S. 83.

861 *Δέλλιος*, a. a. O., S. 83.

862 Vgl. *Δέλλιος*, Ελληνική Δικαιοσύνη, 42 (2001), S. 1495 (1515 ff.) m. w. N.

Zusammenfassung der wesentlichen Ergebnisse

Aus der vorliegenden Untersuchung ergeben sich folgende Ergebnisse:

I. § 315 BGB erlaubt keine nachträgliche Überprüfung der Preisabrede. Der Preissockel ist der Billigkeitskontrolle entzogen, weil sich der Kunde mit dem im Ausgangspreis zum Ausdruck kommenden Äquivalenzverhältnis zwischen Leistung und Gegenleistung einverstanden erklärt hat. Nur der spätere einseitig festgesetzte Erhöhungsbetrag kann auf seine Billigkeit überprüft werden. Die Gewinnspanne des Anfangspreises ist wegen der Einigung nicht überprüfbar.

Die analoge Anwendung des § 315 BGB auf Monopolpreisabreden bei Vertragsschluss ist durch die Rechtsprechung des Reichsgerichts angesichts der verschärften Kartellvorschriften (§§ 19, 29 GWB) praktisch bedeutungslos geworden, zumal mit der Öffnung der europäischen Märkte kaum neuer Monopolsituationen mehr vorliegen.[863] § 19 GWB verdrängt nicht § 315 BGB, da vertragsrechtliche Vorschriften grundsätzlich keine leges speziales gegenüber Deliktsnormen darstellen.[864] Als Kontrollmaßstab bleibt daher in der Praxis nur § 315 BGB. Die Anwendung der Norm verlangt:

- eine umfassende Würdigung des Vertragszweckes und der Interessenlage beider Parteien bei Vertragsschluss, um das kundenindividuell vereinbarte Äquivalenzverhältnis zu wahren. Der BGH verlangt daher zu Recht zur Wahrung des Äquivalenzverhältnisses zwischen Leistung und Gegenleistung eine Verrechnung der Kostensteigerungen mit eingetretenen Kostenentlastungen.[865]
- die Berücksichtigung der Grundsätze der Billigkeit, wobei dem EVU zur Finanzierung seiner Investitionen und zur Verzinsung des Eigenkapitals ein angemessener Gewinn zuzubilligen ist.[866]

Eine einseitige nachträgliche Erhöhung der Gewinnspanne ist aber nach § 315 BGB überprüfbar, um das ursprüngliche vereinbarte Synallagma von Preis und Leistung aufrechtzuerhalten.

Die „Richtigkeitsgewähr“ der Gewinnspanne des Folgepreises ist anhand des sogenannten Cost-plus-Mapstabs zu ermitteln. Danach ist der Preis dann

863 S. Kapitel D. I.

864 S. Kapitel D. II.

865 BGH, Urteil v. 13.6.2007 – VIII ZR 36/06, RdE 2007, S. 258 (261); BGH, Urteil v. 13.12.2006 – VIII ZR 25/06 – Flüssiggas II, RdE 2007, S. 119.

866 S. Kapitel D. III. 2. b.

„richtig“ wenn er die erforderlichen Kosten der Herstellung bzw. des Erwerbs des Guts einschließlich eines angemessen Gewinns deckt, um die Existenz und Investitionsfähigkeit der Unternehmen zu sichern. Dies ist bei Anwendung eines kapitalmarktorientierten Ansatzes möglich. Zur Konkretisierung der Strom- und Gasnetzentgeltverordnungen lassen sich die Vorgaben der Verordnungen zu den kalkulatorischen Eigenkapitalzinssätzen für Strom- und Gasnetze berücksichtigen. In dieser Weise wird zum einen gewährleistet, dass Energieversorgungsunternehmen und Netzbetreibern, welche die Anforderungen an eine effiziente, wettbewerbsanaloge Betriebsführung erfüllen, ausreichend Eigenkapital für ihre Investitionen zur Verfügung steht. Zum anderen ist eine marktkonforme Verzinsung ein ganz entscheidendes Kriterium für externe Kapitalgeber, damit sie sich langfristig im Energiebereich engagieren und dadurch die notwendigen Investitionen ermöglichen.[867] Diese ist unmittelbar an den Zweck des Energiewirtschaftsgesetzes, eine sichere, preisgünstige, verbraucherfreundliche, effiziente und umweltverträgliche leitungsgebundene Energieversorgung zu gewährleisten, genknüpft.

II. Vertragliche Preisanpassungsklauseln

An die Ausgestaltung der Preisanpassungsklausel sind hohe Anforderungen zur Stärkung des Verbraucherschutzes gemäß Art. 3 Abs. 3 der Richtlinie 2009/73/EG zu stellen;[868] Preisänderungsklauseln sind nach § 307 Abs. 1 S. 2 BGB nur dann hinreichend transparent, wenn der Kunde den Umfang der zu erwartenden Preiserhöhung erkennen und die Berechtigung der Erhöhung überprüfen kann.[869] § 307 Abs. 1 S. 2 BGB entspricht dem in Art. 3 Abs. 3 der Richtlinie 2003/55/EG normierten Transparenzgebot. Ein Verstoß dagegen wird nicht dadurch kompensiert, dass dem Kunden eine aufgrund einer intransparenten Klausel erfolgte Preiserhöhung rechtzeitig mitgeteilt oder ihm die Möglichkeit einer gerichtlichen Überprüfung dieser Erhöhung und/oder ein Kündigungs- oder Rücktrittsrecht eingeräumt wird.[870]

Das grundlegende inhaltliche Wertungskriterium, für die Kontrolle ist das für synallagmatische Verträge geltende Prinzip der Äquivalenz von Leistung und Gegenleistung. Demgemäß darf die Klausel dem Verwender nicht ermöglichen,

867 Vgl. *Säcker*, in: BerlKommEnR, EnWG, Band 1, 3. Auflage, § 21 Rn.165.

868 S. Kapitel C. II.

869 S. Kapitel C. II.

870 Schlussanträge der Generalanwältin Verica Trstenjak vom 13. September 2012, Rechtssache C-92/11, (2011/C 211/17), Amtsblatt der Europäischen Union, C 211/10, 16.7.2011, Tz. 96.

„über die Abwälzung konkreter Kostensteigerungen hinaus den zunächst vereinbarten Preis ohne jede Begrenzung anzuheben und so nicht nur eine Gewinnschmälerung zu vermeiden, sondern einen zusätzlichen Gewinn zu erzielen".[871]

Für die Absenkung müssen grundsätzlich dieselben Regeln wie für die Erhöhung gelten.[872] Die Absenkungspflicht hat sich hinsichtlich Anlass, Modus und Umfang[873] an denselben Regeln zu orientieren wie eine Kostenerhöhung,[874] auch wenn die Kostensenkungen auf Innovationen des unternehmerischen Handelns zurückzuführen sind. Der Kunde hat einen Anspruch auf einen niedrigeren Preis, wenn es dem Verwender gelingt, auf Grund von Einsparungen oder sonstigen Rationalisierungsmaßnahmen einen günstigeren Preis während der Dauer des Vertrages zu erwirtschaften.[875]

Dazu wird man verlangen müssen, dass die Klausel exakt den Zeitpunkt benennt, an welchem sich Kostensenkungen (saldiert mit etwaigen Kostenerhöhungen) auf den Preis bei Anwendung der Preisanpassungsklausel auswirken.[876] Preissenkungen sind unverzüglich und nicht mit zeitlicher Verzögerung weiterzugeben.

Die zu Recht hohen Anforderungen der Rechtsprechung der EuGH an die inhaltliche Bestimmtheit von vertraglichen Preisanpassungsklauseln machen deutlich, dass eine transparente Formulierung der Klausel nicht alle einzelnen Kostenelemente und deren Verhältnis zueinander bzw. zum Gesamtpreis beschreiben muss. In der Klausel selbst genügt es, den Anlass der Preisanpassung (unvermeidbare Kostensteigerung), den Modus (saldierte Kosten ohne Steigerung der Gewinnrate) und den Umfang (Differenz der Gesamtkostensaldierung bei gleichbleibender Gewinnrate zu einem festgelegten Stichtag in einem regelmäßigen Turnus) zu nennen.[877] In Bezug auf die durch die erneuerbaren Energien erhöhten Netzkosten hat der Netzbetreiber die für die Erhöhungen der Netzentgelte maßgeblichen Verrechnungsfaktoren transparent darzustellen.

Die Grundthese des VIII. Senats des BGH, dass durch die vollständige Übernahme des § 5 Abs. 2 der GasGVV oder des § 5 Abs. 2 StromGVV in die Sonderverträge mit Strom- und Gaskunden der Schutzgehalt der gesetzlichen Vorschriften realisiert werde, war nicht überzeugend und ist vom EuGH zu

---

871 BGH, 21.9.2005 – VIII ZR 25/06 – Flüssiggas II, RdE 2007, S. 119.

872 *Armbrüster*, recht und schaden, 2012, S. 365 (374).

873 EuGH, Urteil v. 21.3.2013 – RWE Vertrieb AG, C-92/11, Tz. 55.

874 *Armbrüster*, recht und schaden, 2012, S. 365 (378).

875 S. Kapitel C. II. 1.

876 S. Kapitel C. II. 1.

877 EuGH, Urteil v. 21.3.2013 – RWE Vertrieb AG, C-92/11, Tz. 55.

Recht zurückgewiesen worden. Das aus den gesetzlichen Vorschriften der Gas/StromGVVen entnommene Preisanpassungsrecht in allgemeinen Vertragsbedingungen unterwirft eine Standardklausel in Sonderkundenverträgen voll der Inhaltskontrolle durch das nationale AGB-Recht.

III. Gesetzliche Preisanpassungsklauseln

Die Voraussetzungen für eine Preiserhöhung einschließlich der maßgeblichen Bezugsgrößen für die Preiserhöhung sind in den Grundversorgungsverordnungen für Strom und Gas nicht geregelt. Die Tarifpreise können nach dem Gesetzeswortlaut erhöht werden, ohne dass Zweck, Ausmaß, Anlass und Gründe angegeben werden müssen. Die Transparenz- und die inhaltlichen Anforderungen der Richtlinie 2009/73/EG haben hier zu einer Änderung der deutschen Grundversorgungsbestimmungen gezwungen.

Der Grundversorger muss dem Kunden gegenüber die Gründe für die Preiserhöhungen transparent und verständlich darstellen. § 315 BGB sichert, dass das vereinbarte Synallagma von Leistung und Gegenleistung zwischen dem Energieversorger und dem Kunden gewährleistet bleibt. Der Verwender darf durch die Preisanpassung keine zusätzlichen Gewinne machen. In die neuen Verordnungen wurden mit dem Ziel höherer Transparenz neue Informationspflichten des Grundversorgers insbesondere zu den Allgemeinen Preisen aufgenommen. Gemäß § 5a der neuen Verordnung zur transparenten Ausweisung staatlich festgesetzter Preisbestandteile in der Strom- und Gasgrundversorgungsverordnung vom 22. Oktober 2014 hat der Grundversorger nicht nur den allgemeinen Preis, sondern auch die in dessen Kalkulation einfließenden staatlich veranlassten Preisbestandteile und zusätzlich auch die Netzentgelte und die Entgelte der Betreiber von Energieversorgungsnetzen für den Messstellenbetrieb auszuweisen. Die Angabe der in die Kalkulation des Grundversorgungspreises einfließenden Kostenbelastungen nach § 2 Abs. 3 Satz 1 Nummer 5 soll dem Verbraucher ein klareres Bild über die Preiszusammensetzung ermöglichen, ihr Interesse an energiewirtschaftlichen Zusammenhängen anregen und sie zu einer aktiveren Teilhabe am Marktgeschehen ermuntern. Bei Änderungen des allgemeinen Preises und der ergänzenden Bedingungen ist der Grundversorger verpflichtet, den Umfang, den Anlass und die Voraussetzungen der Änderung sowie einen Hinweis auf die Rechte des Kunden in übersichtlicher Form anzugeben und dem Kunden mitzuteilen. Wenn die Höhe der Belastung durch gesetzlich veranlasste Preisbestandteile sinkt, ist der Grundversorger nach Art. 1 Nummer 3 („ 5a StromGVV-E) sowie Art. 2 Nummer 3 (§ 5a GasGVV-E) dazu „verpflichtet, die

Allgemeinen Preise unverzüglich neu zu ermitteln und dabei den gesunkenen Saldo in das Ergebnis der Kalkulation einfließen zu lassen."[878]

Die Benennung des Umfangs, des Anlasses und der Voraussetzungen einer Änderung ist notwendig, aber nicht ausreichend. Das Konzept der Neuregelung des Anpassungsrechts in Grundversorgungsverträgen muss, um Transparenz zu gewährleisten, auf vier inhaltlichen Anforderungen basieren: Der Grundversorger ist verpflichtet, a) eventuelle Kostenreduzierungen an Verbraucher weiterzugeben, b) ausdrücklich festzustellen, dass der Grundversorger ein Preisanpassungsrecht hat, c) auf eine Billigkeitskontrolle gem. § 315 hinzuweisen und d) den Aspekt der Verpflichtung zur *Sonderkündigung* hervorzuheben. Diese Anforderungen der Richtlinie an eine angemessene gesetzliche Anpassungsklausel hat die neue Verordnung zur Transparenten Ausweisung staatlich gesetzter oder regulierter Preisbestandteile in der Strom- und Gasgrundversorgung vom 22. Oktober 2014 aber nicht berücksichtigt. Ein zusätzlicher Absatz des § 5 GVVen könnte diesen Erwägungen Rechnung tragen.

IV. Griechenland

Die Umsetzung der Vorgaben der internationalen Kreditgeber im Bereich der Energiebereich stellt Griechenland vor eine große Herausforderung. Die Vielzahl erforderlicher Maßnahmen und der enge Zeitrahmen machen die Aufgabe so schwierig. Gutes Urteilsvermögen bei der Bearbeitung der spezifischen Regelungen und die Zusammenarbeit zwischen allen Marktteilnehmern sind erforderlich. Griechenland muss neben der dogmatischen Klarheit, die die Vorschriften über die Inhaltskontrolle der Preisanpassungsklauseln aufweisen, eine konsequentere Politik im Bereich des Energieverbraucherschutzrechts verfolgen, um das EU-Rechtumzusetzen.

878 Empfehlungen, Bundesrat, Drucksache 402/1/14, S. 2.

Anhang: Deutsche Übersetzung der einschlägigen gesetzlichen Vorschriften des griechischen Rechts

A. Griechisches Zivilgesetzbuch (ZGB)

Art. 178

Eine Klausel, die gegen die guten Sitten verstößt, ist nichtig.

Art. 179

Nichtig oder sittenwidrig ist insbesondere das Rechtsgeschäft, womit die Freiheit der Person überwiegend gebunden ist, oder das Rechtsgeschäft, womit man die Notlage, den Mangel an Urteilsvermögen oder die Unerfahrenheit des Vertragspartners ausnutzt und damit erreicht, für eine Leistung Nutzen für sich selbst oder für einen Dritten abzuschließen oder zu haben, der unter Umständen offenbar unangemessen zur Leistung ist.

Art. 200

Verträge sind so auszulegen, wie es Treue und Glauben mit Rücksicht auf die Verkehrssitte erfordern.

Art. 281

Die Ausübung eines Rechtes ist verboten, wenn dadurch offensichtlich die Grenzen, die Treue und Glauben oder die Guten Sitten oder der soziale oder wirtschaftliche Zweck des Rechts vorgeben, überschritten werden (missbräuchliche Rechtsausübung).

Art. 371

Soll die Leistung durch eine der Vertragschließenden oder durch eine Dritte bestimmt werden, so ist im Zweifel anzunehmen, dass die Bestimmung nach billigem Ermessen zu treffen ist. Entspricht sie nicht der Billigkeit, so wird die Bestimmung durch Urteil getroffen; das Gleiche gilt, wenn die Bestimmung verzögert wird.

Art. 372

Soll die Leistung in einem Vertrag nach absolutem Ermessen einer der Vertragschließenden bestimmt werden, so ist der Vertrag nichtig.

B. Verbraucherschutzgesetz Nr. 2251/1994 (Auszug)

Art. 1

Allgemeine Bedingungen

1. Der Staat sorgt für die Interessen der Verbraucher.
2. Der Staat sorgt insbesondere für
   a) die Gesundheit und Sicherheit der Verbraucher
   b) Ihre wirtschaftlichen Interessen,
   c) Ihren Zusammenschluss in Verbrauchervereinigungen,
   d) Das Recht, zu ihren Interessen betreffenden Themen angehört zu werden,
   e) Ihre Aufklärung und Unterrichtung über Verbraucherthemen.
3. Die den Verbraucher schützenden Bestimmungen gelten sowohl im privaten Sektor als auch für Unternehmen des öffentlichen Sektors in jeder Form, auch solche der Gebietskörperschaften.
4. Im Sinne dieses Gesetzes bedeutet:
   a) „Verbraucher": Jede natürliche oder juristische Person, für welche die auf dem Markt angebotenen Produkte oder Dienstleistungen bestimmt sind oder die von solchen Produkten oder Dienstleistungen Gebrauch macht, soweit sie deren Letztempfänger ist. Verbraucher ist auch: aa) jeder Empfänger einer Werbebotschaft bb) alle natürlichen oder Juristischen Personen, die für die Verbraucher bürgen, solange diese nicht im Rahmen ihrer beruflichen oder kommerziellen Tätigkeit handeln.
   b) „Lieferant": Jede natürliche oder juristische Person, welche bei der Ausübung ihrer geschäftlichen oder unternehmerischen Tätigkeit dem Verbraucher Produkte liefert oder Dienstleistungen erbringt. Lieferant ist auch der Werbende.

Erster Teil

Bestimmungen des materiellen Rechts

Art. 2

Allgemeine Geschäftsbedingungen-Missbräuchliche Geschäftsbedingungen

1. Bedingungen, die für eine unbestimmte Zahl von zukünftigen Verträgen vorformuliert sind (AGB) binden den Verbraucher nicht, wenn er sie beim Vertragsabschluss ohne sein verschulden nicht kannte und der Lieferant ihn nicht auf ihr Bestehen aufmerksam gemacht hat oder ihm die Möglichkeit entzogen hat, non ihren Inhalt tatsächliche Kenntnis zu nehmen.
2. AGB in Verträgen und Nebenvereinbarungen, die in Griechenland erstellt werden, müssen in griechischer Sprache formuliert sein. AGB in internationalen Geschäften sollen auch in griechischer Sprache formuliert sein. Gedruckte AGB müssen an gut erkennbarer Stelle und in lesbarer Form in der Vertragsurkunde wiedergegeben sein.
3. Bedingungen, die zwischen den Parteien im Einzelfall ausgehandelt wurden (besondere Bedingungen) haben Vorrang vor den Allgemeinen Geschäftsbedingungen.
4. Bei der Auslegung von AGB ist dem Bedürfnis des Schutzes des konsumierenden Publikums Rechnung zu tragen. AGB, die einseitig von einem Dritten für seine Rechnung formuliert wurden, sind im Zweifel zugunsten des Verbrauchers auszulegen.
5. …
6. *(Die Generalklausel des Artikels 2 Abs. 6 des Gesetzes 2251/1994)*

   AGB, die zu einer übermäßigen Störung des Gleichgewichts der vertraglichen Rechte und Pflichten zum Nachteil des Verbrauchers führen, dürfen nicht verwendet werden und sind nichtig. Der missbräuchliche Charakter in einem Vertrag verkörperter AGB ist unter Berücksichtigung der Natur der Güter oder Dienstleistungen, welche der Vertrag betrifft, der Gesamtheit der besonderen Bedingungen beim Vertragsabschluss, der übrigen Klauseln des Vertrages oder eines anderen Vertrages abhängt, zu beurteilen.
7. *(Liste des Artikels 2 Abs. 7 des Gesetzes 2251/1994)*

   Missbräuchlich sind insbesondere diejenigen Bedingungen:

   […]

e) die dem Versorger das Recht zur einseitigen Vertragsänderung oder -lösung einräumen, ohne bestimmten, speziellen und wichtigen im Vertrag angegebenen Grund; [...]

ia) nach denen der Preis ohne billigen Grund unbestimmt bleibt und nicht nach im Vertrag speziell festgelegten, für den Verbraucher billigen Kriterien zu bestimmen ist; [...]

id) die die Abwälzung der Verantwortung des Verkäufers oder Einführers ausschließlich auf den Erzeuger des Gutes oder Dritten vorsehen; [...]

C. Gesetz Nr. 703/1977 zur Kontrolle der Monopolen und Oligopolen sowie zum Schutz des freien Wettbewerbs

Art. 1 Verbotene Partnerschaften

1. Alle Vereinbarungen zwischen Unternehmen, Beschlüsse von Unternehmensvereinigungen und aufeinander abgestimmte Verhaltensweisen, welche den Handel zwischen Mitgliedstaaten zu beeinträchtigen geeignet sind und eine Verhinderung, Einschränkung oder Verfälschung des Wettbewerbs innerhalb des Gemeinsamen Marktes bezwecken oder bewirken, sind verboten, insbesondere
   a) die unmittelbare oder mittelbare Festsetzung der An- oder Verkaufspreise oder sonstiger Geschäftsbedingungen;
   b) die Einschränkung oder Kontrolle der Erzeugung, des Absatzes, der technischen Entwicklung oder der Investitionen;
   c) die Aufteilung der Märkte oder Versorgungsquellen;
   d) die Anwendung unterschiedlicher Bedingungen bei gleichwertigen Leistungen gegenüber Handelspartnern, wodurch diese im Wettbewerb benachteiligt werden;
   e) die an den Abschluss von Verträgen geknüpfte Bedingung, dass die Vertragspartner zusätzliche Leistungen annehmen, die weder sachlich noch nach Handelsbrauch in Beziehung zum Vertragsgegenstand stehen.
2. Die nach diesem Artikel verbotenen Vereinbarungen oder Beschlüsse sind nichtig.
3. Die Bestimmungen des Abs. 1 können mit Entscheidung des Wettbewerbsausschusses für nicht anwendbar erklärt werden, wenn die folgenden Bedingungen erfüllt sind:

a) die unter angemessener Beteiligung der Verbraucher an dem entstehenden Gewinn zur Verbesserung der Warenerzeugung oder -verteilung oder zur Förderung des technischen oder wirtschaftlichen Fortschritts beitragen,
b) Beschränkungen auferlegt werden, die für die Verwirklichung dieser Ziele nicht unerlässlich sind, oder
c) Möglichkeiten eröffnet werden, für einen wesentlichen Teil der betreffenden Waren den Wettbewerb auszuschalten.

Art. 2 Missbräuchliche Ausnutzung beherrschender Stellung

Die missbräuchliche Ausnutzung einer beherrschenden Stellung auf dem Gemeinsamen Markt oder auf einem wesentlichen Teil desselben durch ein oder mehrere Unternehmen, ist verboten, soweit dies dazu führen kann, den Handel zwischen Mitgliedstaaten zu beeinträchtigen.

Dieser Missbrauch kann insbesondere in folgendem bestehen:

a) der unmittelbaren oder mittelbaren Erzwingung von unangemessenen Einkaufs- oder Verkaufspreisen oder sonstigen Geschäftsbedingungen;
b) der Einschränkung der Erzeugung, des Absatzes oder der technischen Entwicklung zum Schaden der Verbraucher;
c) der Anwendung unterschiedlicher Bedingungen bei gleichwertigen Leistungen gegenüber Handelspartnern, wodurch diese im Wettbewerb benachteiligt werden;
d) der an den Abschluss von Verträgen geknüpften Bedingung, dass die Vertragspartner zusätzliche Leistungen annehmen, die weder sachlich noch nach Handelsbrauch in Beziehung zum Vertragsgegenstand stehen.

D. Gesetz 3959/2011 Schutz des freien Wettbewerbs

Art. 1 Verbotene Partnerschaften

1. Unbeschadet des Absatzes 3 sind alle Vereinbarungen und aufeinander abgestimmte Verhaltensweisen zwischen Unternehmen, sowie Beschlüsse von Unternehmensvereinigungen, welche eine Verhinderung, Einschränkung oder Verfälschung des Wettbewerbs in Griechenland bezwecken oder bewirken, verboten, insbesondere diejenigen, die in folgendem bestehen:
   a) der unmittelbaren oder mittelbaren Festsetzung der An- oder Verkaufspreise oder sonstiger Geschäftsbedingungen;

b) der Einschränkung oder Kontrolle der Erzeugung, des Absatzes, der technischen Entwicklung oder der Investitionen;

c) der Aufteilung der Märkte oder Versorgungsquellen;

d) der Anwendung ungleicher Bedingungen bei gleichwertigen Leistungen gegenüber Handelspartnern, insbesondere der unbegründeten Weigerung zum Absatz, zur Abnahme oder jeglicher Transaktion, wodurch diese im Wettbewerb benachteiligt werden;

e) die an den Abschluss von Verträgen geknüpfte Bedingung, dass die Vertragspartner zusätzliche Leistungen annehmen, die weder sachlich noch nach Handelsbrauch in Beziehung zum Vertragsgegenstand stehen.

2. Die unter Absatz 1 fallenden Vereinbarungen und Unternehmensvereinigungen, worauf Absatz 3 keine Anwendung findet, sind von Rechts wegen nichtig.

3. Die unter Absatz 1 fallenden Vereinbarungen, Beschlüsse und aufeinander abgestimmte Vorgehensweisen sind nicht verboten, wenn folgende Voraussetzungen insgesamt erfüllt werden:

   a) sie tragen zur Verbesserung der Warenerzeugung oder -verteilung oder zur Förderung des technischen oder wirtschaftlichen Fortschritts bei;

   b) sie gewährleisten zugleich eine angemessene Beteiligung der Verbraucher an dem entstehenden Gewinn;

   c) sie setzen auf die interessierten Unternehmen keine für die Verwirklichung dieser Ziele nicht unerlässliche Beschränkungen durch, und

   d) sie eröffnen keine Möglichkeit zur Ausschaltung des Wettbewerbs oder zur Ausschaltung desselben auf einem wesentlichen Teil des einschlägigen Marktes.

4. Die Verordnungen der Europäischen Union über Anwendung des Abs. 3 Art. 101 des Vertrags über die Arbeitsweise der Europäischen Union (AEUV) in bestimmten Kategorien von Vereinbarungen, Beschlüssen von Unternehmensvereinigungen oder abgestimmten Vorgehensweisen (Gruppenfreistellungsverordnungen) werden entsprechend für das Einbeziehen unter Abs. 3 von Vereinbarungen, Beschlüssen von Unternehmensvereinigungen oder abgestimmten Vorgehensweisen angewandt, die wahrscheinlich den Handel zwischen Mitgliedstaaten im Sinne von Absatz 1 Artikel 101 AEUV nicht beeinträchtigen werden.

Art. 2 Missbräuchliche Ausnutzung beherrschender Stellung

1. Die missbräuchliche Ausnutzung einer beherrschenden Stellung auf dem gesamten griechischen Markt oder auf einem wesentlichen Teil desselben durch ein oder mehrere Unternehmen, ist verboten.
2. Dieser Missbrauch kann insbesondere in folgendem bestehen:
   a) der unmittelbaren oder mittelbaren Erzwingung unangemessener Einkaufs- oder Verkaufspreise oder sonstiger Geschäftsbedingungen;
   b) der Einschränkung der Erzeugung, des Absatzes oder der technischen Entwicklung zum Schaden der Verbraucher;
   c) der Anwendung ungleicher Bedingungen bei gleichwertigen Leistungen gegenüber Handelspartnern, insbesondere der unbegründeter Weigerung zum Absatz, zur Abnahme oder jeglicher Transaktion, wodurch diese im Wettbewerb benachteiligt werden;
   d) der an den Abschluss von Verträgen geknüpften Bedingung, dass die Vertragspartner zusätzliche Leistungen annehmen, die weder sachlich noch nach Handelsbrauch in Beziehung zum Vertragsgegenstand stehen.

Art. 46 Anwendungsreichweite des Gesetzes

Das vorliegende Gesetz wird auf alle Wettbewerbsschranken angewandt, die in Griechenland wirken oder zu wirken vermögen, wenn auch diese auf Vereinbarungen zwischen Unternehmen, Beschlüsse von Unternehmensvereinigungen, abgestimmte Vorgehensweisen unter Unternehmen oder Unternehmensvereinigungen oder Unternehmenszusammenschlüssen zurückzuführen sind, welche im Ausland oder in Unternehmen oder Unternehmensvereinigungen stattfinden, die keine Niederlassung im Hoheitsgebiet des Staates haben. Dasselbe gilt für die missbräuchliche Ausnutzung beherrschender Stellung, die in Griechenland stattfindet.

E. Gesetz 4001/2011

Art. 2

Die *Grundtätigkeiten für Erdgas* sind die folgenden: die Dienstleistungen zur Erdgasfernleitung und -verteilung, Flüssiggasanlage und Erdgasspeicheranlage.

Art. 2 S. 1 (κγ)

Tarife für nicht-Wettbewerbstätigkeiten: Tarife für Grundtätigkeiten in der Erdgasversorgung und für die Nutzung des Stromübertragungssystems und -verteilnetzes.

Art. 15

1. RAE beschließt sechs Monate vor ihrem Inkrafttreten – gemäß Art. 140 G. 4001/2011 zu Elektrizität – nach transparenten Kriterien die Rechnungsmethode der Tarife für nicht-Wettbewerbstätigkeiten so, dass diese nicht diskriminierend sind und den Kosten der erbrachten Dienstleistungen Rechnung tragen. Sowohl die Rechnungsmethode wie auch die Tarife für nicht-Wettbewerbstätigkeiten werden auf der Webseite von RAE und den zuständigen Betreibern veröffentlicht
2. Gemäß Abs. 1 berücksichtigt RAE bei der Ausübung ihrer Befugnisse die Notwendigkeit zur Schaffung von kurz- und langfristigen Anreizen für die Betreiber der Übertragungssysteme und die Betreiber der Verteilnetze, um derer Effizienz zu stärken, das Wachstum des Energiemarktes und die Versorgungssicherheit zu fördern, und die einschlägigen Forschungstätigkeiten der Betreiber zu unterstützen.

Art. 69

Das Handbuch für die Verwaltung von ESFA wird nach RAE-Beschluss und auf Empfehlung von DESFA AG. erstellt, wonach die Verwaltung, Wartung und Entwicklung von ESFA erfolgt.

Art. 123

1. „DEI A.G. ist innerhalb von acht (8) Monaten ab dem Inkrafttreten des vorliegenden Gesetzes, die Verwaltung von EDDIE von den weiteren Aktivitäten seines vertikal integrierten Unternehmens juristisch und betriebsweise zu trennen, indem sie die Verteilungsbranche ihrem Tochterunternehmen „Verwalter vom Griechischen Stromverteilungsnetz A.G." (DEDDIE A.G.) überlässt.

Art. 127

4. „DEDDIE A.G. veröffentlicht die Rechnungsmethode für den Anschluss ans Netz, den Kostenpreis pro Einheit und jede notwendige Information für die

Rechnungsmethode der Anschlüsse ans Netz. Die einschlägigen Tarife werden gemäß den Vorschriften vom Absatz 1 Artikel 140 durch RAE genehmigt."

Art. 134

1. Die Stromversorgung an zugelassene Kunden ist denjenigen erlaubt, und was D.E.I. betrifft auch an nicht zugelassene Kunden nach Absatz 5, die eine Genehmigung für Stromversorgung nach Absatz 2 haben. Der Stromhandel auf dem Strommarkt ist nach Artikel 120 denjenigen erlaubt, die eine Genehmigung für Stromversorgung oder Stromhandel nach Absatz 4 haben.

Art. 137

1. Alle Stromverbraucher werden als zugelassene Kunden definiert, mit Ausnahme jener Verbraucher, die an Isolierten Kleinnetzen verbunden sind unter Vorbehalt des Artikels 139.

Art.140

1. Die Tarife, aufgrund deren die Genehmigungsinhaber für ihre Dienstleistungen gezahlt werden, mit Ausnahme der Versorgungstarife an zugelassene Kunden, gelten nur nach RAE-Genehmigung unter Vorbehalt des Gesetzes 3899/2010."
2. RAE beschließt nach Berücksichtigung der Stellungnahme der zuständigen Betreiber von ESMIE und EDDIE und auf transparenter Weise die Rechnungsmethode für die Anschluss- und Nutzungstarife der nationalen Netze und insbesondere der Zugangstarife zum ESMIE und EDDIE und zu den Geschlossenen Verteilungsnetzen, die auch den Anschluss- und Nutzungspreis beinhalten, sechs (6) Monate vor deren Inkrafttreten. Die Tarife werden auf solcher Art berechnet, um die nötigen Investitionen in ESMIE und EDDIE zu ermöglichen und somit effiziente Dienstleistungen von Stromübertragung und –verteilung zu gewährleisten.
3. RAE genehmigt auf Vorschlag der zuständigen Betreiber von ESMIE und EDDIE die Anschluss- und Nutzungstarife der nationalen Netze einen (1) Monat vor derer Inkrafttreten und sie werden demnächst im Griechischen Amtsblatt sowie auf dessen Internetseite veröffentlicht.
4. Bei der im Abs. 3 erwähnten Tarifgenehmigung wird neben dem angemessenen Gewinn vor allem Folgendes berücksichtigt:

a) Erzeugungs- oder Kaufskosten für Elektrizität, die den Betrieb des Übertragungssystems oder Verteilnetzes betreffen.
b) Gehälter-, Tageslohn- und einschlägige Kosten.
c) Sonstige Betriebskosten, Steuern und Abgaben.
d) Tilgung der Investitionen.
e) Ertrag aus dem investierten Kapital unter Berücksichtigung des Geschäftsrisikos und der Kapitalkosten von entsprechenden Tätigkeiten.
f) Kosten für die Angleichung der Pflichten aufgrund der Gemeinwohldienstleistungen.
g) Kosten für die übernommenen Pflichten oder die Betriebsgarantien, die vor dem Inkrafttreten dieses Gesetzes erteilt wurden.
h) Qualitätskriterien der erbrachten Stromübertragungs- und –verteilungsdienstleistungen.

F. Gesetz 2773/1999

Art. 24

Elektrizität darf nicht nur D.E.I. versorgen und handeln, sondern auch diejenigen, die eine Genehmigung für Stromversorgung haben.

Art. 29

1. Die Tarife, aufgrund deren die Inhaber einer Versorgungsgenehmigung gezahlt werden, mit Ausnahme der Versorgungstarife für „Zugelassene Kunden", nur nach Genehmigung des Ministers für Wachstum (nun Minister für PEKA) und nach RAE-Stellungnahme gelten.

[...]

3. Die Kriterien, nach denen die Tarifgenehmigung erteilt werden soll und die außer dem angemessenen Gewinn beziehungsweise aufgezählt werden sind die folgenden:
   a) Erzeugungs- oder Kaufskosten für Elektrizität,
   b) Gehälter-, Tageslohn- und einschlägige Kosten,
   c) Sonstige Betriebskosten, Steuern und Abgaben,
   d) Tilgung der Investitionen,
   e) Ertrag aus dem investierten Kapital unter Berücksichtigung des Geschäftsrisikos und der Kapitalkosten von entsprechenden Tätigkeiten,
   f) Kosten für die Angleichung der Pflichten aufgrund der Gemeinwohldienstleistungen, und

g) Kosten für die übernommenen Pflichten oder die Betriebsgarantien, die vor dem Inkrafttreten dieses Gesetzes erteilt wurden.

G. Gesetz 3899/2010 „Dringende Maßnahmen für die Umsetzung des Unterstützungsmechanismus der griechischen Wirtschaft"

6. Die Versorgungstarife von DEI AG für Nieder- und Mittelspannung werden bis 30.6.2013 durch Erlasse des Ministers für PEKA nach RAE-Stellungnahme genehmigt.

H. Elektrizitätshandelsbuch

Art. 1

[...]

2. Mit ihrer Anmeldung beim Teilnehmerregister schließen die Teilnehmer a) einen „IEP-Handelsvertrag" mit dem Marktbetreiber, der durch die Vorschriften des vorliegenden Handbuchs geregelt wird, und b) einen „Handelsvertrag mit dem Betreiber des Elektrizitätsübertragungssystems" mit dem Systembetreiber ab, der durch die Vorschriften des Systemverwaltungshandbuchs geregelt wird. Der IEP-Handelsvertrag und der Handelsvertrag mit dem Systembetreiber sind nur beim Teilnehmerregister anzumelden.

Art. 58

1. Drei Stunden nach Ablauf der Einreichefrist berechnet der Marktbetreiber die zu zahlenden oder einzunehmenden Beträge für jeden Teilnehmer aufgrund der angenommenen Einspeisungsangebote und Lasterklärungen.
   [...]
3. Die Zahlungen und Einzüge mit Ausnahme der Aktionen, die Reserven betreffen, werden an demselben Tag durch Bankgeschäfte realisiert, nachdem der Marktbetreiber spätestens fünf Stunden nach Ablauf der Einreichefrist relevante Anweisungen erteilt hat (...).

Art. 59

1. Die Höhe der Zahlungen bzw. Einzüge wird täglich für jeden Teilnehmer aufgrund der Einspeisungsangebote, der Lasterklärungen und des IEP-Stundenplans berechnet, die sich auf den folgenden Tag beziehen, nämlich den Tag für den Verteil der Angebote und der Erklärungen.

I. Ministerialerlass 4524/6.2.2001 Griechisches Amtsblatt 27/B/15.03.2001

Art. 14

[…]

3. […] b) Soweit D.E.I. A.G. mehr als 70% der gesamten Elektrizität an „Zugelassene Kunden“ mit mittlerer und niedriger Spannung liefert, wird sich ihr Angebot an zugelassene Kunden auf die allgemeinen DEH-Tarife und Bestimmungen beruhen, die – zusammen mit den eventuellen Änderungen – vom Entwicklungsminister nach RAE-Stellungnahme genehmigt werden.

Literaturverzeichnis

I. Deutsche Literatur

Ambrosius, Barbara, Die Rechtsprechung des Bundesgerichthofs zur Billigkeitskontrolle von Tarifen der Versorgungsunternehmen-Erweiterte und bis zum 28. Juni 2007 aktualisierte Fassung eines auf dem Deutschen Mietgerichtstag am 1. April 2006 gehaltenen Referats, ZNER 10–11 (2007), S. 95–102.

Armbrüster, Christian, Wirksamkeitsvoraussetzungen für Prämienanpassungsklauseln, recht und schaden, 2012, S. 365–379.

Artz / Schröder, Allgemeine Bedingungen für Netzanschluss und Stromversorgung versus AGB-Recht, Berlin 2005.

Ballwieser, Wolfgang, Investitionsrechnungen für Netze im Rahmen der Anreizregulierung, Bundesverband der Energie- und Wasserwirtschaft e.V. (Hg.), Frankfurt am Main, 2008.

Bamberger, Heinz, Georg / Roth Herbert, (Hg.), Kommentar zum Bürgerlichen Gesetzbuch, 2. Auflage, Band 1, München 2007 (zit. *Bearb.*, in: Bamberger/Roth, § Rn.).

Baur, Jürgen F., Wirtschaftsklauseln, in: ders. / Klaus J. Hopt / K. Peter Mailänder in Verbindung mit Rolf O. Belke / Helmut Köhler / Eberhard Körner / Hans-Georg Koppensteiner / Hagen Lichtenberg / Wulf Henning Roth / Hanns Ulrich (Hg.), Festschrift für Ernst Steindorff zum 70. Geburtstag am 13. März 1990, Berlin/New York 1990, S. 509–518.

Becker Peter, Kartellrechtliche Kontrolle von Strompreisen, ZNER 12–14 (2008–2010) S. 289–296.

Becker Peter, Der (wahre) Strompreis: Das unbekannte Wesen, ZNER 2012, Heft 6, S. 563–569.

Bork, Reinhard, Urteilsanmerkung, JZ 61 (2006), S. 682–685.

Börner, Achim, Über die Preisanpassung von Erdgaslieferungen an Endverbraucher, Versorgungswirtschaft (2008), S. 207–209.

Braband, Gabriele, Strompreise zwischen Privatautonomie und staatlicher Kontrolle, München 2003.

Buchmüller, Christian, Die Entlastung stromintensiver Unternehmen durch das Energiepaket des Bundestages, abrufbar unter http://www.ewerk.hu-berlin.de/node/3618 zuletzt besucht am 5.3.2013 zuletzt besucht am 1.7.2014.

Büdenbender, Ulrich, Zulässigkeit der Preiskontrolle von Fernwärmeversorgungsverträgen nach § 315 BGB, Essen 2005.

Büdenbender, Ulrich, Die Bedeutung der Preismissbrauchskontrolle nach § 315 BGB in der Energiewirtschaft, NJW 60, 4 (2007), S. 2945–3024.

Büdenbender, Ulrich, Kurzkommentar, Anmerkung zum Beschluss des BGH vom 9.2.2011, Az. VIII ZR 162/09 – Zur Zulässigkeit von Preisanpassungsklauseln in Gaslieferungsverträgen, EWiR 2011, S. 401–402.

Büdenbender, Ulrich, BGH: Preisänderungsklauseln bei Gasversorgungsverträgen – Erdgassondervertrag, Anmerkung zu BGH, Urteil v. 29.4.2008 – KZR 2/07, LMK 2008, 264558 Heft 08/2008, S. 21–23.

Büdenbender, Ulrich, / Gromm, Marcel, Wirksamkeit von Preisanpassungsklauseln in Fernwärmelieferungsverträgen – Konsequenzen der BGH-Urteile 2011, BB 66 (2011), S. 2883–2892.

Büdenbender, Ulrich, Neugestaltung von Preisanpassungsklauseln in Energielieferungsverträgen über Elektrizität und Gas, NJW 66 (2013), S. 3601–3607.

Busche, Jan, Privatautonomie und Kontrahierungszwang, Tübingen 1999.

Däuper, Olaf / Couval, Dominique, Die Ölpreisbindung aus kartellrechtlicher (Markt-)Sicht, ZNER 2010, S. 224–227.

Derleder, Peter / Rott, Peter, Die rechtlichen Grenzen von Gaspreiserhöhungen -Von der Monopolkontrolle zur Äquivalenzkontrolle bei den Leistungen der Daseinsvorsorge-, WuM 58 (2005), S. 423–430.

Derleder, Peter, Preisanpassung in Gasversorgungsverträgen, CuR 2010, S. 92–98.

Dreher, Meinrad, Die richterliche Billigkeitsprüfung gemäß § 315 BGB bei einseitigen Preiserhöhungen aufgrund von Preisanpassungsklauseln in der Energiewirtschaft, ZNER 10–11 (2007), S. 103–114.

Desoi, Monika, Urteilsanmerkung, RdE 2010, S. 192–194.

Devil, Christian / Eder, Jost / Hartmann, Christian, PraxisKommentar Netzanschluss- und Grundversorgungsverordnungen, Der neue Ordnungsrahmen in der praktischen Anwendung –NAV, -NDAV, -StromGVV, -GasGVV, Frankfurt am Main 2008, (zit. *Wyl/Eder/Hartmann*, N(D)AV-/GVV-Kommentar, § GVV Rn.).

Diller, Hermann, Preispolitik, Stuttgart; Berlin, Köln 2000.

Ehricke, Ulrich, Die Kontrolle von einseitigen Preisfestsetzungen in Gaslieferungsverträgen, JZ 60 (2005), S. 599–606.

Fricke, Norman, Inhaltskontrolle von Preisänderungsklauseln in Wärmelieferverträgen, CuR 2010, S. 71–75.

Fricke, Norman, Die gerichtliche Kontrolle von Entgelten der Energiewirtschaft. Eine Untersuchung zu § 315 BGB, Diss. Göttingen 2014.

Fricke, Thomas, Zivilrechtliche Billigkeitskontrolle von Erdgaspreisen gem. § 315 BGB – Sind Energieverbraucher der laufenden Preiserhöhungen schutzlos ausgeliefert?, WM 2005, 547–552.

Fricke, Thomas, Die gerichtliche Kontrolle von Preisbestimmungspflichten im Energiebereich: § 315 – eine inhaltlich auch vom Bundesgerichtshof verkannte Norm, ZNER 2/2011, S. 130–134.

Gleim, Gloria-Eilike / Malirsch, Maximilian, Problemfelder der gerichtlichen Billigkeitskontrolle einseitiger Energiepreisanpassungen, ZNER 14 (2010), S. 228–232.

Graf von Westphalen, Friedrich, Das faktische Ende von Preisanpassungsklauseln, MDR 62 (2008), S. 424–429.

Graf von Westphalen, Friedrich, Vertragsrecht und AGB-Klauselwerke, 30. Ergänzungslieferung 2012, Preisanpassungsklauseln.

Graf von Westphalen, Friedrich, AGB-Recht im Jahr 2011, NJW 31/2012, S. 2243–2250.

Graf von Westphalen, Friedrich, Preisanpassungsklauseln in Energielieferungsverträgen mit Normsonderkunden, ZIP 29 (2008), S. 669–675.

Graf von Westphalen, Friedrich, Preisänderungsklauseln gegenüber Verbrauchern – grenzenlose Aporie in der Praxis? in: Lutz Aderhold / Barbara Grunewald / Dietgard Klingberg / Walter G. Paefgen, (Hg.), Festschrift für Harm Peter Westermann zum 70. Geburtstag, Köln 2008, S. 707–730.

Hack, Martin, Energie-Contracting. Energiedienstleistungen und dezentrale Energieversorgung, 2. Auflage, München 2012.

Hanau, Hans, Die Billigkeitskontrolle von Gaspreisen. Zur gerichtlichen Nachprüfung von Preiserhöhungen aufgrund von äquivalenzwahrenden Preisanpassungsvorbehalten in Dauerschuldverhältnissen, ZIP 27 (2006), S. 1281–1289.

Haus, C. Florian / Guido, Jansen, Zum Preismissbrauch marktbeherrschender Unternehmen nach dem Urteil des Bundesgerichtshofs im Fall Stadtwerke Mainz, ZWeR 4/5 (2006), S. 77–98.

Held, Joachim, Überhöhte Preise auf dem Wärmemarkt? Billigkeitskontrolle von Erdgas- und Fernwärmetarifen nach § 315 BGB, NZM 7 (2004), S. 169–177.

Heller, Hans, BVerfG, Beschluss vom 7.9.2010 – Erfolglose Verfassungsbeschwerden gegen die Feststellung der Unwirksamkeit von Preisanpassungsklauseln, EWeRK 2010, S. 114–115.

Heller, Hans, BGH Urteile vom 14.07.2010 – Kein gesetzliches Preisänderungsrecht nach AVBGasV bei Belieferung bei Sonderkunden, EWeRK 2010, S. 118.

Hempel, Dietmar, Von der Billigkeitskontrolle der Gaspreise nach § 315 BGB zur Kontrolle der Gaslieferverträge in: Jürgen F. Baur / Otto Sandrock / Boris Scholtka / Amos Shapira (Hg.), Festschrift für Gunther Kühne zum 70. Geburtstag, Frankfurt am Main 2009, S. 129–145.

Hern, Richard / Shuttleworth, Graham / Kraus, Michael / Haug, Tomas, Die kalkulatorischen Eigenkapitalzinssätze für Strom- und Gasnetze in Deutschland, Bundesverband der Energie- und Wasserwirtschaft e.V. (Hg.), Frankfurt am Main, 2008.

Heßler, Pascal / Tillmann Specht, Zur AGB-rechtlichen Unwirksamkeit ölpreisindizierter Preisgleitklauseln nach den Urteilen des Bundesgerichtshofs vom 24.3.2010, ZNER 14 (2010), S. 219–223.

Hilber, Marc, Preisanpassungsklauseln in unternehmerischen Verkehr – Rechtliche Grenzen und Möglichkeiten, BB 66 (2011), S. 2691–2705.

Hirsch, Günter / Montag, Frank / Säcker, Franz Jürgen, (Hg.), Münchener Kommentar zum Europäischen und Deutschem Wettbewerbsrecht (Kartellrecht), Band 1, Europäisches Wettbewerbsrecht, München 2007 (zit. *Bearb.*, in: MünchKomm., § Rn.).

Holling, Leonora / Aribert Peters, Energiepreise: Wettbewerb statt Billigkeit?, ZNER 2010, S. 17–19.

Holznagel, Bernd / Schumacher, Pascal, Netzanschluss, Netzzugang und Grundversorgung im EnWG 2005, ZNER (10/11) 2006–2007, S. 218–223.

Hueck, Götz, Gleichbehandlung und Billigkeitskontrolle, in: Götz Hueck / Reinhard Richardi (Hg.), Gedächtnisschrift für Rolf Dietz, München 1973, S. 241–267.

Ulrich, Immenga / Ernst-Joachim, Mestmäcker (Hg.), Immenga/Mestmäcker Wettbewerbsrecht, Band 2 GWB, Kommentar zum Deutschen Kartellrecht, 4. Auflage, München 2007 (zit. *Bearb.*, in: Immenga/Mestmäcker, § GWB Rn.).

Jansen, Guido, Die Ermittlung der Kosten für Elektrizitäts- und Gasversorgungsnetze. Eine Analyse der Regulierungsmaßstäbe des EnWG und der Netzentgeltverordnungen Strom und Gas, Diss. Köln 2009.

Kapnopoulou, Elissavet N., Das Recht der missbräuchlichen Klauseln in der Europäischen Union, Tübingen 1997.

Klaue, Siegfried, BGH, Urteil vom 19.11.2008, VIII ZR 138/07 – Gerichtliche Kontrolle von Gaspreiserhöhungen (§ 315 BGB), „Stadtwerke Dislaken“, EWeRK 2009, S. 4–8.

Klaue, Siegfried, BGH Beschluss vom 10.12.2008 – Preisgestaltung der Gasversorgung unterliegt kartellrechtlicher Missbrauchskontrolle – Stadtwerke Uelzen, EWeRK 2008, S. 8–10.

Köhler Helmut, Rückwirkende Vertragsanpassung bei Dauerschuldverhältnissen?, in: Jürgen F. Baur / Klaus J. Hopt / K. Peter Mailänder in Verbindung mit Rolf O. Belke / Helmut Köhler / Eberhard Körner / Hans-Georg Koppensteiner / Hagen Lichtenberg / Wulf Henning Roth / Hanns Ulrich (Hg.), Festschrift für Ernst Steindorff zum 70. Geburtstag am 13. März 1990, Berlin/New York 1990, S. 611–641.

Koenig, Christian / Kühling, Jürgen / Rasbach, Winfried, Energierecht, Frankfurt am Main, 2006.

Kühne, Gunther, Vom Privatrecht zum Wirtschaftsrecht, Die Verdrängung der Monopolpreisrechtsprechung zu § 315 BGB durch Kartellrecht, RdE 2005, S. 241–250.

Kühne, Gunther, Gerichtliche Entgeltkontrolle im Energierecht, NJW 59 (2006), S. 654–657.

Kühne, Gunther, Billigkeitskontrolle und Verbotsgesetze, NJW 59 (2006), S. 2520–2522.

Kunth, Bernd / Tüngler, Stefan, Die gerichtliche Kontrolle von Gaspreisen, NJW 58 (2005), S. 1313–1315.

Kunth, Bernd, Energiepreiskontrolle - ein Werkstattbericht über die Rechtsprechung des VIII. Zivilsenats des BGH, in: Jürgen F. Baur, Otto Sandrock, Boris Scholtka, Amos Shapira (Hg.), Festschrift für Gunther Kühne zum 70. Geburtstag, Frankfurt am Main 2009, S. 161–175.

Lange, Christian, Treu und Glauben und Effizienz. Das Effizienzprinzip als Mittel zur Konkretisierung zivilrechtlicher Generalklauseln, Diss. Berlin 2013.

Larenz, Karl, Lehrbuch des Schuldrechts, Band 1, Allgemeiner Teil, 12. Auflage, München 1979, zitiert als: Larenz, Schuldrecht.

Lippert, Michael, Preisanpassungsklauseln im Recht der gewerblichen Wärmelieferung, CuR 2010, 56–61.

Legler, Dirk, Preiskontrolle in Wärmelieferverträgen: Darf in automatischen Preisgleitklauseln kein Index mehr genutzt werden?, ZNER 14 (2010), S. 20–24.

Loewenheim, Ulrich / Meessen, Karl. M. / Riesenkampff, Alexander, (Hg.), Kartellrecht, Europäisches und Deutsches Recht, Kommentar, 2. Auflage, München 2009, (zit. *Bearb.*, in: Loewenheim/Meessen/Riesenkampff, Kartellrecht, 2. Aufl. 2009, § Rn.).

Männel, Wolfgang, Gutachterliche Stellungnahme zu den auf die Eigenkapitalverzinsung abstellenden Vorgaben der Bundesnetzagentur, Verband der Elektrizitätswirtschaft - VDEW - e.V. (Hg.), Frankfurt am Main, 2006.

Markert, Kurt, Sonderzivilrecht für Energieversorger contra legem? – Kritische Anmerkungen zur neueren Rechtsprechung des VIII. Zivilsenats des BGH bei der Anwendung der §§ 307, 315 BGB auf Strom- und Gaspreise, in: Detlev Joost, Hartmut Oetker, Marian Paschke, (Hg.), Festschrift für Franz Jürgen Säcker zum 70. Geburtstag, München 2011, S. 845–864.

Markert, Kurt, Die Kontrolle der Haushaltspreise für Strom und Gas nach den §§ 307, 315 BGB, ZMR 62 (2009), S. 898–903.

Markert, Kurt, Zur Kontrolle von Strom- und Gaspreiserhöhungen nach § 307 und § 315 BGB, ZNER12–14 (2008), S. 44–48.

Markert, Kurt, Die Anwendung des deutschen und europäischen Kartellrechts und der zivilrechtlichen Preiskontrolle nach §§ 307, 315 BGB im Strom- und Gassektor in weiten Jahrzehnt der Marktliberalisierung, ZNER12–14 (2009), S. 192–204.

Markert, Kurt, Kartellrechtliche Abwehrmöglichkeiten für Haushaltskunden gegen überhöhte Strom- und Gaspreise, Gutachten am Auftrag des Bundes der Energieverbraucher e.V. gefördert mit Mitteln des Bundesministeriums für Verbraucherschutz, Ernährung und Landwirtschaft.

Markert, Kurt, § 29 GWB als Investitionsbremse oder als temporäres Mittel zur Preiskontrolle bis zum Funktionieren des Wettbewerbsprozesses bei Strom und Gas?, Vortrag Freie Universität Berlin auf dem Workshop zum Regulierungsrecht des Instituts für Energie- und Regulierungsrecht Berlin e.V. am 18. Januar 2008.

Mogwitz, Oliver / Wagner, Alexander, Die gerichtliche Überprüfung von Energiepreisen, RdE 2008, S. 118–125.

Morell, Klaus-Dieter, (Hg.), Verordnung über Allgemeine Bedingungen für die Gasversorgung von Tarifkunden, (Kommentar), Berlin 2004 (zit. *Bearb.*, in: Verordnung über Allgemeine Bedingungen für die Gasversorgung von Tarifkunden, (Kommentar), Rn §).

Niebling, Jürgen, Das Recht der AGB im Jahre 2011, NJ 6/2012, S. 227–236.

Ortlieb, Birgit, BGH erklärt in zwei Fällen Preisanpassungsklauseln in Gasversorgungs-Sonderverträgen für unwirksam, EWerK, 2009, S. 107–110

Ortlieb, Birgit, Urteil des OLG Dresden vom 08.12.2009: zur Frage der Rechtmäßigkeit einer Preiserhöhung zum 01.07.2005, 01.01. und 01.05.2006, EwerK 2010, S. 15–16.

Palandt, Otto, (Hg.), Bürgerliches Gesetzbuch, Band 7, 72 Auflage, München 2013 (zit. *Bearb.*, in: Palandt/BGB, § Rn.).

Paulusch, Bernd-Arthur, Vorformulierte Leistungsbestimmungsrechte des Verwenders, in: Helmut Heinrichs, Walter Löwe, Peter Ulmer, Zehn Jahre AGB-Gesetz, Köln 1987, S. 55–82.

Pfefferle, Simon, Die Anwendbarkeit des AGB-Rechts auf Verträge auf dem Gebiet des Gesellschaftsrecht, Diss. Berlin 2013.

Putzka, Florian, Die Anwendbarkeit der AGB-rechtlichen Inhaltskontrolle auf Leistungsvorhaltungs- und Stromlieferverträge zwischen Erzeuger und Weiterverkäufer, Baden-Baden 2009.

Reimann, Wibke / Garbotz, Robert, Preisanpassungsklauseln in Sonderkundenverträgen mit Haushaltskunden – Mehr als eine Urteilsanmerkung zur Entscheidung des BGH KZR 2/07 vom 24. April 2008, Versorgungswirtschaft (2008), S. 201–207.

Rittner, Fritz, Wirtschaftsrecht, 2. Auflage, Heidelberg 1987.

Rott, Peter, Preiserhöhungsklauseln der Gasbranche unter verschärfter AGB-Kontrolle – Anmerkung zum Urteil des BGH vom 21.9.2005, VIII ZR 38/05, VuR 21 (2006), S. 1–5.

Rosin, Peter / Mätzig, Karoline, Inhalte und Auswirkungen des Urteils des BGH-Kartellsenats vom 29. April 2008 auf die Inhaltskontrolle von Preisanpassungsklauseln in Gasversorgungsverträgen mit Endkunden, RdE 2008, S. 225–260.

Säcker, Franz Jürgen / Rixecker, Roland, / Oetker, Hartmut / Limperg, Bettina (Hg.), Münchener Kommentar zum Bürgerlichen Gesetzbuch (Schuldrecht Allgemeiner Teil) Band 2, 7. Auflage, München 2016 (zit. *Bearb.*, in: MüKoBGB, § Rn.).

Säcker, Franz Jürgen, (Hg.), Berliner Kommentar zum Energierecht, Band 1, 2. Auflage, Frankfurt am Main 2012 (zit. *Bearb.*, in: BerlKommEnR, § Rn.).

Säcker, Franz Jürgen, (Hg.), Berliner Kommentar zum Energierecht, Band 2, 2. Auflage, Frankfurt am Main 2010 (zit. *Bearb.*, in: BerlKommEnR, § Rn.).

Säcker, Franz Jürgen, (Hg.), Berliner Kommentar zum Energierecht, Band 1, 3. Auflage, Frankfurt am Main 2013 (zit. *Bearb.*, in: BerlKommEnR, § Rn.).

Säcker, Franz Jürgen, (Hg.), Berliner Kommentar zum Energierecht, Band 2, 3. Auflage, Frankfurt am Main 2013 (zit. *Bearb.*, in: BerlKommEnR, § Rn.).

Säcker, Franz Jürgen, Zum Verhältnis von § 315 BGB zu §§ 19 GWB, 29 RegE GWB – Konsequenzen aus den Entscheidungen des Achten Senats des Bundesgerichtshofes vom 28.3. und 13.6.2007, ZNER 10/11 (2006/2007), (2007), S. 114–122.

Säcker, Franz Jürgen, Zum Verhältnis von § 315 BGB, § 30 AVBElt, § 30 AVBGas, § 24 AVB Fernwärme und § 19 GWB – Zur MVV-Entscheidung des Bundesgerichtshofs vom 18.10.2005, RdE 2006/2007, (2006), S. 65–76.

Säcker, Franz Jürgen, Anpassungsklauseln in langfristigen Verträgen und Störung der Geschäftsgrundlage, in: Joachim Jickeli / Peter Kreuz / Dieter Reuter (Hg.), Gedächtnisschrift für Jürgen Sonnenschein, 22. Januar 1938 bis 6. Dezember

2000 Im Auftrag der Rechtswissenschaftlichen Fakultät der Christian-Albrechts-Universität zu Kiel, Berlin 2003, S. 597–615.

Säcker, Franz Jürgen, Die Anpassung von langfristigen Verträgen an bei Vertragsschluss unvorhergesehene und unvorhersehbare Umstände im Wege der ergänzenden Vertragsauslegung, in: Lutz Aderhold / Barbara Grunewald / Dietgard Klingberg / Walter G. Paefgen (Hg.), Festschrift für Harm Peter Westermann zum 70. Geburtstag, Köln 2008, S. 617–636.

Säcker, Franz Jürgen, Der Effizienzkostenmaßstab des § 21 Abs. 2 EnWG im System der energierechtlichen Netzentgeltregulierung, RdE 2009, S. 1–14.

Säcker, Franz Jürgen / Mengering, Kim, Rechtsfolgen unwirksamer Preisanpassungsklauseln in Endkundenverträgen über Strom und Gas, BB 32 (2013), S. 1859–1870.

Säcker, Franz Jürgen, Die privatrechtliche Dimension des Wettbewerbsrechts – Zur systematischen Verankerung des private enforcement im Zivilrecht, veröffentlicht auf Griechisch: Το δίκαιο του ανταγωνισμού από τη σκοπιά του ιδιωτικού δικαίου – προς μια συστηματική κατοχύρωση των ιδιωτικών μέσων επιβολής στο αστικό δίκαιο, in: Τιμητικός Τόμος για τον καθηγητή Μιχάλη Σταθόπουλο, Αθήνα 2010, S. 2615–2638.

Salje, Peter, (Hg.), Energiewirtschaftsgesetz, (Kommentar), München 2006, (zit. *Bearb.*, EnWG, §, Rn.).

Sauer, Mirko, OLG Frankfurt: Unwirksamkeit einer Preisanpassungsklausel, § 307 BGB…, OLG Frankfurt, Urteil vom 05. Mai 2009, Az.: 11 U 61/07: Unwirksamkeit einer Preisanpassungsklausel, § 307 BGB. Abgrenzung von Tarif- und Sondervertragskunden, abrufbar unter: http://www.ewerk.hu-berlin.de/ewerk/olg_frankfurt_Unwirksamkeit_einer_Preisanpassungsklau sel, zuletzt besucht am 29.8.2012.

Schlewing, Anja, Geltungserhaltende Reduktion und/oder ergänzende Vertragsauslegung im Rahmen der AGB-Kontrolle arbeitsvertraglicher Abreden?. RdA 64 (2011), S. 92–99.

Schneider, Jens-Peter / Theobald, Christian, (Hg.), Recht der Energiewirtschaft, (Praxishandbuch), 4. Auflage, München 2013 (zit. *Bearb.*, in: Schneider/ Theobald, EnRW §, Rn.).

Schöne, Thomas, (Hg.), Vertragshandbuch Stromwirtschaft – Praxisgerechte Gestaltung und rechtssichere Anwendung, Frankfurt am Main 2008 (zit. *Bearb.*, in: Schöne, Vertragshandbuch Stromwirtschaft, Kap., S.).

Scholtka, Boris / Baumbach, Antje, Die Entwicklung des Energierechts in den Jahren 2008 und 2009, NJW 63 (2010), S. 1118–1124.

Schreiner, Rain Eva, Leitbildfunktion der Strom- und GasGVV für § 307 BGB, http://www.ewerk.hu-berlin.de/ewerk/Leitbildfunktion+der+Strom-+und+GasGVV zuletzt besucht am 8.12.2010.

Schultz-Gardyan, Olaf, Gerichtliche Billigkeitskontrolle von Netznutzungsentgelten nach § 315 Abs. 3 BGB, RdE 2003, S. 9–15.

Schultz-Gardyan, Olaf, Anm. zu BGH, Urteil v. 24.3.2010 – VIII ZR 304/08, RdE 2010, S. 219–223.

Schultz-Gardyan, Olaf, Anm. zu BGH, Urteil v 17.12.2008 – VIII ZR 274/06, RdE 2009, S. 95–99.

Schwintowski, Hans-Peter, Die Frage der Anwendbarkeit der §§ 315, 316 BGB auf die Bestimmung von Netznutzungsentgelten, Rechtsgutachten v. 4.3.2005.

Soergel, Hans Theodor, (Hg.), Kommentar zum Bürgerlichen Gesetzbuch, 12. Auflage, Band 2, Stuttgart 1990 (zit. *Bearb.*, in: Soergel/BGB, § Rn.).

Specht, Tillmann, BGH vom 14.07.2010: Preisanpassungsrecht in einem Erdgassondervertrag bei Einbeziehung der AVBGasV bzw. GasGVV als AGB, EWeRK 2010, S. 116–117.

Staudinger, (Hg.), Kommentar zum Bürgerlichen Gesetzbuch mit Einführungsgesetz und Nebengesetzen, Buch 2: Recht der Schuldverhältnisse §§ 315–326 Neubearbeitung 2004 von Hans Jörg Otto, Volker Rieble, Berlin 2004 (zit. *Bearb.*, in: Staudinger, BGB, § Rn.).

Tamm, Marina /2, Klaus, (Hg.), Verbraucherrecht. Rechtliches Umfeld / Vertragstypen Rechtsdurchsetzung. Beratungsbuch, 1. Auflage, Baden-Baden 2016, (zit. *Bearb.*, in: Tamm/Tonner, Verbraucherrecht, § Rn.).

Teschabai-Oglu, Hannah, Die Versicherbarkeit von Emerging Risks in der Haftpflichtversicherung, Dissertation, Karlsruhe 2012.

Tölle, Katrin, OLG Köln: AGB zur Preisbindung von Erdgas, abrufbar unter: http://www.ewerk.hu-berlin.de/OLG-K%C3%B6ln-AGB-zur-Preisbindung-von-Erdgas, zuletzt besucht am 1.3.2011.

Ulmer, Peter, Zehn Jahre AGB-Gesetz – Rücksicht und Ausblick, in: Helmut Heinrichs, Walter Löwe, Peter Ulmer, Zehn Jahre AGB-Gesetz, Köln 1987, S. 1–21.

Ulmer, Peter / Brandner, Hans Erich / Hensen, Horst-Diether, (Hg.) AGB-Recht, 12. Aufl., Köln 2016, (zit. *Bearb.*, in: Ulmer/Brandner/Hensen, AGB-Recht, § Rn.).

Uffmann, Katharina, Vertragsgerechtigkeit als Leitbild des Inhaltskontrolle, NJW 31/2012, S. 2225–2304.

Uffmann, Katharina, Die Unzumutbarkeitsschwelle als neue Voraussetzung einer ergänzenden Vertragsauslegung im Arbeitsrecht?, RdA, 64 (2011), S. 154–162.

Vogt, Susanne, Wie viel Information braucht der Durchschnitt? in: F. Christian Genzow / Barbara Grunewald / Hans Schulte-Nölke (Hg.), Zwischen Vertragsfreiheit und Verbraucherschutz, Festschrift für Friedrich Graf Von Westphalen zum 70. Geburtstag, Köln 2010, S. 741–754.

Wessel, Markus, BGH: Zur Wirksamkeit von Preisänderungsklauseln in Energielieferungsverträgen mit Sonderkunden, abrufbar unter: http://www.ewerk.hu-berlin.de/Preis%C3%A4nderungsklauseln_in_Energielieferungsvertr%C3%A4gen_mit_Sonderkunden, zuletzt besucht am 1.3.2011.

Westermann, Harm, Peter, (Hg.), Erman Bürgerliches Gesetzbuch, 11. neubearbeitete Auflage, Band 1, Köln 2004 (zit. *Bearb.*, in: Erman, BGB, § Rn.).

Wolf, Manfred / Lindacher, Walter / Pfeiffer, Thomas, (Hg.), AGB-Recht Kommentar, 6. Auflage, München 2013 (zit. *Bearb.*, in: AGB-Recht Kommentar, § Rn.).

Wolf, Manfred / Lindacher, Walter / Pfeiffer, Thomas, (Hg.), AGB-Recht Kommentar, 5. Auflage, München 2009 (zit. *Bearb.*, in: AGB-Recht Kommentar, § Rn.).

Wollschläger, Stefan / Beermann, Anja, Preisanpassungen bei der Versorgung mit Wärme, CuR 2010, 62–67.

Wurmest, in Münchener Kommentar zum BGB 6.Auflage 2012, zitiert als Bearbeiter.

Zabel Lorenz, Die (Un-)Wirksamkeit von Gaspreisanpassungen und ihre Folgen für Kommunen und kommunale Versorgungsunternehmen, Kommunalwirtschaft 01/2011, S. 8–15.

Zenke, Ine / Thomale Hans-Cristopf, Die Kalkulation von Netznutzungsentgelten Strom sowie Mess und Verrechnungspreisen, WuW, 2005, S. 22–25.

Zimmerlin, Wilhelm, Preissockelrechtsprechung des Bundesgerichtshofs (BGH) unvereinbar mit EU-Verbraucherrecht, ZNER 2014, S. 158–160.

II. Griechische Literatur

Αθανασίου, Λία, Ζητήματα από την απελευθέρωση της αγοράς φυσικού αερίου (Με βάση την Οδηγία 2003/55/ΕΚ), (auf Deutsch: Fragen zur Liberalisierung des Erdgasmarktes – aufgrund der Richtlinie 2003/55/EG), in: ενέργεια & δίκαιο 2/2004, S. 22–35.

Αλεξανδρίδου, Ελίζα, Δίκαιο Προστασίας Καταναλωτή, Ελληνικό – Κοινοτικό, (auf Deutsch: Griechisches – Gemeinschaftliches Verbraucherschutzrecht), Αθήνα 2008.

Γεωργιάδης, Απόστολος Σ. / Σταθόπουλος, Μιχαήλ Π., Αστικός Κωδικάς, Γενικό ενοχικό, άρθρα 287–495, κατ' άρθρο ερμηνεία, (auf Deutsch: Zivilgesetzbuch, Allgemeines Schuldrecht, Art. 287–495, Auslegung der Artikel)

Δέλλιος, Γιώργος, Τομές της σύγχρονης αρεοπαγιτικής νομολογίας στα ζητήματα του συλλογικού ελέγχου των γενικών όρων καταναλωτικών συμβάσεων (Σκέψεις με αφορμή την ΑΠ 1219/2001), (auf Deutsch: Zäsuren in der aktuellen Rechtsprechung des Obersten Gerichtshofes in Fragen der Kontrolle der Allgemeinen Bedingungen in Verbraucherverträgen – Erwägungen anlässlich des OGh-Urteils 1219/2001), in: Ελληνική Δικαιοσύνη 42 (2001), S. 1495–1526.

Δέλλιος, Γιώργος, Ατομική και συλλογική προστασία των καταναλωτών από την έλλειψη ουσιαστικής διαπραγμάτευσης των όρων της συμβασης, Ερμηνεία των άρθρων 2 και 10 του Ν. 2251/1994 μετά το Ν. 3587/2007, Με ανάλυση της νομολογίας, (auf Deutsch: Privat- und kollektiver Verbraucherschutz vor dem Fehlen an wesentlicher Aushandlung der Vertragsbedingungen, Auslegung der Art. 2 und 10 G. 2251/1994 wie durch G. 3857/2007 geändert, Mit Analyse der Rechtsprechung), Αθήνα – Θεσσαλονίκη 2008.

Δέλλιος, Γιώργος, Προστασία των καταναλωτών και σύστημα του ιδιωτικού δικαίου, Δικαιοθεωρητική μελέτη προσανατολισμένη στα ζητήματα οριοθέτησης της ρυθμιστικής εμβέλειας της ειδικής νομοθεσίας για την προστασία των καταναλωτών, Band I, Ο καταναλώτης ως υποκείμενο προστασίας, (auf Deutsch: Verbraucherschutzrecht und Privatrechtsystem, Eine rechtstheoretische Untersuchung zu den Fragen der Abgrenzung der regulierenden Reichweite der Sondergesetzgebung über Verbraucherschutz, Band I, Der Verbraucher als Schutzsubjekt), Αθήνα – Θεσσαλονίκη 2008.

Δωρής, Φίλιππος, Ο χαρακτηρισμός αντισυμβαλλομένων τραπεζών ως καταναλωτών ως προϋπόθεση για την προστασία τους από καταχρηστικούς γενικούς όρους συναλλαγών, (auf Deutsch: Die Bezeichnung vertragsschließender Banken als Verbraucher als Voraussetzung für ihren Schutz vor missbräuchlichen Allgemeinen Geschäftsbedingungen), in: NoB 52 (2004), S. 729–754.

Δωρής, Φίλιππος, Η εξειδίκευση της καλής πίστης στο άρθρο 2 Ν. 2251/1994 για την προστασία των καταναλωτών και η σημασία της στο κοινό αστικό δίκαιο, (auf Deutsch: Die Konkretisierung von Treu und Glauben im Art. 2 G. 2251/1994 über den Verbraucherschutz und ihre Bedeutung im gemeinen Zivilrecht), in: NoB 48 (2000), S. 738–766.

Ηλιάδου, Αικατερίνη, Ρύθμιση αγοράς ενέργειας, (auf Deutsch: Regulierung des Energiemarktes), in: ΔΕΕ 4/2007, S. 406–415.

Κάπρος, Παντελής, Όλες οι Κυβερνήσεις Αντιμετώπισαν την ΔΕΗ σαν Μέσο Άσκησης Επιρροής, (Jede Regierung hat D.E.I. als Instrument für die Ausübung von Einfluss benutzt), abrufbar unter http://www.energia.gr/article.asp?art_id=46817 zuletzt besucht am 19.3.2013.

Κάπρος, Παντελής, Η Πολιτεία «Φόρτωσε» με Λάθη την Αγορά Ενέργειας τα Τελευταία Δυόμιση Έτη, (Der Staat „beladet" den Energiemarkt mit Fehlern in den letzten zweieinhalb Jahren), abrufbar unter http://www.energia.gr/article.asp?art_id=63969 zuletzt besucht am 19.3.2013.

Καράκωστας, Ιωάννης, Αστικός Κώδικας, Ερμηνεία – Σχόλια – Νομολογία, Ενοχικό Δίκαιο, Άρθρα 287–495, (auf Deutsch: Zivilgesetzbuch, Auslegung – Kommentare – Rechtsprechung – Schuldrecht, Art. 287–496), 3. Band, Αθήνα 2006.

Καράκωστας, Ιωάννης, Δίκαιο Προστασίας καταναλωτή, Ν. 2251/1994 όπως ισχύει μετά το Ν. 3587/2007, (auf Deutsch: Verbraucherschutzrecht, G. 2251/1994 wie durch G. 3587/2007 geändert), 2. Auflage, Αθήνα 2008.

Καράκωστας, Ιωάννης, Γενικοί όροι των συναλλαγών και ερμηνεία τους υπό το φως των συνταγματικών και κοινοτικών διατάξεων, (auf Deutsch: Allgemeine Geschäftsbedingungen und ihre Auslegung aufgrund grundgesetzlicher und gemeinschaftlicher Vorschriften), in: ΔΕΕ 5/1998 (ΕΤΟΣ 4ο), S. 443–447

Κεκελέκης, Μιχάλης / Poecherstorfer, Winfried, (Επιμέλεια-Παρουσίαση) «Η Πολιτική του Ανταγωνισμού στον τομέα της Ηλεκτρικής Ενέργειας» (auf Deutsch: Wettbewerbspolitik im Elektrizitätsbereich), in: ενέργεια & δίκαιο 5/2006, S. 69–79.

Κοτσίρης, Λάμπρος, Δίκαιο Ανταγωνισμού (Αθέμιτου και ελεύθερου), (auf Deutsch: Recht des (unlauteren und freien) Wettbewerbs), Έκδοση έκτη, Αθήνα – Θεσσαλονίκη 2011.

Μαρίνος, Θεόδωρος, Η νέα Οδηγία Επιτάχυνσης 2003/54 για την απελευθέρωση των εθνικών αγορών ενέργειας, (auf Deutsch: die neue Beschleunigungsrichtlinie 2003/54 über die Liberalisierung der nationalen Energiemärkte), in: ενέργεια & δίκαιο 1/2004, S. 17–26.

Μπακοπάνου, Δήμητρα, Οι βασικές προτεινόμενες μεταρρυθμίσεις της ενεργειακής αγοράς βάσει του νέου μνημονίου: μια κριτική θεώρηση, (auf Deutsch: Die im neuen Memorandum vorgeschlagenen Grundreformen auf dem Energiemarkt: eine kritische Betrachtung), in: ενέργεια & δίκαιο 2011, S. 79–82.

Μεντής, Γιώργος, Γενικοί Όροι Συναλλαγών σε καταναλωτικές και εμπορικές συμβάσεις, (auf Deutsch: Allgemeine Geschäftsbedingungen in Verbraucher- und Kaufverträgen), Δίκαιο & Οικονομία, Αθήνα 2004.

Μεταξάς, Αντώνης, Τιμολόγια ηλεκτρικής ενέργειας και ευρωπαϊκό δίκαιο: νομικές παράμετροι μίας επίκαιρης προβληματικής, (auf Deutsch: Stromtarife und europäisches Recht: gesetzliche Aspekte einer aktuellen Problematik), in: ΕΥΡΩΠΑΙΩΝ ΠΟΛΙΤΕΙΑ 3/2010, S. 561–567.

Παπαδόπουλος, Μιχαήλ, Η εξέλιξη του ηλεκτρικού ενεργειακού τομέα στην Ελλάδα, Από τον 19° στον 21° αιώνα, (auf Deutsch: Die Entwicklung des Elektrizitätsbereichs in Griechenland, vom 19. bis zum 21. Jahrhundert), in: ενέργεια & δίκαιο 2/2004, S. 53–64.

Παπαντώνη, Μαρία, Κριτική παρουσίαση του Ν. 3426/2005 σε επιτάχυνση της διαδικασίας για την απελευθέρωση της αγοράς ηλεκτρικής ενέργειας (ΦΕΚ Α' 309/2005), (auf Deutsch: Kritische Betrachtung des G. 3426/2005 zur Beschleunigung des Verfahrens für die Liberalisierung des Elektrizitätsmarktes, Griechisches Amtsblatt A 309/2005) in: ενέργεια & δίκαιο 5/2006, S. 118–126.

Πέτρου, Χριστόφορος, Καταχρηστικότητα των ρητρών ΓΟΣ, δικαιώματα και υποχρεώσεις καταναλωτή κατόχου άδειας σύνδεσης και παροχής φυσικού αερίου, (auf Deutsch: Missbräuchlichkeit der AGB-Klauseln, Rechte und Verpflichtungen der Verbraucher-genehmigter Erdgasversorger), in: ενέργεια & δίκαιο 2011, S. 61–63.

Ρόκας, Ιωάννης / Ρούσσος, Αντώνης / Σταμάτη, Μαρκέλα, Ο εξορθολογισμός των τιμολογίων λιανικής πώλησης ηλεκτρικής ενέργειας και η εναρμόνισή τους με τους επιτακτικούς ευρωπαϊκούς και εθνικούς κανόνες, (auf Deutsch: Die Rationalisierung der Tarife im Elektrizitätseinzelhandel und ihre Harmonisierung mit den zwingenden europäischen und nationalen Regelungen), in: ενέργεια & δίκαιο 13 & 14/2010, S. 30–44.

Σιδηρόπουλος, Οι μνημονιακές δεσμεύσεις για την ενέργεια, abrufbar unter: http://www.kathimerini.gr/832485/article/oikonomia/ellhnikh-oikonomia/apoyh-oi-mnhmoniakes-desmeyseis-gia-thn-energeia (auf Deutsch: Die durch das MoU eingegangenen Verpflichtungen im Energiebereich) zuletzt besucht am 28.10.2014.

Σκανδάμης, Νίκος, Νομική Προσέγγιση του Ελληνικού Μνημονίου, (auf Deutsch: Eine rechtliche Annäherung zum Griechischen Memorandum), in: Ευρωπαίων Πολιτεία 2/2010, S. 237–262.

Συνοδινός, Χάρης, Ρυθμιζόμενα Τιμολόγια στην προμήθεια ηλεκτρικής ενέργειας και κοινοτικό δίκαιο, (auf Deutsch: Regulierte Tarife in der Elektrizitätsversorgung und Gemeinschaftsrecht) in: ενέργεια & δίκαιο 8/2007, S. 81–85.

Συνοδινός, Χάρης, Συνδρομή του αναδυόμενου ενεργειακού δικαίου στο δυναμικά εξελισσόμενο εμπορικό δίκαιο, (auf Deutsch: Beitrag des neu entstehenden Energierechts zum rasch entwickelnden Handelsrecht), in: ενέργεια & δίκαιο 17/2012, S. 54–67.

Συνοδινός, Χάρης, Ανταγωνισμός και υπηρεσίες κοινής ωφέλειας στην ενέργεια, (auf Deutsch: Wettbewerb und Gemeinwohldiensleistungen in Energie) in: ενέργεια & δίκαιο /2012, S. 72–89.

Το Βήμα, Αυξήσεις μέχρι 25% στα τιμολόγια ρεύματος των εξοχικών κατοικιών, Κατάργηση των σταυροειδών επιδοτήσεων στα τιμολόγια της ΔΕΗ, (auf Deutsch: Erhöhungen bis zum 25% bei den Stromtarifen der Ferienhäuser), abrufbar unter: http://www.tovima.gr/finance/article/?cid=752&aid=591210 Stand 30.04.2014.

Το Βήμα, Η ΔΕΗ ... τρελάθηκε, Ζητά αυξήσεις 48% στα οικιακά τιμολόγια, (auf Deutsch: D.E.I. ... spinnt! Sie verlangt 48% Anstieg bei Haushaltstarifen), abrufbar unter: http://www.tovima.gr/society/article/?aid=488157 zuletzt besucht 15.6.2014.

Το Βήμα, ΥΠΕΚΑ: Από 8,6–9,2% οι αυξήσεις της ΔΕΗ για το 2013 – Η απόφαση του Υπουργείου (auf Deutsch: Ministerium für PEKA: Von 8,9% bis 9,2% betragen die D.E.I.-Erhöhungen für 2013 – der Ministerialerlass), abrufbar unter: http://www.tovima.gr/finance/article/?aid=492826 zuletzt besucht am 17.6.2014.

Το Βήμα, Αυξήσεις ως 49% στα τιμολόγια της ΔΕΗ ζήτησε ο Αρθ. Ζερβός «Πρέπει να καλύψουμε τη διαφορά που δεν καλύφθηκε επί τρία χρόνια» (auf Deutsch: Nach Erhöhungen bis 49% bei D.E.I.-Tarifen hat Arth. Zervos gefragt „Wir müssen die Abweichung decken, die in drei Jahren nicht gedeckt worden ist), Stand: 18/12/2012, abrufbar unter: http://www.tovima.gr/society/article/?aid=489316 zuletzt besucht am 17.6.2014.

Ημερησία, «Ηλεκτροπληξία» απο τις Αυξήσεις της ΔΕΗ: Πόσο παραπάνω θα κληθούμε να πληρώσουμε, („Stromschlag" durch D.E.I.-Erhöhungen: Wie viel werden wir bezahlen), (In: «Ημερησία», Stand 19.12.2012, abrufbar unter: http://www.energia.gr/article.asp?art_id=64996 zuletzt besucht am 19.3.2013.

ΙΟΒΕ, Μελέτη ΙΟΒΕ: οι προκλήσεις για τον Ενεργειακό Τομέα στην Ελλάδα, (auf Deutsch: Anstalt für Wirtschaft- und Industrieforschung (IOBE), IOBE-Studie: Die Herausforderungen des Energiesektors in Griechenland), Stand: 15.7.2011, abrufbar unter: http://www.econews.gr/2011/07/15/iobe-meleti-energeia-ellada/ http://www.econews.gr/2011/07/15/iobe-meleti-energeia-ellada/ zuletzt besucht am 17.6.2014.

Λιάγγου, Χρύσα, Την πλήρη απελευθέρωση των τιμολογίων ρεύματος θέλουν ΔΕΗ – ιδιώτες, (auf Deutsch: Die vollständige Liberalisierung der Stromtarife verlangen D.E.I. – Privatunternehmen) Stand: 27.2.2013, abrufbar unter: http://www.kathimerini.gr/481806/article/oikonomia/epixeirhseis/thn-plhrh-apeley8erwsh-twn-timologiwn-reymatos-8eloyn-deh---idiwtes zuletzt besucht am 14.6.2014.

Veröffentlichungen des Instituts für deutsches und europäisches Wirtschafts-, Wettbewerbs- und Regulierungsrecht der Freien Universität Berlin

Herausgegeben von Franz Jürgen Säcker

Band 1 Franz Jürgen Säcker (Hrsg.): Deutsch-russisches Energie- und Bergrecht im Vergleich. Ergebnisse einer Arbeitstagung vom 31. März / 1. April 2006. 2007.

Band 2 Franz Jürgen Säcker / Walther Busse von Colbe (Hrsg.): Wettbewerbsfördernde Anreizregulierung. Zum Anreizregulierungsbericht der Bundesnetzagentur vom 30. Juni 2006. 2007.

Band 3 Dirk Zschenderlein: Die Gleichbehandlung der Aktionäre bei der Auskunftserteilung in der Aktiengesellschaft. Zum Problem der Zulässigkeit der Weitergabe von Informationen an einzelne Aktionäre und Dritte. 2007.

Band 4 Simone Kirchhain: Die Anwendung der Vertikal-GVO auf innerstaatliche Wettbewerbsbeschränkungen nach der 7. GWB-Novelle. 2007.

Band 5 Franz Jürgen Säcker: Der Independent System Operator. Ein neues institutionelles Design für Netzbetreiber? 2007.

Band 6 Stefanie Otto: Allgemeininteressen im neuen UWG. § 1 S. 2 UWG und die wettbewerbsfunktionale Auslegung. 2007.

Band 7 Jochen Eichler: Vertragliche Dritthaftung. Eine Auseinandersetzung mit der Frage der Dritthaftung von sogenannten Experten und anderen Auskunftspersonen im Rahmen des § 311 Abs. 3 BGB. 2007.

Band 8 Markela Stamati: Die Anforderungen der operationellen Entflechtung nach den Beschleunigungsrichtlinien der Europäischen Kommission. Umsetzung in Deutschland und Griechenland. 2008.

Band 9 Franz Jürgen Säcker: The Concept of the Relevant Product Market. Between Demand-Side Substitutability and Supply-Side -Substitutability in Competition Law. 2008.

Band 10 Renate Rabensdorf: Die Durchgriffshaftung im deutschen und russischen Recht der Kapitalgesellschaften. Eine rechtsvergleichende Untersuchung. 2009.

Band 11 Franz Jürgen Säcker: Der beschleunigte Ausbau der Höchstspannungsnetze als Rechtsproblem. Erläutert am Beispiel der 380-kV-Höchstspannungsleitung Lauchstädt – Redwitz – Grafenrheinfeld mit Querung des Rennsteigs im Naturpark Thüringer Wald. 2009.

Band 12 Helen Mahne: Eigentum an Versorgungsleitungen. 2009.

Band 13 Franz Jürgen Säcker (Hrsg.): Russisches Energierecht - Gesetzessammlung. 2009.

Band 14 Franz Jürgen Säcker / Maik Wolf: Integrierte Energieversorgung in geschlossenen Verteilernetzen. Zum Gestaltungsspielraum des Gesetzgebers zur Neuregelung des § 110 EnWG im Lichte des Dritten EG-Energiepakets. 2009.

Band 15 Franz Jürgen Säcker (Hrsg.): Das Dritte Energiepaket für den Gasbereich. Deutsch-Englische Textausgabe mit einer Einführung. 2009.

Band 16 Franz Jürgen Säcker (Hrsg.): Das Dritte Energiepaket für den Elektrizitätsbereich. Deutsch-Englische Textausgabe mit einer Einführung. 2009.

Band 17 Thomas Dörmer: Die Unternehmenspacht. Rechtsstellung der Vertragsparteien unter besonderer Berücksichtigung der Pflicht des Unternehmenspächters zur ordnungsgemäßen Unternehmensführung sowie der Rechtslage bei Vertragsbeendigung. 2010.

Band 18 Klaas Bosch: Die Kontrolldichte der gerichtlichen Überprüfung von Marktregulierungsentscheidungen der Bundesnetzagentur nach dem Telekommunikationsgesetz. 2010.

Band 19 Geng-Sook Leem: Einheitliche Corporate Governance-Grundsätze für die Europäische Aktiengesellschaft (SE). Eine rechtsvergleichende Untersuchung anhand der Ausgestaltung der SE im deutschen und britischen Recht. 2010.

Band 20 Wiebke Gebhardt: Gentechnik und Koexistenz nach der Gesetzesnovelle von 2008: Zivilrechtliche Haftung im Vergleich Deutschland und USA. 2010.

Band 21 Cathrin Isenberg: Die Geruchsmarke als Gemeinschaftsmarke. Schutzfähigkeit und Einsatzmöglichkeiten. 2010.

Band 22 Franz Jürgen Säcker / Jochen Mohr / Maik Wolf: Konzessionsverträge im System des europäischen und deutschen Wettbewerbsrechts. 2011.

Band 23 Judith Antonia Loeck: Die unzumutbare Belästigung nach der UWG Novelle 2008 und dem Gesetz zur Bekämpfung unerlaubter Telefonwerbung und zur Verbesserung des Verbraucherschutzes bei besonderen Betriebsformen. 2011.

Band 24 Jörg Jaecks: Konzernverrechnungsklauseln und verwandte einseitige Verrechnungsbefugnisse im Mehrpersonenverhältnis. 2011.

Band 25 Franz Jürgen Säcker: Marktabgrenzung, Marktbeherrschung, Markttransparenz und Machtmissbrauch auf den Großhandelsmärkten für Elektrizität. 2011.

Band 26 Susanne Wende: Die einheitliche Auslegung von Beihilfen- und Vergaberecht als Teilgebiete des europäischen Wettbewerbsrechts. 2011.

Band 27 Leonie Kempel: Die Anwendung von Art. 102 AEUV auf geistiges Eigentum und Sacheigentum. Die Voraussetzungen des Kontrahierungszwangs nach Art. 102 AEUV und der Essential-Facility-Doktrin unter besonderer Berücksichtigung der Unterschiede zwischen geistigem Eigentum und Sacheigentum. 2011.

Band 28 Christoph Schuldt: Werbejingles – schützenswerte Kompositionen!? Die urheberrechtliche und markenrechtliche Schutzfähigkeit von Werbejingles vor unbefugter Nachahmung. 2012.

Band 29 Lydia Scholz: Die Rechtfertigung von diskriminierenden umweltpolitischen Steuerungsinstrumenten. Eine Untersuchung der Reichweite der Warenverkehrsfreiheit und ihrer Begrenzung durch den Umweltschutz als Vertragsziel am Beispiel der deutschen Energiefördergesetze EEG und KWKModG. 2012.

Band 30 Franz Jürgen Säcker: Investitionen in Kraftwerke zur Sicherung einer zuverlässigen Elektrizitätsversorgung nach der Energiewende. Rechtliche und ökonomische Rahmenbedingungen. 2012.

Band 31 Florian Leib: Kartellrechtliche Durchsetzungsstrategien in der Europäischen Union, den USA und Deutschland. Eine rechtsvergleichende Darstellung. 2012.

Band 32 Holger Hoch: Marktverschlusseffekte und Effizienzen vertikaler Zusammenschlüsse. Kartellrechtliche Beurteilung nach europäischem und deutschem Recht. 2012.

Band 33 Sebastian Kemper: Gasnetzzugang in Deutschland und in Spanien. 2012.

Band 34 Elena Timofeeva: Unbundling in der russischen Elektrizitätswirtschaft im Vergleich zum deutschen und europäischen Energierecht. 2012.

Band 35 Gisela Drozella / Harald Krebs: Marktbeherrschung im Bereich Stromerzeugung / Stromgroßhandel. Eine kritische Analyse der neueren Sicht des Bundeskartellamts. 2013.

Band 36 Christian Rehm: Die Einzel- und Gesamtverantwortung der Vorstandsmitglieder der Aktiengesellschaft. Die Verantwortung für die Leitung und Geschäftsführung im mehrköpfigen Vorstand in der unabhängigen und der herrschenden AG. 2013.

Band 37 Ann-Christin Richter: Mengen- und umsatzbezogene Rabatte marktbeherrschender Unternehmen in den Grenzen des Art. 102 AEUV. 2013.

Band 38 Nikolaos Pitsos: Die erhebliche Behinderung des wirksamen Wettbewerbs (SIEC-Test) im Fusionskontrollrecht. Zugleich ein Beitrag zur Problematik der oligopolistischen Marktbeherrschung unter Vergleich mit dem amerikanischen SLC-Test. 2013.

Band 39 Mirko Heinemann: Das Markenzeichen als Anknüpfungspunkt des Markenimages. 2013.

Band 40 Sylvia Lorenz: Der Immaterialgüterschutz virtueller Ladengeschäfte. Ein Vorschlag für die rechtliche Erfassung virtueller Güter. 2014.

Band 41 Anke Reimers: Wettbewerbsrechtliche und regulatorische Analyse der Kapazitätenvergabe an Grenzkuppelstellen im Elektrizitätsbinnenmarkt. 2014.

Band 42 Franz Jürgen Säcker / Carsten König / Lydia Scholz: Der regulierungsrechtliche Rahmen für ein Offshore-Stromnetz in der Nordsee. 2014.

Band 43 David Preisendanz: Der Humor in der vergleichenden Werbung. 2014.

Band 44 Martin Gerig: Vollendung des EU-Energiebinnenmarktes vs. nationale Marktabschottungen. Europarechtskonformität mitgliedstaatlicher Fördermaßnahmen und Kapazitätsmärkte am Beispiel Deutschlands. 2014.

Band 45 Jan Patrick Ehinger: Dritthaftung für Kunstexpertisen und Aufnahmebestätigungen in den Catalogue raisonné. Ein Beitrag zur Expertenhaftung. 2014.

Band 46 Julia Gerzen: Das Recht der Gesellschafter-Fremdkapitalfinanzierung. Rechtsvergleichende Analyse der Behandlung von Gesellschafterdarlehen vor und in der Insolvenz der GmbH nach deutschem und russischem Recht. 2014.

Band 47 Laura Börger: Die gerichtliche Kontrolldichte bei der Überprüfung von Entscheidungen der Europäischen Kommission auf dem Gebiet der Fusionskontrolle. 2014.

Veröffentlichungen des Instituts für Energie- und Regulierungsrecht Berlin

Band 48 Daniel Simon Travers: Kopplungsangebote. Eine Studie zum Vertrags- und Lauterkeitsrecht. 2015.

Band 49 Anna Olbryś-Sobieszuk: EU-rechtliche Schranken der Glücksspielwerbung in Deutschland, Großbritannien und Polen. 2015.

Band 50 Franz Jürgen Säcker/Lydia Scholz/Thea Sveen: Renewable Energy Law in Europe. Challenges and Perspectives. 2015.

Band 51 Lina Berezgova: Festlegung von Stromnetzentgelten in Deutschland und Russland. Eine rechtsvergleichende Untersuchung der anreizbasierten Regulierungsvorgaben. 2015.

Band 52 Fengliang Jin: Aufgreifkriterien in der Fusionskontrolle. Eine rechtsvergleichende Untersuchung des europäischen (Art. 3 FKVO), deutschen (§ 37 GWB), taiwanesischen (§ 6 FHG) und festlandchinesischen (§ 20 AMG) Rechts. 2015.

Band 53 Vasileios Triantafyllidis: Die Einordnung der Passing-On-Defense in das allgemeine Schadensersatzrecht. Eine rechtsvergleichende, dogmatische Studie. 2015.

Band 54 Peipei Liu: Die Inhaltskontrolle von Allgemeinen Geschäftsbedingungen und formularmäßigen Vertragsklauseln im deutsch-chinesischen Vergleich. 2016.

Band 55 Evelyn Kozak: Zur Notwendigkeit eines arbeitsrechtlichen und haftungsrechtlichen Whistleblowerschutzes. 2016.

Band 56 Genevieve Baker: Der bereicherungsrechtliche Nutzungsanspruch. 2017.

Band 57 Maria Zaykova: Der rechtliche Rahmen für den bergbaulichen Zugang zu den Erdöl- und Erdgaslagerstätten in der Russischen Föderation im Vergleich zum deutschen Bergrecht. 2017.

Band 58 Qian Luan: Geldschöpfungsprozess und Geld als abstraktes Schuldversprechen. Die europäisch-verwaltungsrechtliche Betrachtung des Geldschöpfungsprozesses der EZB und die Rechtsnatur von Zentralbankgeld und Geschäftsbankengiralgeld. 2017.

Band 59 Sára Gabriella Hoffman: Regulation of Cloud Services under US and EU Antitrust, Competition and Privacy Laws. 2017.

Band 60 Matthias Schöpf: Das neue Planungsrecht der Übertragungsnetze: Vorgaben des deutschen und europäischen Rechts. 2017.

Band 61 İpek Çevik: Eine vergleichende Untersuchung der Joint Ventures – Gemeinschaftsunternehmen – nach europäischem, türkischem und deutschem Wettbewerbsrecht. Die Analyse von wettbewerbsrechtlichen Auswirkungen bei Gründung der konzentrativen und/oder kooperativen Gemeinschaftsunternehmen. 2017.

Band 62 Raffaele Mazza: Verbotsirrtum und Vertrauen auf Rechtsrat im europäischen Kartellrecht. Eine rechtsvergleichende Analyse des europäischen, des deutschen und des französischen Kartellrechts. 2017.

Band 63 Stavroula Antoniou: Die Kontrolle einseitiger Preisanpassungsrechte in Dauerschuldverhältnissen am Beispiel langfristiger Energielieferverträge. Eine rechtsvergleichende Untersuchung nach deutschem und griechischem Recht. 2018.

www.peterlang.com